物联网通信中的信号检测技术

张高远 / 著

中国原子能出版社

图书在版编目（CIP）数据

物联网通信中的信号检测技术 / 张高远著 . —— 北京：
中国原子能出版社，2022.8
ISBN 978-7-5221-2058-4

Ⅰ . ①物… Ⅱ . ①张… Ⅲ . ①物联网—通信技术—信
号检测—研究 Ⅳ . ① TP393.4 ② TP18

中国版本图书馆 CIP 数据核字（2022）第 145054 号

内 容 简 介

本书主要介绍了智慧城市与智能电网中物联网通信的概念、框架结构和感知层信号检测技术；详细阐述了先进信道编码——Turbo 码和 LDPC 码编、译码基本原理及各种译码算法，重点介绍了 LDPC 码的软判决译码算法；详细给出了适用于智能电网感知层信息可靠传输的 IEEE 802.15.4g 协议 O–QPSK 调制物理层非相干检测技术；基于 IEEE 802.15.4c 协议 MPSK 调制物理层，给出了适用于智慧城市感知网络信息可靠传输的非相干信号检测技术；最后给出了适用于 WiFi 网络通信的差错控制机制。本书各章原理的叙述力求突出概念清晰，注重理论推导和仿真试验验证相结合。全书对材料的阐述循序渐进；在内容上既有必要数学基础，又着重于物理概念解释，是一本值得学习研究的著作。

物联网通信中的信号检测技术

出版发行	中国原子能出版社（北京市海淀区阜成路 43 号 100048）
责任编辑	张　琳
责任校对	冯莲凤
印　　刷	北京九州迅驰传媒文化有限公司
经　　销	全国新华书店
开　　本	710 mm × 1000 mm　　1/16
印　　张	17.125
字　　数	271 千字
版　　次	2023 年 6 月第 1 版　2023 年 6 月第 1 次印刷
书　　号	ISBN 978-7-5221-2058-4　　定　价　98.00 元

网　　址： http://www.aep.com.cn　　E-mail:atomep123@126.com
发行电话：010-68452845

前　言

处于最底层的感知层是物联网的皮肤和五官,是联系物理世界与信息世界的纽带,负责识别物体,数据采集和信息的初次传输。在网络层准确及时传送数据的前提下,应用层处理数据的精度与数据挖掘结论的准确性将取决于感知层数据的质量。而"全面感知""可靠传输"和"智能处理"也正是物联网三大基本特征。感知数据准确性决定了物联网系统实际应用价值,感知层是物联网的核心。

相对于初出茅庐的低功耗蜂窝物联网,低功耗短距离物联网方兴未艾,仍是当前物联网接入网技术的研究热点。低功耗短距离物联网涵盖多种不同网络类型,低速率无线个域网便是其中最为重要的一类。当前,低速率无线个域网的具体实现手段层出不穷,呈现多样化发展态势,应用领域也极为广泛,但它们在感知层一般都采用统一架构,即出现较早且发展成熟的 IEEE 802.15.4 协议。

为追求极致可靠性,相干检测是必然的技术手段。但它存在成本高,载波获取难度大且耗时,对载波跟踪误差敏感,且存在相位模糊等诸多不利因素。因此,能显著克服上述缺点的非相干检测技术最适于在低速率无线个域网中应用。而提高参考信号信噪比和改善其对冗余参量的鲁棒性则是该项技术亟待解决的难题,这也一直是国内外研究的重中之重。

本书主要阐述以下几方面内容:介绍了智慧城市与智能电网中物联网通信的概念、框架结构和感知层信号检测技术;详细介绍了先进信道编码——Turbo 码和 LDPC 码编、译码基本原理及各种译码算法,重点介绍了 LDPC 码的软判决译码算法;详细给出了适用于智能电网感知层信息可靠传输的 IEEE 802.15.4g 协议 O-QPSK 调制物理层非相干检测技术;基于 IEEE 802.15.4c 协议 MPSK 调制物理层,给出了适用于智慧城市感知网络信息可靠传输的非相干信号检测技术;最后给出了适用于 WiFi 网络通信的差错控制机制。各章原理的叙述力求突出概念清晰,注重理论推导和仿真试验验证相结合。

本书得到国家自然科学基金项目(61701172)、中国科学院大气物理研究所中层大气和全球环境探测重点实验室开放课题(LAGEO-2021-04)、河南省教育厅高校科技创新团队支持计划项目(20IRTSTHN018)、河南省自然科学基金项目(162300410097)、河南科技大学青年骨干教师培养计划、河南科技大学博士启动基金项目(13480052)、河南科技大学研究生教育教学改革研究项目(2020YJG-015)和河南科技大学高等教育教学改革研究与实践项目的资助。全书由张高远策划和统稿。本书的撰写过程得到了河南科技大学硕士研究生师聪雨、李海琼和马聪芳的帮助,在此表示感谢。

由于作者水平有限,时间仓促,不足、遗漏之处在所难免,恳请专家和读者批评指正。

作 者

2022 年 6 月

目　录

第 1 章

绪　论

本章首先介绍智慧城市和智能电网中涉及的物联网通信技术,然后介绍低功耗短距离物联网通信中感知层所使用的信号检测技术发展现状,重点关注无信道编码和有信道编码下的非相干检测技术。

1.1　智慧城市中的物联网通信技术

现代城市及其管理的复杂性决定了城市治理需要通过基于数据、信息、知识综合集成的智慧工程实现。在当今新形势下,智慧城市主要应用于管理、购物、安全、节能、教育、数据、家庭及环境等生活的方方面面。智慧城市是一个不断发展的概念,越来越受关注,正在成为中国城市建设的标准配置和根本逻辑。在此方向指引下,促使城市规划实现科学性与合理性相统一。国务院于 2016 年关于"新型智慧城市"论述的首要元素是人的需求,利用信息和通信技术来协调城市中的环境、系统、人和事物,促进政府更加科学高效地治理城市,从而为市民提供更为优质高效的公共服务与宜居的生活环境,打造符合中国特色智慧城市发展的新模式。在此方向指引下,保障城市规划的科学性与合理性。我们需要把重点放在新型智慧城市的基础设施建设上,抓住关键点,为人们的生命安全创造更好的智能手段,准确定位问题并解决问题。这是一个百年变局的节点,在城市建设要求上,更加突出城市的智能化、安全化和数字化。

随着城市现代化和信息技术的快速发展,打造新型智慧城市是更深入促进城市发展的革新措施,其焦点是以问题为导向,通过数据分析来解决各种各样的城市问题。新型智慧城市旨在提高城市系统的使用和组织效率,实现更智能的城市网络技术、公民安全和健康、电子政务服务、高效的交通系统和更强大的通信系统等,推动个人与社会、经济与环境的全面协同发展。图 1-1 给出了智慧城市主要应用领域与价值,新型智慧城市将城市管理与服务整合在一起,由基础设备收集环境中的数据信息,通过物联网(Internet of Things, IoT)对数据信息进行传输和处理,进而监管整个城市服务。全方位的感知信息、随时随地的互联、智慧的应用和以人为本的可持续创新是新型智慧城市的特征。遍布的信息感知网络是新型智慧城市全方位感知的必要前提,通过 IoT 技术加强信息管理和服务,从而实时悉数得到城市信息。同时,一座城市基本信息是海量的,为了更加实时、详细及无误地确定城市状况,城市的中心系统应具有处理不同智能设备交流所需基本信息的能力。新智慧城市的信息感知网络须覆盖城市的任何时空和元素,并能够收集所有元素生成的信息。

信息技术是智慧城市建设的必要条件,其中枢系统的稳定运行依赖于发展快速的 IoT 技术。新型智慧城市的建设过程中需要收集城市基本信息,以确定城市工业化、城镇化发展现状,实现对城市的精细化和动态化管理,提升城市资源利用效率。IoT 由感知层、网络层、平台层、应用层四层结构组成。处于最底层的感知层是 IoT 的"皮肤和五官",可以感受周围环境的变化。据预测,到 2025 年,IoT 将对经济产生 3.9 万亿至 11.1 万亿美元的影响。所有这些统计数据都表明,到 2025 年,物联网行业将快速发展,人们日常生活中将充斥着智能设备,它们将以不同的容量监控用户,彼此共享数据,并通过互联网服务共享数据。物联网行业发展的增速过快,会造成物联网设备的采集和初次传输数据的不可靠性呈现出指数级增长。因此,感知数据准确性决定了 IoT 在智慧城市中的实际应用价值,使其感知数据可靠传输成为一个主要的研究挑战。

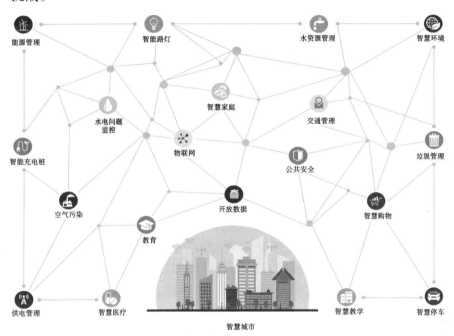

图 1-1　智慧城市主要应用领域与价值

IEEE 802.15.4c 标准为适应中国低速率无线个域网(Wireless Personal Area Network,WPAN)市场,于 2009 年在 780 MHz 物理层上补充了偏移正交相移键控(Offset-quadrature Phase Shift Keying,O-QPSK)和多进制相移键控(Multiple Phase Shift Keying,MPSK)两种物理层(Physical Layer,PHY)结构。其中,由于 MPSK 调制方案具有高数据传输速率及恒定包络的独特特性,该调制方案是用于智慧城市感知数据的可靠与快速传输的合适候选者。

MPSK 信号检测技术得到了广大学者的关注,并且涌现出大量的研究成果,主要有相干检测和非相干检测。对于相干检测,必须准确地估计信道状态信息,当信道条件的快速变化导致相位估计困难时,通常需要采用非相干检测。基于非相干检测的接收机架构因其更高的可行性、良好的性能和高能效而受到研究人员的欢迎。本书第一个关注点将以 IEEE 802.15.4c 标准为依据,将对 MPSK 信号非相干检测进行介绍。

1.2 智能电网中的物联网通信技术

随着科技的进步和信息化水平的提高,依靠现代信息、通信和控制技术构建坚强智能电网,推动全球能源互联网建设,形成以电为中心、以清洁能源为主、能源全球配置的新格局,已成为电力工业发展的必然选择。为了响应建立"全球能源互联网"的倡议和培养"具有全球竞争力的世界一流企业"的号召,国家电网有限公司于 2019 年 3 月围绕建设"三型两网、世界一流"能源互联网企业的战略目标,首次提出了建立由物联网与智能电网深度融合的"泛在电力物联网(Ubiquitous Power Internet of Things,UPIoT)",并发布了《泛在电力物联网建设大纲》和《泛在电力物联网白皮书》。国网提出将于 2021 年初步建成 UPIoT,于 2024 年全面建成 UPIoT 的发展目标,最终形成一个具有全面业务协同、统一物联管理能力且数据贯通的共建共治共享的能源互联网生态圈。国网规划到 2030 年,接入国网 - 电力物联网(State Grid-electric Internet of Things,SG-eIoT)系统的设备数量将达到 20 亿,未来 UPIoT 产业规模将达到千亿元以上级别。可以预见,整个 UPIoT 将是未来接入设备最大的物联网生态圈。

所谓 UPIoT,就是围绕电力系统各环节,利用人工智能、移动互联等先进通信技术,以实现电力系统中各个环节人机交互和万物互联功能,并具有信息高效处理和状态全面感知特征的智慧服务系统。常用的 UPIoT 体系架构包含感知层、网络层、平台层和应用层。处于最底层的感知层是物联网的皮肤和五官,是联系智能电网等物理世界与数字信息世界的纽带,负责识别物体、数据采集和本地通信接入。在网络层准确及时传送数据的前提下,应用层处理数据的计算精度与数据挖掘结论的准确性取决于感知层数据的质量。因此,处于底层的感知层是 UPIoT 的核心,感知数据准确性从根本上决定了 UPIoT 的实际应用价值。

如今，UPIoT 还处于初步建立阶段，完备的坚强智能电网系统为其骨干网通信提供了强有力的支持，电力系统中的关键业务和关键节点已经得以应用和实现。然而，由于电力系统中具备海量用户侧，尚有巨量的边缘数据未被采集，一些智慧新能源技术也有待开发。电力系统中海量数据全覆盖和高质量互联互通的实现，以及数据驱动能源业务模式的创新，是当前我国 UPIoT 建设中亟待解决的瓶颈问题之一。专门为智能公用事业网（Smart Utility Networks，SUNs）设计的物理层规范 IEEE 802.15.4g，特别适合在 UPIoT 中小微智能传感器的物理层数据通信中应用，且该协议中定制的 O-QPSK 调制物理层最有能力为 UPIoT 感知层低速率、低功耗和短距离通信提供技术保障。由于完美相位同步难以实现，相干检测只能称为伪相干，且存在实现复杂度高、相位模糊和低信噪比时载波获取困难等诸多瓶颈。能克服上述缺点的非相干检测技术最适用于支持 IEEE 820.15.4g 协议的智能感知设备上应用。因此，本书的第二个关注点为 O-QPSK 调制物理层信号检测技术，它可保障 UPIoT 感知数据节能高质量运达应用层。

非相干检测具备相位变化不敏感的特征，更适用于相位随机性强或者相位变化快等相位难以估计的通信环境中。例如，幅度键控、移频键控和差分移相键控等信号通常采用非相干解调，且广泛应用于甚高频、特高频等散射通信以及其他衰落和干扰环境通信应用中。对于非相干检测而言，如何提高相位参考信号信噪比（理想相干检测中认为此信噪比为无穷大），进而弥补其相对于理想相干检测的性能损失；如何保证对冗余参数（如载波相偏和频偏）的稳健性等问题则是国内外研究关注的热点。

高效可靠的非相干检测技术可以更有力地支撑边缘数据的采集和传输，从而提升电网的全面感知能力、互动水平和运行效率，有效地解决边缘网感知层终端低功耗和海量节点的问题。对于非相干检测机制的研究，将为低功耗短距离 UPIoT 中 O-QPSK 信号检测及其在能源感知数据无线接入中的应用打下深厚理论基础，也将进一步促进物联网通信技术与智能电网间的融合，进一步打通能源互联网的无线接入数据流通道，这对于促进我国实体经济进步和社会和谐发展具有重要推动作用。

1.3 智慧城市中的信号检测技术

　　随着 IoT、云计算、大数据等新一代信息通信技术的广泛应用,近年来智慧城市项目得到了快速的发展,它渗透到人们生活的各个方面,极大地满足了现代人对于方便、快捷、高品质生活的追求。智慧城市建设的关键在于底层数据传输的可靠性和能效性。如何在有限的频谱资源上实现高效可靠的数据传输是新型智慧城市感知网络的建立过程中所要面临的关键问题。

　　无线通信系统中,因信道传输条件不理想或者信号本身不理想,信号在传输时易受到频偏、相偏、信道状态信息(Channel State Information, CSI)估计误差、加性噪声及乘性衰落等干扰影响,每一个因素都会使得检测的复杂度呈现几何增加,严重影响通信性能。考虑在具有多种干扰的环境下,如何实现简单可靠的检测是无线通信的研究重点。

　　(1)MPSK 调制多符号非相干检测

　　IEEE 802.15.4c 通信协议是低功耗短距离物联网的 PHY 规范。MPSK 调制方案是用于短距离无线通信的合适候选者。这是由于 MPSK 调制方案具有高数据传输速率及恒定包络的独特特性,这显然使其具有更好的功率和频谱效率。从接收端的信号检测来看,准确地估计 CSI 是对接收信号进行相干检测的必要条件。事实上,相干接收器解调时需要已知接收信号的频率和相位的精确信息,因为相干接收器采用载波恢复方案,通过该方案接收信号的频率和相位与接收器的本地信号同步。同步可以限制由多径衰落引起的相移。然而,由于保持同步,载波恢复方案复杂且昂贵。因此,相干接收器不适用于以低功耗为目标的无线传感器网络(Wireless Sensor Networks, WSNs)收发器。请注意,组件上的更高负载会导致更高的功耗。同时,当信道条件的快速变化导致相位估计困难时,此时相干检测结果会变得不可靠,通常需要采用非相干检测。

基于非相干检测的接收机架构因其更高的可行性、良好的性能和高能效而受到研究人员的欢迎。传统逐符号检测（Symbol-by-symbol Detection，SBSD）算法并未利用到此属性，所以 SBSD 算法性能有待进一步改善。针对非相干符号检测器的平方运算的损耗比相干检测器的性能下降更大的现象，学者提出了具有频偏补偿的基于相干检测的符号检测器算法，但该方案仍具有很高的复杂度。总之，要积极探索性能更优、实现更友好的非相干检测方法。

完全形式的多符号检测（Multiple Symbol Detection，MSD）算法利用了信号的连续特性，相比于 SBSD 算法检测性能可以进一步提高。因此出于对检测性能更高的追求，人们将注意力转向了 MSD 算法。完全形式的 MSD 方案虽然检测性能优良，但实现复杂度随着观测区间的增大呈现指数级增长，不利于低功耗物联网在新型智慧城市信息感知领域的工程应用。

尽管完全形式的 MSD 方案具有出色的检测性能，但其实现复杂度随着观察窗口长度的增加呈指数增长。近年来，在降低完全形式的 MSD 复杂性方面取得了许多成果。Mackenthun 等人提出了一种快速优化算法来实现 AWGN 信道的多符号非相干检测，每 N 个符号块的操作次数为 $N\log_2 N$。相对而言，它可以实现更低的复杂度，但其性能远远落后于完整形式的 MSD 算法。因此，在降低完全形式的 MSD 的实现复杂度下实现较低的可靠性损失是亟待解决的难题。

（2）编码 MPSK 调制检测

编码系统的检测性能明显优于未编码系统，这主要是因为前者可以实现软判决。近年来，关于信道编 / 解码与信号检测相结合的研究层出不穷。对于外码的选择，国内外研究主要集中在低密度奇偶校验（Low Density Parity Check Code，LDPC）码、重复累加码及卷积码。其中，LDPC 码是由稀疏的奇偶校验 H 矩阵定义的线性分组码，因其优异的性能而受到广泛关注。

对于编码系统，比特对数似然比（Log-likelihood Ratio，LLR）信息非常重要，是连接发射端与接收端交互的纽带。对于 LLR 的提取，由于接收机无法实时获取用户的 CSI，或者信道可能出现衰落而导致数据无法成功传输。因此，为了消减和均衡这种不理想信道对编码系统性能的影响，降低通信的不可靠性及提高性能的鲁棒性，研究消除 CSI 误差的

LLR 提取算法则显得尤为必要。

最佳 LLR 计算方法需要 CSI。然而对于 CSI 的估计硬件结构复杂，难以实现，整个系统的性能会因估计误差的存在而急剧下降。即使在检测时采用精确 CSI，系统对 CSI 也缺乏鲁棒性，故这些方案不能直接应用于为廉价设备之间的超低复杂度、低成本、低功耗和为低数据速率无线传输量身定制的 IEEE 802.15.4c 标准。

人们在无线通信这一领域做了大量的工作，许多 MPSK 信号检测方法已经被开发出来，或正在开发中，且各种方法各有其优点和弊端。然而，要设计出一种适用 IEEE 802.15.4c 标准低成本低功耗的要求，以及可以应用于工程实现的 MPSK 信号检测方法，还需要进行更深入的讨论和研究。

1.4　智能电网中的信号检测技术

1.4.1 UPIoT

UPIoT 是智能电网和泛在物联网相结合的现代化产物，也是物联网技术在电力行业的应用实例，旨在实现电力系统的万物互联和环环互通。国家电网在 2019 年提出全面部署泛在 UPIOT，大力推进"三型两网、世界一流"的战略目标，并特别针对发、输、变、配、用各个环节培育新的业务模式，从而使电网在面对电力市场改革时能够与时俱进。图1-2 是 UPIoT 的网络架构。表 1-1 是 UPIoT 中感知技术的一些应用实例。

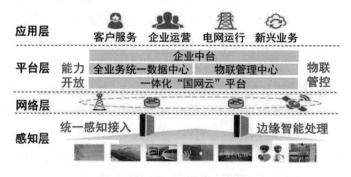

图 1-2　UPIoT 的网络架构

UPIOT 包含感知层、网络层、平台层、应用层,主要实现如下功能[9]。

感知层:实现配电、用电侧采集监控的深度覆盖和无处不在的感知。

网络层:利用各种通信网络将采集到的信息传输到平台管理层。

平台层:管理各类采集数据,为数据的开发应用提供可靠保障。

应用层:通过云计算和大数据等技术实现对数据的高级应用。

表 1-1　UPIoT 中感知技术的应用

发电环节	输电环节	变电环节	配电环节	用电环节
发电机电压检测	绝缘子破损检测	PMU	TTU	用电计量
发电机电流检测	杆塔倾斜检测	变压器振动检测	FTU	能耗检测
发电机功率检测	导线舞动检测	特高频局放	故障指示器	随器量测
风机振动检测	导线覆冰检测	油色谱检测	电缆接头温度	充电桩计费
光伏板倾角检测	环境微气象检测	避雷器泄露电流	开关柜水浸检测	智能插座

虽然 UPIoT 是最近几年才提出的新概念,但是关于电力物联网的研究一直层出不穷。尤其是无线通信、5G 技术、广域宽带和移动互联网等技术的高速发展,也给 UPIoT 的发展带来新的研究方向。

国内外对于 UPIoT 不仅做了初步研究,还将物联网运用到了建设现代电网之中,但对于落地应用的侧重点各有不同。欧洲的电力行业更倾于向清洁能源和环保节能的方向发展,主要致力于节能减排、提升供电安全性和发展低碳经济等。对于日本的能源工业而言,发展智能电网的主要动力来源于节能降耗、可再生能源接入和需求响应等,对于物联网的应用也主要集中于智能电表计量、新能源发电监控和预测以及微网系统监控等领域。在中国,物联网技术为提高电网效率和供电可靠性提供了技术支撑,RFID、定位、传感器和图像获取等技术的发展促进了电网系统中变电站监控、巡检定位、故障识别等业务高效可靠的应用,进一步提高了国网的传输性能和可靠性[15]。

目前我国的 UPIoT 的建立还处于初步阶段,国网尚未对 UPIoT 做具体定义,将传统电力工业系统中生产、传输和消耗等各个环节的信息化行为均可以称为UPIoT。对于目前我国国网的技术储备而言,提高对于国网的感知、通信、计算和分析能力是未来重点的研究方向。

1.4.2 O-QPSK 调制非相干检测

UPIoT感知层数据的有效采集和可靠传输是整个电网系统运行的基础。信号检测和调制技术不仅可以实现数据的快速传输,提高通信系统的有效性,还可以提高频带利用率,增强信道的可靠性。香农在1948年所给出数字通信系统模型是通信系统中最常用的基本模型,如图1-3所示。信号的调制和检测技术运用于收发端的调制器和解调器之中。

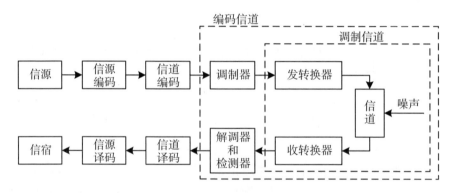

图1-3 一般的数字通信模型

信号检测技术可分为相干检测和非相干检测两大类。相干检测要求接收端严格地恢复出与发送端同频同相的载波用于载波同步和相位同步。一般采用锁相环操作来提取载波的信息,然而相位抖动和假锁等现象均会造成信号载波的难以恢复[16]。而且,相干检测在恶劣环境中无法对相位信息进行精确的定位,这严重地影响信号的检测性能。非相干检测不需要考虑相位对信号的影响,这主要是由于非相干检测可以对信号的初始相位做取平均操作,这不仅避免了复杂的相位同步操作,而且还可以对相位偏移呈现出良好的鲁棒性。相对于相干检测而言,非相干检测可以有效地降低接收机的实现复杂度,但同时会有一些性能损耗。学者们所研究的非相干检测技术就是在尽可能寻找接收机实现复杂度和信号检测性能之间的最合理的平衡。目前关于信号检测和调制

的研究可归纳为以下几个方面

（1）O-QPSK调制逐符号检测

非相干检测方案一般可分为逐符号检测（Symbol-by-symbol Detection，SBSD）和多符号检测（Multiple Symbol Detection，MSD）两大类。经典的逐符号检测算法有非相干解调法、正交相干解调法和延迟差分解调法等。对全响应信号而言，逐符号检测算法呈现良好的误码率性能，然而其检测性能会随着信号的部分响应长度增加而逐渐变差。

基于最大似然（Maximum Likelihood，ML）准则，D. Park 和 S. Park 提出了一种低复杂度的决策辅助方案，但不可避免地会出现临时错误传播。S. C. Dai 利用相邻伪噪声码片信号之间的相关性构造了一种新型逐符号检测方案，该方案在相位和频率偏移方面具有较高的鲁棒性。C. Wang 等人考虑了实施符号级差分相干检测方案的附加决策指标，从而以增加复杂度为代价实现了一定程度的性能改进。借助于前导符辅助，J. H. Do 等人构造了一种未知载波频率偏移（Carrier Frequency Offset，CFO）的估计算法，并提出了一种基于相干检测方案。然而，由于涉及复杂的三角运算，该方案仍具有很高的复杂度。此外，使用互相关和自相关操作对接收器进行同步，但复杂度高且耗能。

（2）O-QPSK调制多符号检测

多符号检测最初是为了提高连续相移频键控（Continuous-Phase Frequency-Shift Keying，CPFSK）信号的解调性能而提出的。MSD是利用前后码元的相关性进行检测的，这有效地解决了SBSD对于部分响应长度的依赖性，从而进一步改善了有记忆调制系统的检测性能。

Pelchat 等人最早提出非相干多符号检测的概念，Osborne 和 Luntz 等人采用平均匹配滤波技术实现了对二进制连续相位频移键控信号的多符号检测。基于最大似然的MSD方案可以获得最佳的检测性能，但是随着观察窗口长度的增加，其复杂度将成倍增加。此外，由于MSD算法需将接收信号与所有可能发送信号波形做相关运算，而且发送信号可能波形随着MSD观察窗口和信号进制数的增大呈指数型增长，这也使接收机中相关器的数量随之呈指数型增长。显然，这种呈指数型增长的高复杂度是UPIoT通信系统中低成本、低功耗接收机设计中难以接受的。

近些年来,为了实现 MSD 算法复杂度和误码性之间的合理均衡,学者们做了以下研究。Stephen G. Wilson 等人提出了一种最佳块检测策略,用以降低 MSD 方案的复杂性,然而其块长度呈指数型增长,实现复杂度较高。M. Kenneth 等人引入了一种快速实现的 MSD 算法,李斌考虑降低检测过程中的搜索因子。Lutz Lampe 等人将随时间变化的瑞利衰落信道中的球面解码应用于 ML MSD。

（3）调制方案

适用于非相检测方案的调制技术多种多样,目前使用较多的为高斯最小频移键控（Gaussian Minimum Shift Keying, GMSK）、正交频分复用（Orthogonal Frequency Division Multiplexing, OFDM）和 O-QPSK 等。

最小频移键控调制（Minimum Frequency Shift Keying, MSK）是一种特殊的连续相位调制（Continuous Phase Modulation, CPM）信号,具有包络恒定和良好频谱特性等优点,适合于非线性特性的传输环境中。OFDM 是一种具有高频谱利用率特征、较强抗多径传播能力和频率选择性衰落能力的高效调制技术。O-QPSK 是在 QPSK 基础上发展起来的一种高效率恒包络调制方式,因具有良好的频谱效率和恒包络特性,并且抗干扰能力强、码间干扰小,已在码分多址、卫星通信等通信系统中得到实际应用。D. Park 等人引入多路复用器,设计了一种简单的 O-QPSK 检测器。Wetz 等人提出一种无需信道估计的 OFDM-MFSK 非相干检测方案,该方案的误比特率性能对于通信端的移动速度不敏感,适合应用于高速移动环境下的无线通信。

（4）载波频偏估计方案

由于发射器和接收器的多普勒频移和 / 或振荡器变化,发射和接收的载波信号之间不可避免地会有偏差。J. Y. Oh 等人指出,初始相位不匹配和（Carrier Frequency Offset, CFO）将导致显著的性能下降。因此,接收机在解调之前必须修正频率 / 相位偏差,并对 CFO 做出准确的估计。

Park 等人提供了一种可在一定程度上降低接收机实现复杂度的决策辅助检测算法,然而该方案可能会发生临时的错误传播。现有的全估算算法,但是却涉及了难以实现的反正切运算。考虑到数学近似值 $\tan^{-1}x \approx 0$,Lee 等人首次简化了该全估计算法,其中 CFO 由四个恒定相位量化。进一步地，利用 $\tan^{-1}x \approx x$，并将观察间隔细分为四个等角区域，可实现自适应偏移调整项来补偿估计误差，但是其中的非线性操作仍是不可避免的。

参考文献

[1] 中华人民共和国中央人民政府. 中华人民共和国国民经济和社会发展第十三个五年规划纲要 [EB/OL]. http：//www.gov.cn/xinwen/201603/17/content_5054992.html，2016.

[2] 国务院办公厅. "互联网 + 政务服务"技术体系建设指南 [EB/OL]. http：//www.gov.cn/zhengce/content/-2017-01/12/content_5159174.html，2017.

[3] 国家发改委. 关于组织开展新型智慧城市评价工作务实推动新型智慧城市健康快速发展的通知 [EB/OL]. https：//www.ndrc.gov.cn/xxgk/zcfb/tz/201611-/t20161128_962791.html，2016.

[4] 国家测绘地理信息局国土测绘司. 关于推进数字城市向智慧城市转型升级有关工作的通知 [EB/OL]. http：//www.glac.org.cn/index.php?m=content&c=index&a=show&catid=2&id=1-263，2015.

[5] 国家自然科学基金委员会. 信息学部资助领域和注意事项 [EB/OL]. http：//www.nsfc.gov.cn/publish/portal0/tab896/.

[6] 吕卫锋. 智慧城市中的数据融合关键技术与挑战 [J]. 工程建设标准化，2017（10）：18-20.

[7] 朱洪波，杨龙祥. "互联网 +"时代的智慧城市发展与物联网产业创新 [J]. 信息通信技术，2015（5）：4-5.

[8] Jose A Gutierrez. 低速无线个域网：实现基于 IEEE 802.15.4 的无线传感器网络 [M]. 王泉等译. 北京：机械工业出版社，2015.

[9] 张琦，杨浩，Tony Q. S. Quek，等. 物联网的核心本质——数据联网 [J]. 物联网学报，2017，1（3）：10-16.

[10] 朱洪波，杨龙祥，朱琦，等. 物联网边缘服务环境的智能协同无线接入网及其关键技术 [J]. 南京邮电大学学报（自然科学版），2020，40（5）：64-77.

[11] IEEE standard for information technology-- Local and

metropolitan area networks-- Specific requirements-- Part 15.4：Amendment 2：Alternative Physical Layer Extension to support one or more of the Chinese 314-316 MHz, 430-434 MHz, and 779-787 MHz bands, in IEEE Std 802.15.4c-2009（Amendment to IEEE Std 802.15.4-2006）[S]. IEEE Press, New York, NY, USA, 2009.

[12] MD González-Zamar, E. Abad-Segura, E Vázquez-Cano, et al. IoT technology applications-based smart cities：research analysis[J]. Electronics, 2020, 9（8）: 1-36.

[13] H. Habibzadeh, T. Soyata, B. Kantarci, et al. Sensing, communication and security planes：a new challenge for a smart city system design[J]. Computer Networks, 2018, 144（Oct.24）: 163-200.

[14] G. Zhang, W. Hong, J. Pu, et al. Build-in wiretap channel I with feedback and LDPC codes by soft decision decoding[J]. IET Communications, 2017, 11（11）: 1808-1814.

[15] X. Li, M. Zhao, Y. Liu, et al. Secrecy analysis of ambient backscatter NOMA systems under I/Q imbalance[J]. IEEE Transactions on Vehicular Technology, 2020, 69（10）: 12286-12290.

[16] X. Li, Q. Wang, Y. Liu, et al. Uav-aided multi-way NOMA networks with residual hardware impairments[J]. IEEE Wireless Communications Letters, 2020, 9（9）: 1538-1542.

[17] X. Li, M. Liu, Q. Wang, et al. Cooperative wireless-powered NOMA relaying for B5G IoT networks with hardware impairments and channel estimation errors[J]. IEEE Internet of Things Journal, 2021, 8（7）: 5453-5467.

[18] M. Zhan, J. Wu, H. Wen, et al. A novel error correction mechanism for energy-efficient cyber-physical systems in smart building[J]. IEEE Access, 2018, 6: 39037-39045.

[19] M. Zhan, Z. Pang, D. Dung, et al. Channel coding for high performance wireless control in critical applications：survey and analysis[J]. IEEE Access, 2018, 6: 29648-29664.

[20] A. Kirimtat, O. Krejcar, et al. Future Trends and Current

State of Smart City Concepts: A Survey[J]. IEEE Access, 2020, 8: 86448-86467.

[21] J. G. Proakis. Digital communications[M]. New York, NY, USA: McGraw Hill, 2001: 231-319.

[22] T. S. Rappaport. Wireless communications: principles and practice[M]. Englewood Cliffs, NJ, USA: Prentice-Hall, 2002: 197-294.

[23] S. Farahani. ZigBee wireless networks and transceivers[M]. Oxford, U.K.: Newnes, 2011: 27–129.

[24] P. Y. Kam, S. N. Seng, S. N. Tok. Optimum symbol-by-symbol detection of uncoded digital data over the Gaussian channel with unknown carrier phase[J]. IEEE Transactions on Communications, 1994, 42 (8): 2543-2552.

[25] J. H. Do, J. S. Han, H. J. Choi, et al. A coherent detection-based symbol detector algorithm for 2.45 GHz LR-WPAN receiver[C]. Proceedings of IEEE Region 10 Annual International Conference, Melbourne, Qld., Australia, 2005, 1-6.

[26] B. Li, W. Tong, P. Ho. Multiple-symbol detection for orthogonal modulation in CDMA system[J]. IEEE Transactions on Vehicular Technology, 2001, 50 (1): 321-325.

[27] D. Divsalar, M. K. Simon. Multiple-symbol differential detection of MPSK[J]. IEEE Transactions on Communications, 1990, 38 (3): 300-308.

[28] J. L. Buetefuer, W. G. Cowley. Frequency offset insensitive multiple symbol detection of MPSK[C]. Proceedings of 2000 IEEE International Conference on Acoustics, Speech, and Signal Processing, Istanbul, Turkey, 2000, 5: 2669-2672.

[29] T. Suzuki, T. Mizuno. Multiple-symbol differential detection scheme for differential amplitude modulation[C]. Proceedings of 13th International Zurich Seminar on Digital Communications, 1994: 196-207.

[30] C. Xu, S. X. Ng, L. Hanzo. Multiple-symbol differential

sphere detection and decision-feedback differential detection conceived for differential QAM[J]. IEEE Transactions on Vehicular Technology, 2016, 65（10）: 8345-8360.

[31] S. M. Kay. Fundamentals of statistical signal processing, volume Ⅱ: detection theory[M]. Prentice-Hall PTR, Upper Saddle River, NJ, USA, 1998: 125-162.

[32] S. G. Wilson, J. Freebersyser, C. Marshall. Multi-symbol detection of M-DPSK[C]. Proceedings of 1989 IEEE Global Telecommunications Conference and Exhibition 'Communications Technology for the 1990s and Beyond', Dallas, TX, USA, 1989, 3: 1692-1697.

[33] K. M. Mackenthun. A fast algorithm for multiple-symbol differential detection of MPSK[J]. IEEE Transactions on Communications, 1994, 42（234）: 1471-1474.

[34] M. U. Farooq, S. Moloudi, a. M. Lentmaier, Generalized LDPC codes with convolutional code constraints[C]. Proceedings of 2020 IEEE International Symposium on Information Theory（ISIT）, 2020: 479-484.

[35] S. Vafi. Cyclic low density parity check codes with the optimum burst error correcting capability[J]. IEEE Access, 2020, 8: 192065-192072.

[36] S. Rakeshsharma, S. Subha Rani. Performance analysis of repeat accumulate channel code in MIMO two way relay channel with physical layer network coding[J]. Wireless Personal Communications, 2017, 94（3）: 899-907.

[37] X. Li, M. Zhao, M. Zeng, et al. Hardware impaired ambient backscatter NOMA systems: reliability and security[J]. IEEE Transactions on Communications, 2021, 69（4）: 2723-2736.

[38] X. Li, M. Zhao, Y. Liu, et al. Secrecy analysis of ambient backscatter NOMA systems under I/Q imbalance[J]. IEEE Transactions on Vehicular Technology, 2020, 69（10）: 12286-12290.

[39] X. Li, Q. Wang, L. Meng, et al. Cooperative wireless-

powered NOMA relaying for B5G IoT networks with hardware impairments and channel estimation errors[J]. IEEE Internet of Things Journal, 2021, 8（7）: 5453-5467.

[40] OHTSUKI, Tomoaki. LDPC Codes in Communications and Broadcasting（Fundamental Theories for Communications）[J]. IEICE transactions on communications, 2007, 90（3）: 440-453.

[41] H. Tatsunami, K. Ishibashi, H. Ochiai. On the performance of LDPC codes with differential detection over rayleigh fading channels[C]. Proceedings of 2006 IEEE 63rd Vehicular Technology Conference, Melbourne, VIC, 2006: 2388-2392.

[42] D. Divsalar, M. K. Simon. Multiple-symbol differential detection of MPSK[J]. IEEE Transactions on Communications, 1990, 38（3）: 300-308.

[43] D. Divsalar, M. K. Simon. Maximum-likelihood differential detection of uncoded and trellis coded amplitude phase modulation over AWGN and fading channels-metrics and performance[J]. IEEE Transactions on Communications, 1994, 42（1）: 76-89.

[44] D. Raphaeli. Decoding algorithms for noncoherent trellis coded modulation[J]. IEEE Transactions on Communications, 1996, 44（3）: 312-323.

[45] S. Benedetto, D. Divsalar, G. Montorsi, et al. A soft-input soft-output APP module for iterative decoding of concatenated codes[J]. IEEE Communications Letters, 1997, 1（1）: 22-24.

[46] M. Peleg, S. Shamai. Iterative decoding of coded and interleaved noncoherent multiple symbol detected DPSK[J]. Electronics Letters, 1997, 33（12）: 1018-1020.

[47] M. Wetz, D. Huber, W. G. Teich, et al. Robust transmission over frequency selective fast fading channels with noncoherent turbo detection[C]. Proceedings of 2009 IEEE 70th Vehicular Technology Conference Fall, Anchorage, AK, USA, 2009: 1-5.

[48] H. Fu, P. Y. Kam. Phase-based, time-domain estimation of the frequency and phase of a single sinusoid in AWGN—the role and

applications of the additive observation phase noise model[J]. IEEE Transactions on Information Theory, 2013, 59 (5): 3175-3188.

[49] 杨挺, 翟峰, 赵英杰, 等. 泛在电力物联网释义与研究展望 [J]. 电力系统自动化, 2019, 43 (13): 9-20, 53.

[50] 汪洋, 苏斌, 赵宏波. 电力物联网的理念和发展趋势 [J]. 电信科学, 2010, 26 (S3): 9-14.

[51] 曾鸣, 王雨晴, 李明珠, 等. 泛在电力物联网体系架构及实施方案初探 [J]. 智慧电力, 2019, 47 (4): 1-7, 58.

[52] 傅质馨, 李潇逸, 袁越. 泛在电力物联网关键技术探讨 [J]. 电力建设, 2019, 40 (5): 1-12.

[53] C. D. Iskander. Performance analysis of IEEE 802.15.4 noncoherent receivers at 2.4 GHz under pulse jamming[C]. Proceedings of 2006 IEEE Radio and Wireless Symposium, San Diego, CA, USA, 2006, 327-330.

[54] 郑霖, 汪震, 杨超, 等. 一种 MIMO 通信中多进制 FSK 非相干检测实现空分复用的方法 [P]. 中国, 发明专利, CN110113281A, 2019-08-09.

[55] 王毅, 陈启鑫, 张宁, 等. 5G 通信与泛在电力物联网的融合: 应用分析与研究展望 [J]. 电网技术, 2019, 43 (5): 1575-1585.

[56] 汪洋, 苏斌, 赵宏波. 电力物联网的理念和发展趋势 [J]. 电信科学, 2010, 26 (S3): 9-14.

[57] 朱洪波, 杨龙祥, 于全. 物联网的技术思想与应用策略研究 [J]. 通信学报, 2010, 31 (11): 2-9.

[58] 江秀臣, 罗林根, 余钟民, 等. 区块链在电力设备泛在物联网应用的关键技术及方案 [J]. 高电压技术, 2019, 45 (11): 3393-3400.

[59] 谢小瑜, 周俊煌, 张勇军. 深度学习在泛在电力物联网中的应用与挑战 [J]. 电力自动化设备, 2020, 40 (4): 77-87.

[60] 梁有伟, 胡志坚, 陈允平. 分布式发电及其在电力系统中的应用研究综述 [J]. 电网技术, 2003, 27 (12): 71-75, 88.

[61] 曾鸣, 刘英新, 赵静, 等. "云大物移智" 与泛在电力物联网融合的安全风险分析及安全架构体系设计 [J]. 智慧电力, 2019, 47 (8): 25-31.

[62] Marvin K. Simon, Mohamed-Slim Alouini. Digital communication over fading channels[M]. Hoboken, New Jersey, John Wiley & Sons, Inc. 2004：68-75.

[63] 刘壮. 低复杂度 CPM 非相干检测技术研究 [D]. 西安：西安电子科技大学，2017：1-70.

[64] S. Park, D. Park, H. Park, et al. Low-complexity frequency-offset insensitive detection for orthogonal modulation[J]. Electronics Letters, 2005, 41（22）: 1226-1228.

[65] D. Park, S. Park, K. Lee. Simple design of detector in the presence of frequency offset for IEEE 802.15.4 LR-WPANs[J]. IEEE Transactions on Circuits and Systems Ⅱ：Express Briefs, 2009, 56（4）: 330-334.

[66] S. C. Dai, H. Qian, K. Kang, et al. A robust demodulator for OQPSK-DSSS system[J]. Circuits Systems and Signal Processing, 2015, 34（4）: 231-247.

[67] C. Wang, Y. P. Liu, R. Luo, et al. A low-complexity symbollevel differential detection scheme for IEEE 802.15.4 O-QPSK signals[C]. Proceedings of International Conference on Wireless Communications and Signal, Huangshan, China, 2012, 1-12.

[68] J. H. Do, J. S. Han, H. J. Choi, et al. A coherent detection-based symbol detector algorithm for 2.45 GHz LR-WPAN receiver[C]. Proceedings of IEEE Region 10 Annual International Conference, Melbourne, Qld., Australia, 2005, 1-6.

[69] K. H. Lin, W. H. Chiu, J. D. Tseng, Low-complexity architecture of carrier frequency offset estimation and compensation for body area network systems[J]. Computers and mathematics with Applications, 2012, 64（5）: 1400-1408.

[70] T. Schonhoff. Symbol error probabilities for M-ary CPFSK：coherent and noncoherent detection[J]. IEEE Transactions on Communications, 1976, 24（6）: 644-652.

[71] M. G. Pelchat, M. K. George. Noncoherent detection of split-phase FSK by multiple predetection filtering[J]. IEEE Transactions on

Aerospace and Electronic Systems, 1972, AES-8（1）：51-63.

[72] W. Osborne, M. Luntz. Coherent and noncoherent detection CPFSK[J]. IEEE Transactions on Communications, 2003, 22（8）：1023-1036.

[73] D. Divsalar, M. K. Simon. Maximum-likelihood differential detection of uncoded and trellis coded amplitude phase modulation over AWGN and fading channels-metrics and performance[J]. IEEE Transactions on Communications, 1994, 42（1）, 76-89.

[74] D. Divsalar, M. K. Simon. Multiple-symbol differential detection of MPSK[J]. IEEE Transactions on Communications, 1990, 38（3）：300-308.

[75] 芮国胜, 陈强, 田文飚, 等. 基于平均匹配滤波的 MSK 多符号检测算法研究 [J]. 现代电子技术, 2016, 39（5）：1-4+9.

[76] S. G. Wilson, J. Freebersyser, C. Marshall. Multi-symbol detection of M-DPSK[C]. Proceedings of the 1989 IEEE Global Telecommunications Conference and Exhibition "Communications Technology for the 1990s and Beyond", Dallas, TX, USA, 1989：1692-1697.

[77] K. M. Mackenthun. A fast algorithm for multiple-symbol differential detection of MPSK[J]. IEEE Transactions on Communications, 1994, 42（234）：1471-1474.

[78] B. Li. A new reduced-complexity algorithm for multiple-symbol differential detection[J]. IEEE Communications Letters, 2003, 7（6）：269-271.

[79] L. Lampe, R. Schober, V. Pauli, et al. Multiple-symbol differential sphere decoding[J]. IEEE Transactions on Communications, 2005, 53（12）：1981-1985.

[80] J. L. Buetefuer, W. G. Cowley. Frequency offset insensitive multiple symbol detection of MPSK[C]. Proceedings of the 25th IEEE International Conference on Acoustics, Speech and Signal, Istanbul, Turkey, 2000：2669-2672.

[81] G. Y. Zhang, C. Z. Han, B. F. Ji, et al. A new multiple-

symbol differential detection strategy for error-floor elimination of IEEE 802.15.4 BPSK receivers impaired by carrier frequency offset[J]. Wireless Communications and Mobile Computing, 2019, 2019: 1-26.

[82] G. Y. Zhang, D. Wang, L. Song, et al. Simple non-coherent detection scheme for IEEE 802.15.4 BPSK receivers[J]. Electronics Letters, 2017, 53（9）: 628-636.

[83] 刘兆彤 . 物理层网络编码中连续相位调制信号检测性能的研究 [D]. 南京: 南京航空航天大学, 2016: 1-62.

[84] 周世阳, 王赏, 程郁凡, 等 . MSK 信号的最大似然非相干检测算法研究 [J]. 信号处理, 2016, 32（7）: 866-871.

[85] M Wetz, W G Teich, et al. Robust transmission over fast fading channels on the basis of OFDM-MFSK[J]. Wireless Personal Communications, 2008, 47（1）: 113-123.

[86] J. Y. Oh, B. J. Kwak, J. Y. Kim. Carrier frequency recovery for in non-coherent demodulation for IEEE 802. 15.4 system[C]. Proceedings of IEEE Vehicular Technology Conference, Melbourne, Australia, 2006: 1864-1868.

[87] M. R. Bloch, M. Hayashi. IEEE 802.15.4 BPSK receiver architecture based on a new efficient detection scheme[J]. IEEE Transactions on Signal Processing, 2010, 58（9）: 4711-4719.

[88] S. Lee, H. Kwon, Y. Jung, et al. Efficient non-coherent demodulation scheme for IEEE 802.15.4 LR-WPAN systems[J]. Electronics Letters, 2007, 43（16）: 879–880.

[89] ISO/IEC/IEEE 802.15.4-2018 Standard, Information Technology-Telecommunications and Information Exchange between Systems-Local and Metropolitan area Networks-Specific Requirements-Part 15-4: Wireless Medium Access Control（MAC）and Physical Layer（PHY）Specifications for Low-Rate Wireless Personal area Networks（WPANs）[S]. IEEE Press, New York, NY, USA, 2018.

[90] IEEE Standard for Local and Metropolitan area Networks–Part 15.4: Low-Rate Wireless Personal area Networks（LR-WPANs）Amendment 3: Physical Layer（PHY）Specifications for Low-

Data-Rate, Wireless, Smart Metering Utility Networks in IEEE Std 802.15.4g-2012（Amendment to IEEE Std 802.15.4-2011）[S]. IEEE Press, New York, NY, USA, 201.

第 2 章

纠错编码基础

纠错编码有一些基本的定义和定理需要遵守,有一些恰当的表达方法可以使用,同时纠错编码有其提出的基础和性能的极限。本章首先简单介绍纠错编码的概念、编码方法以及译码方法;接着对几类典型信道模型的信道容量进行简单的介绍;也将就 Turbo 码进行简单介绍;最后介绍图论基本知识,再给出 LDPC 码的编码等基本概念以及 WiFi 通信中使用的 LDPC 码。

2.1 可靠编译码的基本原理

2.1.1 线性分组码的概念

2.1.1.1 基本概念

按照对信息元处理方法的不同,信道可靠编码分为分组码与卷积码两大类,本节首先介绍分组码。分组码是纠错码中最基本的一类编码方法,这里仅限讨论分组码类中最常用的一个子类——线性分组码。同时由于本书只讨论二元码,即码元取值为 0 或 1,因此下面只涉及符号取自二元有限域 $GF(2)$ 的线性分组码,即二元线性分组码。

线性分组码是把待发送的信息序列划分成 k 个码元为一段(称为信息组),通过编码器变成长为 n 个码元的一组,这 n 个码元的一组称为码字(码组)。在二进制情况下信息组共有 2^k 个,因此通过编码器后,相应的码字也有 2^k 个,称这 2^k 个码字集合为线性分组码,用 (n,k) 表示,n 表示码长,k 表示信息位,码率 $R=k/n$。二元线性分组码必须满足如下条件:码字集合中的任意两个码字经过模 2 加之后得到的结果仍然是码字集合中的一个码字。码字集合中包含有全零码字。

从数学角度讲,可以把一个 (n,k) 线性分组码看成二元 n 维线性空间上的 k 维子空间。因此,(n,k) 线性分组码可以通过由 k 个线性无关的二元 n 维矢量集合 $\{g_0,g_1\cdots g_{k-1}\}$ 来得到。得到的码字实际上是这些 n 维矢量根据信息序列分组中各个比特的取值而得到的线性组合。

2.1.1.2 生成矩阵和校验矩阵

线性分组码的编码过程可以描述为一个信息矢量 m 和一个矩阵相乘的结果,即

$$C = m \cdot G \qquad (2\text{-}1)$$

式中:G 为 k 个 n 维矢量 $\{g_0,g_1,\cdots,g_{k-1}\}$ 构成的矩阵;m 为信息序列分组 $\{m_0,m_1,\cdots,m_{k-1}\}$;$C$ 为 n 维编码输出 $\{c_0,c_1,\cdots,c_{n-1}\}$。式(2-1)中矢量与矩阵的乘法在二元域 $GF(2)$ 上进行。

根据式(2-1),码字 C 可以表示为

$$C = m_0 \cdot g_0 + m_1 \cdot g_1 + \cdots + m_{k-1} \cdot g_{k-1} \qquad (2\text{-}2)$$

矩阵 G 称为编码生成矩阵,形式为

$$G = \begin{bmatrix} g_0 \\ g_1 \\ \vdots \\ g_{k-1} \end{bmatrix} = \begin{bmatrix} g_{0,0} & g_{0,1} & \cdots & g_{0,n-1} \\ g_{1,0} & g_{1,1} & \cdots & g_{1,n-1} \\ \vdots & \vdots & \ddots & \vdots \\ g_{k-1,0} & g_{k-1,1} & \cdots & g_{k-1,n-1} \end{bmatrix} \qquad (2\text{-}3)$$

例如,对于一个二元 $(7,3)$ 线性分组码,其生成矩阵可表示为:

$$G = \begin{bmatrix} 1 & 0 & 0 & 1 & 1 & 1 & 0 \\ 0 & 1 & 0 & 0 & 1 & 1 & 1 \\ 0 & 0 & 1 & 1 & 1 & 0 & 1 \end{bmatrix}$$

如果一个编码信息分组为 m=[0 1 1]，则生产的码字为：

$$C = mG = \begin{bmatrix} 0 & 1 & 1 \end{bmatrix} \begin{bmatrix} 1 & 0 & 0 & 1 & 1 & 1 & 0 \\ 0 & 1 & 0 & 0 & 1 & 1 & 1 \\ 0 & 0 & 1 & 1 & 1 & 0 & 1 \end{bmatrix} = \begin{pmatrix} 0 & 1 & 1 & 1 & 0 & 1 & 0 \end{pmatrix}$$

以上述 (7,3) 线性分组码为例，表 2-1 给出了所有信息分组和生成码字间的一一对应关系。

表 2-1 (7,3) 线性分组码的信息分组和码字

信息序列分组 m	码字 C
0 0 0	0 0 0 0 0 0 0
0 0 1	0 0 1 1 1 0 1
0 1 0	0 1 0 0 1 1 1
0 1 1	0 1 1 1 0 1 0
1 0 0	1 0 0 1 1 1 0
1 0 1	1 0 1 0 0 1 1
1 1 0	1 1 0 1 0 0 1
1 1 1	1 1 1 0 1 0 0

与每个线性分组码相联系的还有另一种有用的矩阵。对于任意有 k 个线性独立行的 $k \times n$ 矩阵 G，存在有一个具有 $n-k$ 行线性独立的 $(n-k) \times n$ 阶矩阵 H，它使得 G 的行空间中的任意向量都和 H 的行正交，且与 H 的行正交的任意向量都在 G 的行空间中。因此可以用如下的另一种方法来描述由 G 生成的 (n,k) 线性码：一个 n 维向量 C 是 G 生成的码字中的码字，其充要条件为：

$$C \cdot H^{\mathrm{T}} = \mathbf{0}^{\mathrm{T}} \tag{2-4}$$

此时，H 称为一致校验矩阵。一般情况下，一个 (n,k) 码的 H 矩阵可表示为：

$$H = \begin{bmatrix} h_{1,n-1} & h_{1,n-2} & \cdots & h_{1,0} \\ h_{2,n-1} & h_{2,n-2} & \cdots & h_{2,0} \\ \vdots & \vdots & \ddots & \vdots \\ h_{n-k,n-1} & h_{n-k,n-1} & \cdots & h_{n-k,0} \end{bmatrix} \tag{2-5}$$

则式（2-4）表示为：

$$[c_0, c_1, \cdots, c_{n-1}] \begin{bmatrix} h_{1,n-1} & h_{2,n-1} & \cdots & h_{n-k,n-1} \\ h_{1,n-2} & h_{2,n-2} & \cdots & h_{n-k,n-2} \\ \vdots & \vdots & \ddots & \vdots \\ h_{1,0} & h_{2,0} & \cdots & h_{n-k,0} \end{bmatrix} = \mathbf{0} \tag{2-6}$$

G 中的每一行及其线性组合均为 (n,k) 码的一个码字，所以由（2-4）可知：

$$\mathbf{G} \cdot \mathbf{H}^{\mathrm{T}} = \mathbf{0} \tag{2-7}$$

例如，对于一个二元 $(7,3)$ 线性分组码，其相应的校验矩阵可以为：

$$H = \begin{bmatrix} 1 & 0 & 1 & 1 & 0 & 0 & 0 \\ 1 & 1 & 1 & 0 & 1 & 0 & 0 \\ 1 & 1 & 0 & 0 & 0 & 1 & 0 \\ 0 & 1 & 1 & 0 & 0 & 0 & 1 \end{bmatrix}$$

显然满足 $\mathbf{G} \cdot \mathbf{H}^{\mathrm{T}} = \mathbf{0}$。

2.1.1.3 线性分组码的最小距离

好的编码方式应该使得码字之间的区别尽可能大。对于二元码而言，码字集合中任何两个码字之间的区别就表现在它们相应位置上比特取值的区别。为衡量码字之间的区别，这里定义码字距离与重量的概念。

定义 2.1 两个 n 重序列 x、y 之间，对应位取值不同的个数，称为它们之间的汉明距离，用 $d(x, y)$ 表示。

例如，若 x=(10101)，y=(01111)，，则 $d(x, y)$=3。

定义 2.2 n 维向量 x 中非零码元个数，称为它的汉明重量，简称重量，用 $w(x)$ 表示。

例如，若 x=(10101)，则 $w(x)$=3，若 y=(01111)，则 $w(y)$=4，等等。

定义 2.3 (n,k) 分组码中，任何两个码字间距离的最小值，称为该分组码的最小汉明距离 d_0，简称最小距离。

$$d_0 = \min_{x,y \in (n,k)} \{d(x,y)\}$$

例如，$(3,2)$ 码，$n=3$，$k=2$，共有 $2^2=4$ 个码字：$000,011,101,$ 110，显然 $d_0=2$。

d_0 是线性分组码的另一个重要参数。它表明了分组码抗干扰能力的大小。因此有时线性分组码也用 (n,k,d_0) 表示。下面给出线性分组码和校验矩阵之间的关系。

定理 2.1 (n,k,d) 线性分组码有最小距离等于 d 的充要条件是，一致校验矩阵 H 中任意 $d-1$ 列线性无关。

2.1.1.4 系统码

对于线性分组码的码字，我们希望它具有如图 2-1 所示的系统结构。其码字划分成两部分，即消息部分和冗余校验部分，信息部分由 k 个未变化的信息位组成，冗余校验部分由 $n-k$ 位一致校验位组成，它们是信息位的线性组合。有这种结构的线性分组码称为线性系统分组码。

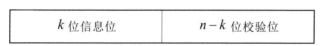

| k 位信息位 | $n-k$ 位校验位 |

图 2-1 码字的系统形式

因此系统的生成矩阵为：

$$G = \begin{bmatrix} I_k & P \end{bmatrix} \qquad (2\text{-}8)$$

式中：P 为 $k \times (n-k)$ 阶矩阵；I_k 为 k 阶单位阵。如果信息位不在码字的前 k 位，而在码字的后 k 位，则 G 矩阵的 I_k 单位阵在 P 矩阵的右边。

若 (n,k) 线性码生成矩阵为式（2-8）的系统形式，则一致校验矩阵 H 可取如下形式：

$$H = \begin{bmatrix} -P^{\mathrm{T}} & I_{n-k} \end{bmatrix} \qquad (2\text{-}9)$$

式中：$-P^{\mathrm{T}}$ 为 $(n-k) \times k$ 阶 P 矩阵的转置，"$-$" 号表示 P^{T} 矩阵中的每一元素是 P 阵中对应元素的逆元，在二进制情况下，仍是该元素。显然由

此得到的 H 矩阵满足

$$G \cdot H^{\mathrm{T}} = \begin{bmatrix} I_k & P \end{bmatrix} \begin{bmatrix} -P \\ I_k \end{bmatrix} = 0$$

2.1.1.5 循环码和准循环码

一个线性分组码,若它的任一码字左移或右移一位后,得到的仍是该码的一个码字,这种码称为循环码。循环码是一类非常重要的线性码,它的特点是编译码器可以很容易地利用移位寄存器构造乘法电路和除法电路来实现,而且由于循环码具有很好的代数结构,因此译码方法相对简单。循环码由于其实现简单而在众多通信系统中得到广泛的应用。下面对循环码的基本结构和描述作简单的介绍。

考虑一个 (n,k) 线性码 C,对于其中任意一个码字 $c = (c_0, c_1 \cdots, c_{n-1}) \in C$,恒有 $c' = (c_{n-l}, c_{n-l+1}, \cdots c_{n-1}, c_0, c_1, \cdots c_{n-l-1}) \in C$,则称线性码 C 为循环码。

循环码的码字可以用矢量形式表示,即

$$c = (c_0, c_1, \cdots, c_{n-1}) \tag{2-10}$$

也可以用多项式的形式表示

$$c(x) = c_0 + c_1 x + \cdots + c_{n-1} x^{n-1} \tag{2-11}$$

此多项式称为码多项式。

若 x 乘以 $c(x)$,并对 $x^n - 1$ 取模,有

$$xc(x) = c_0 x + c_1 x_2 + \cdots + c_{n-1} x_n \equiv c_{n-1} + c_0 x + c_1 x^2 + \cdots + c_{n-2} x^{n-1} \bmod (x^n - 1) \tag{2-12}$$

这样,循环码的循环码位移就可以由模 $x^n - 1$ 下的码子多项式 $c(x)$ 乘以 x 的运算给出。

循环码可以由它的生成多项式 $g(x)$ 唯一决定,其生成多项式的形式为:

$$g(x) = g_0 + g_1 x + \cdots + g_{n-k} x^{n-k} \tag{2-13}$$

类似地,信息序列也可表示为多项式 $m(x)$ 的形式,生成码字以多项式 $c(x)$ 表示,则有:

$$c(x) = m(x)g(x) \tag{2-14}$$

由于多项式乘法等价于多项式系数的卷积,进一步有:

$$c_i = \sum_{j=0}^{n-k} m_{i-j} g_j \qquad (2\text{-}15)$$

$GF(2)$ 上 (n,k) 循环码的生成多项式 $g(x)$ 有一个重要的特性:生成多项式 $g(x)$ 一定是多项式 $x_n - 1$ 的一个因式,即

$$x_n - 1 = g(x)h(x) \qquad (2\text{-}16)$$

如果 $g(x)$ 的幂次为 $n-k$ 次,则 $h(x)$ 为 k 次多项式,以 $g(x)$ 为生成多项式所构成的 (n,k) 循环码中 $g(x), xg(x), \cdots, x^{k-1}g(x)$ 等 k 个多项式必定是线性无关的。可以由这些码字多项式所对应的码字构成循环码的生成多矩阵 $\boldsymbol{G}$,则有:

$$\begin{aligned}
g(x) &= g_0 + g_1 x + \cdots + g_{n-k} x^{n-k} \\
xg(x) &= g_0 x + g_1 x^2 + \cdots + g_{n-k} x^{n-k+1} \\
&\vdots \\
x^{k-1}g(x) &= g_0 x^{k-1} + g_1 x^k + \cdots + g_{n-k} x^{n-1}
\end{aligned} \qquad (2\text{-}17)$$

所以,循环码的生成多项式可以表示为如下形式:

$$\boldsymbol{G} = \begin{bmatrix}
g_0 & g_1 & \cdots & g_{n-k} & 0 & 0 & \cdots & 0 \\
0 & g_0 & g_1 & \cdots & g_{n-k} & 0 & \cdots & 0 \\
\vdots & & \ddots & \ddots & & & & \vdots \\
0 & \ddots & 0 & g_0 & g_1 & & \cdots & g_{n-k}
\end{bmatrix} \qquad (2\text{-}18)$$

从而

$$x^n - 1 = g(x)h(x) = \left(g_0 + g_1 x + \cdots + g_{n-k} x^{n-k}\right)\left(h_0 + h_1 x + \cdots + h_k x^k\right)$$

根据待定系数法,有:

$$\begin{cases}
g_0 h_0 = -1 \\
g_0 h_1 + g_1 h_0 = 0 \\
\quad \vdots \\
g_0 h_i + g_1 h_{i-1} + + g_{n-k} h_{i-(n-k)} = 0 \\
\quad \vdots \\
g_0 h_{n-1} + g_1 h_{n-2} + + g_{n-k} h_{k-1} = 0 \\
g_{n-k} h_k = 1
\end{cases} \qquad (2\text{-}19)$$

(n,k) 循环线性分组码对应的一致校验矩阵为:

$$H = \begin{bmatrix} h_k & h_{k-1} & \cdots & h_0 & 0 & \cdots & & 0 \\ 0 & h_0 & h_1 & \cdots & h_0 & 0 & \cdots & 0 \\ \vdots & \vdots & & \vdots & & \vdots & & \vdots \\ 0 & 0 & \cdots & 0 & h_k & h_{k-1} & \cdots & h_0 \end{bmatrix} \qquad (2\text{-}20)$$

可以验证 H 矩阵满足

$$G \cdot H^{\mathrm{T}} = 0$$

所以称 $h(x)$ 为码的校验多项式,相应的 H 矩阵为码的一致校验矩阵。

对某些码,每一码字循环移位一次不一定是该码的另一码字,但若循环移位次,得到的仍是该码的一个码字,这样的码称为准循环码。准循环码的编码还是可以用移位寄存器来实现,编码是简单的。

定义 2.4 设 s、n_0、k_0 为正整数,若线性 (sn_0, sk_0) 码的任一码字移位 n_0 后仍然是一个码字,则该码称为分组长度为 n_0 的准循环码。

准循环码的生成矩阵可以写成:

$$G = \begin{bmatrix} G_{11} & G_{12} & \cdots & G_{1n_0} \\ G_{21} & G_{22} & \cdots & G_{2n_0} \\ \vdots & \vdots & \ddots & \vdots \\ G_{k_0 1} & G_{k_0 2} & \cdots & G_{k_0 n_0} \end{bmatrix} \qquad (2\text{-}21)$$

式中: G_{ij} 为 s 阶循环矩阵

$$G_{ij} = \begin{bmatrix} g_1 & g_2 & \cdots & g_s \\ g_s & g_1 & \cdots & g_{s-1} \\ \vdots & \vdots & \ddots & \vdots \\ g_2 & g_3 & \cdots & g_1 \end{bmatrix} \qquad (2\text{-}22)$$

式中: 对于二进制码 $g_i \in GF(2)$。系统准循环码的生成矩阵具有如下的形式:

$$G = \begin{bmatrix} I & 0 & 0 & \cdots & 0 & G_{1,k_0+1} & \cdots & G_{1,n_0} \\ 0 & I & 0 & \cdots & 0 & G_{2,k_0+1} & \cdots & G_{2,n_0} \\ 0 & 0 & I & \cdots & 0 & G_{3,k_0+1} & \cdots & G_{3,n_0} \\ \vdots & \vdots & \vdots & \ddots & \vdots & \vdots & \ddots & \vdots \\ 0 & 0 & 0 & \cdots & I & G_{k_0,k_0+1} & \cdots & G_{k_0,n_0} \end{bmatrix} \qquad (2\text{-}23)$$

2.1.2 卷积码的概念

2.1.2.1 基本概念

卷积码是纠错码中的又一大类。由于分组码码字中的 $n-k$ 个校验元仅与本码字的 k 个信息元有关,与其他码字无关,因此分组码的编译码是对各个码字孤立地无记忆进行的。从信息论的观点看,这种做法必然会损失一部分相关信息,而卷积码的出现使人们有可能利用这部分相关信息。卷积码编码器的输出结果不仅与本子码的 k 个信息元有关,而且还与此前 m 个子码中的信息元有关,因此卷积码的编码器需要有存储 m 组信息元的记忆部件。

卷积码的编码器可以看作是一个由 k 个输入端和 n 个输出端组成的时序网络。设第 i 时刻输入编码器的 k 个信息为:$m_i = (m_i(1), m_i(2), \cdots, m_i(k))$,相应输出是由 n 个码元组成的子码:$c_i = (c_i(1), c_i(2), \cdots, c_i(n))$。若输入的信息序列:$m = (m_0, m_1, m_2, \cdots)$,则输出由子码 $c = (c_0, c_1, c_2, \cdots)$ 与分组码相同,卷积码也可分为系统码和非系统码,如果 n 位长的子码中,前 k 位是原输入的信息元,则称该卷积码为系统码,否则称为非系统码。

卷积码也可以像分组码一样利用码多项式或者生成矩阵等形式来描述。此外,根据卷积码的特点,还可以利用状态图(State Diagram)、树图(Tree)以及格图(Trellis)等工具来描述,下面首先从卷积码的编码开始进行讨论。

图 2-2 所示为二进制 (3,1,2) 卷积码的一种编码器结构框图。(3,1,2) 中,"3" 表示码长 n,"1" 表示输入信息长 k,"2" 表示存储单元个数 m。

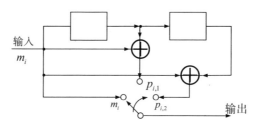

图 2-2 (3,1,2)卷积码编码器

第 i 时刻输入信息元 m_i,此时刻的子码为 $c_i = (m_i, p_{i,1}, p_{i,2})$。式中:$p_{i,1}$,

$p_{i,2}$ 为校验元且满足 $c_i(1) = m_i$，$c_i(2) = p_{i,1} = m_i + m_{i-1}$，$c_i(3) = p_{i,2} = m_i + m_{i-2}$；下一个时间单位输入的信息元为 $m_i + 1$，则对应的校验元：$c_{i+1}(2) = p_{i+1,1} = m_{i+1} + m_i$，$c_{i+1}(3) = p_{i+1,3} = m_{i+1} + m_{i-1}$，则第二个子码为 $c_{i+1} = (m_{i+1}, c_{i+1}(2), c_{i+1}(3))$。每时刻送入编码器 1 个信息元，编码器就送出相应的 3 个码元组成一个子码 c_i 送入信道。这 n 个码元组成的子码 c_i 称为卷积码的一个码段或子组。显然，第 i 时刻输入的信息组 m_i 及相应码段 c_i，不仅与前 $m = 2$ 个码段中的码元有关，而且也参与了后 m 个码段中的校验运算。

2.1.2.2 卷积码的生成矩阵和校验矩阵

根据图 2-2 所示的 $(3,1,2)$ 卷积码编码器框图，设编码器寄存器的初始状态全为 0，输入信息序列分别为：$m_1 = (0100\cdots)$，$m_2 = (0100\cdots)$，$m_3 = (0100\cdots)$，……，则编码器相应输出的码序列分别为：$c_1 = (111\ \ 101\ 001\ \ 000\ 000\cdots)$，$c_2 = (111\ \ 101\ \ 001\ \ 000\ 000\cdots)$，$c_3 = (000\ \ 000\ \ 111\ 010\ \ 001\ \ 000\ \ 000\cdots)$。当输入信息序列：$m = m_1 + m_2 + m_3\cdots$，则输出码序列：$c = c_1 + c_2 + c_3 + \cdots$用矩阵表示

$$\mathbf{C} = \mathbf{M}\mathbf{G}_\infty = \begin{bmatrix} 111 & 010 & 001 & 000 & 000 & \cdots \\ 000 & 111 & 010 & 001 & 000 & \cdots \\ 000 & 000 & 111 & 010 & 001 & \cdots \\ & & \cdots & & & \end{bmatrix} = (111\ \ 101\ \ 100\ \ 011\ \ 001\ \ 000\ \ \cdots)$$

$$(2\text{-}24)$$

可见，卷积码生成矩阵 $\boldsymbol{G}_\infty$ 是一个半无限矩阵，有无限个行与列，且每一行都是前一行右移 3（即 n）位的结果。$\boldsymbol{G}_\infty$ 可以完全由它的第一行决定，写成

$$\boldsymbol{g}_\infty = [111,010,001,000,000,\cdots] = [\boldsymbol{g}_0, \boldsymbol{g}_1, \boldsymbol{g}_2, \boldsymbol{0}, \boldsymbol{0}, \cdots] \quad (2\text{-}25)$$

称 $\boldsymbol{g}_\infty$ 为基本生成矩阵，其中 $\boldsymbol{g}_0$，$\boldsymbol{g}_1$，$\boldsymbol{g}_2$ 等都是一个 1×3 阶（即 $k \times n$ 阶）矩阵。$\boldsymbol{G}_\infty$ 可进一步通过延迟算子 D 来表示，延迟算子 D 表示卷积码编码过程中一个单位时间（n 个码元）的延迟。则 $\boldsymbol{G}_\infty$ 可写成

$$G_\infty = \begin{bmatrix} g_\infty \\ Dg_\infty \\ D^2 g_\infty \\ \vdots \end{bmatrix} = \begin{bmatrix} g_0 & g_1 & g_2 & 0 & \cdots \\ 0 & g_0 & g_1 & g_2 & 0 & \cdots \\ 0 & 0 & g_0 & g_1 & g_2 & 0 & \cdots \\ \cdots \end{bmatrix} \qquad (2\text{-}26)$$

由于考虑的是线性卷积码,在得到其生成矩阵 G_∞ 后,生成矩阵与校验矩阵的关系为

$$G_\infty \cdot H_\infty^{\mathrm{T}} = 0 \qquad (2\text{-}27)$$

(n_0, k_0, m) 卷积码校验矩阵的一般形式:校验阵也是半无限的,对于 (n_0, k_0, m) 卷积码,其校验矩阵具有如下形式:

$$H_\infty = \begin{bmatrix} h_0 & 0 & 0 & \cdots \\ h_1 & h_0 & 0 & \cdots \\ h_2 & h_1 & h_0 & \cdots \\ \vdots & \vdots & \vdots & \ddots & \cdots \\ h_m & h_{m-1} & \cdots & h_0 \\ 0 & h_m & \cdots & h_1 \\ 0 & 0 & \cdots & 0 & \cdots \\ \vdots & \vdots & & \vdots \end{bmatrix} \qquad (2\text{-}28)$$

式中: $h_0, h_1, \cdots, h_m$ 及 0 均是 $(n_0 - k_0) \times m$ 阶矩阵。而且校验阵完全由其第一列元素决定。

2.1.2.3 卷积码的树图描述和状态图表示

例:(2,1,2)码的生成矩阵为

$$G_\infty = \begin{bmatrix} 11 & 00 & 11 \\ & 11 & 10 & 11 \\ & & 11 & 10 & 11 \\ & & & \cdots \\ & & & & \cdots \end{bmatrix} = \begin{bmatrix} g_0 & g_1 & g_2 \\ & g_0 & g_1 & g_2 \\ & & g_0 & g_1 & g_2 \\ & & & \cdots \\ & & & & \cdots \end{bmatrix} \qquad (2\text{-}29)$$

若输入编码器的信息序列为

$$M = (m_0, m_1, \cdots) = (11011\cdots)$$

则编码器输出的码序列为

$$C=MG8=[11,01,01,00,01,01\cdots]=(c_0,c_1,c_2,c_3\cdots)$$

编码过程可用半无限码树图说明,如图 2-3 所示,设编码器初始状态为 0,输入信息序列为 M,输出码序列相应于码树中的一条正确路径,而其他所有路径都是它的不正确路径。

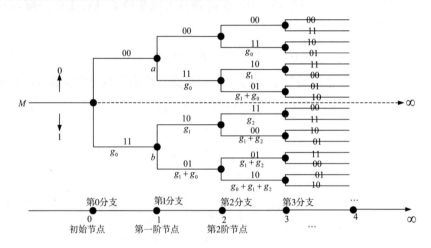

图 2-3 （2，1，2）卷积码的码树图

对一般的二进制 (n_0,k_0,m) 编码器,每次输入的是 k_0 个信息元,有 $2k_0$ 个可能的信息组,这相应于从码树每一节点上分出的分支数有 $2k_0$ 条,相应于 $2k_0$ 种不同信息组的输入,且每条都有 n_0 个码元,作为与此相应的输出子码。因此,码数上所有可能的路径,就是该卷积码编码器所有可能输出的码序列。

编码器寄存器中任一时刻的存数称为编码器的一个状态,以 s_i 表示,每个状态都对应一个不同的输入组。如图 2-4 所示为（2，1，2）卷积码编码器状态图。编码器由两级移位寄存器组成,其存数只有 4 种可能,即 4 个状态。

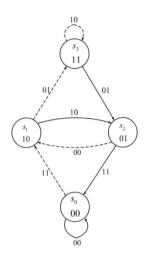

图2-4 (2,1,2)卷积码编码器状态图

2.1.3 信道容量与 Shannon 限

2.1.3.1 信道容量的定义

信道容量表示一个信道的传输能力,它与信道的噪声大小与分布、传输信号的功率以及传输带宽有关。当传输功率和带宽一定时,可以通过信道编码增加冗余度,从而提高可靠传输性或控制差错概率。对于所有信道都有一个最大的信息传输率,称之为信道容量。它是信道可靠传输的最大信息传输率。对于不同的信道,存在的噪声形式不同,信道带宽以及信号的各种限制不同,具有不同的信道容量。Shannon 定义信道容量为:

$$C = \max_{p(x)} I(X;Y) = \max_{p(x)} \left[H(X) - H(X/Y) \right]$$
$$= \sum_{j=0}^{q-1} \sum_{I=0}^{Q-1} p(x_j) p(y_i/x_j) \log \frac{p(y_i/x_j)}{p(y_i)}$$

(2-30)

式中:变量 X 和 Y 分别代表信道的输入和输出;$p(x_i)$ 为变量 x_i 的概率密度函数(Probability Density Function,PDF);$I(X;Y)$ 为变量 X 和 Y 的互信息;$H(X)$ 为信源的熵;$H(X/Y)$ 为信道的条件熵,实际上就是因为信道噪声存在造成的损失熵。

一般时间连续信道的信道容量为:

$$C = \max_{p(x)}\left[\lim_{T\to\infty}\frac{1}{T}I(\boldsymbol{X};\boldsymbol{Y})\right] = \max_{p(x)}\left\{\lim_{T\to\infty}\left[H(\boldsymbol{X}) - H(\boldsymbol{X}/\boldsymbol{Y})\right](\mathrm{bit/s})\right\} \text{（2-31）}$$

2.1.3.2 信道容量与香农限的关系

通信的基本资源是时间 T，带宽 B 和能量 E。对通信资源的最小极限使用指标是香农限。广义香农限是指在一定的误码条件下单位时间、单位带宽上传输 1 比特所需要的最小信噪比 $(E_b/N_0)_{\min}$。当没有误码（误码率为 0）时就是狭义的香农限。

对纠错码而言，虽然编码导致传输符号能量降低和相应的符号差错概率增加，但是由于纠错的应用使得译码后的符号差错概率降低，因此折算到传输每比特信息所需要的能量 (E_b/N_0) 降低，使能量或带宽的使用效率最大化。香农限就是度量这一效率的极限参量。

在连续信道条件下，信道容量 C 是符号信噪比 (E_s/N_0) 的增函数，即：

$$C = f\left(E_s/N_0\right) = f\left(RE_b/N_0\right) \quad\text{（2-32）}$$

式中：C 为设信道容量；R 为信息速率；E_b 是信息比特功率；E_s 为符号功率；N_0 是噪声单边功率谱密度；E_b/N_0 为比特信噪比。

当要求无失真传输时，必须满足 $R \leq C$ 的条件，取等号时，通信资源的利用率最大，此时达到该 R 无误传输所消耗的信噪比是最小的，记为 $(E_b/N_0)_{\min}$，$(E_b/N_0)_{\min}$ 就是香农限。

2.1.3.3 信道容量与纠错码的关系

有噪声编码定理（香农第二定理）指出：设离散无记忆信道 $[\boldsymbol{X}, P(y/x), \boldsymbol{Y}]$，$P(y/x)$ 为信道的传输概率，其信道容量为 C。存在一种编码方法，当信息传输率时 $R<C$，只要码长 n 足够大，总可以找到相应的译码规则。使译码的错误概率任意小 $(P_E \to 0)$。

对于宽带无限的高斯白噪声信道，其信道容量为：

$$C = \frac{1}{2}\log_2\left(1 + \frac{P}{\sigma^2}\right) \quad\text{（2-33）}$$

式中：σ^2 为高斯噪声方差；P 为信号平均功率。

对于带宽为 B，信号功率为 P 的带限 AWGN 信道，其信道容量为

$$C = B\log_2\left(1 + \frac{P}{N_0 B}\right) \quad\text{（2-34）}$$

式中：$N_0/2$ 为噪声的双边功率谱密度。在理想 Nyquist 采样条件下,有

$$P = \frac{E_0}{T} \qquad (2\text{-}35)$$

式中：E_0 为在每个信号持续时间；T 内的平均信号功率。

从概念上理解,信道容量 C 是在误码率极低的条件下理论上每秒能够在信道上传输的信息比特数。根据式(2-34),对于固定的信道带宽 B,信道容量 C 随着传输信号平均功率 P 的增加而提高；另一方面,如果信号平均功率 P 固定,则可以通过增加信道带宽 B 来提高信道容量 C。当信道带宽 B 趋于无穷大时,信道容量达到渐近极限值

$$C_\infty = \frac{P}{N_0 \ln 2} \qquad (2\text{-}36)$$

Shannon 有噪信道编码定理给出了好码存在的理论证明,但并没有给出构造好码的方法。从定理的证明可知,码字的随机性越强,得到好码的可能性越大。但对随机码进行最大似然译码的运算量是非常大的。因此,好码的构造应该是寻找距离特性近似随机的,结构能够有效实现译码的编码方法。

Gallager 等人已经证明,对于离散输入无记忆信道,存在码率为 R 的包含 k 个符号的码字,在采用最大似然译码时其码字错误概率的上限为

$$P_w(e) < \exp\left[-kE(R)\right], 0 \le R \le C \qquad (2\text{-}37)$$

根据式(2-37),可以通过采用不同的折衷手段,找到不同的实现可靠通信的方法。

降低码率 $R=k/n$。但对于固定的信息传输率而言,降低码率就意味着提高码字传输速率,因此导致需求带宽的增加。

提高信道容量。对于给定的码率,提高信道容量意味着 $E(R)$ 的增加(如图 2-5 所示)。但对于给定的信道和带宽 B,提高信道容量就必须提高信号平均功率 P。

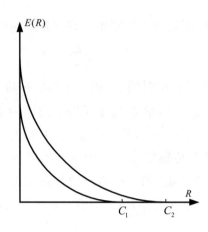

图 2-5 $E(R)$ 与 R 的关系及随信道容量变化曲线

增加码字长度 n,同时保持码率 R 和函数 $E(R)$ 固定,相应的信道带宽 B 和信号功率 P 都保持不变。这种方法下性能的提高是以增加译码复杂性为代价的。事实上,对于随机选择的码字和最大似然译码而言,译码复杂性 J 与候选码字个数 2^k 成正比,即

$$J \propto 2^k = 2^{nR} \propto \exp(nR) \qquad (2\text{-}38)$$

从而

$$P_w(e) < \exp[-nE(R)] \propto \exp\left\{-\ln J\left[\frac{E(R)}{R}\right]\right\} \propto J^{-\frac{E(R)}{R}} \qquad (2\text{-}39)$$

这意味着误码率随着译码复杂性的增加而得到线性改善。

2.2 Turbo 码编码原理

2.2.1 Turbo 码的基本原理

在 Turbo 码的构造中,利用递归系统卷积码编码器作为成员码时,低重量的输入序列经过编码后可以得到高重量的输出序列。同时交织器的使用,也能加大码字重量。实际上,Turbo 码的目标不是追求高的最小距离,而是设计具有尽可能少的低重量码字的码。Turbo 码由两个

递归系统卷积码(RSC)并行级联而成。译码采用特有的迭代译码算法。

如图 2-6 所示,Turbo 码编码器由两个递归系统卷积码编码器(RSC1 和 RSC2)通过一个交织器并行级联而成,经过删除或复用,产生不同码率的码字,进入传输信道。在接收端,译码器是由两个软输入软输出译码器(DEC1 和 DEC2)串行级联组成,使用与编码器对应的交织器和解交织器传递相应的信息。两个译码器通过外验信息,进行不断的迭代译码,从而使比特错误概率减小。

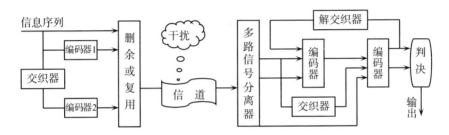

图 2-6　Turbo 码的编译码工作原理图

C.Berrou 等提出的 Turbo 码是纠错编码研究领域内的重大进展,Turbo 编码器采用两个并行相连的系统递归卷积编码器,并辅之以一个交织器。两个卷积编码器的输出经并串转换以及删余(Puncture)操作后输出。于是,Turbo 解码器由首尾相接、中间由交织器和解交织器隔离的两个以迭代方式工作的软判输出卷积解码器构成。

Turbo 码不仅有优异的编码性能,并且其独特的编码结构使得可以采用并行译码算法,这样就大大降低了实时译码(采用软判决迭代译码算法)的复杂度,进而可用 VLSI 实现。

在尚未得到严格的 Turbo 编码理论性能分析结果的情况下,从计算机仿真结果看,在交织器长度大于 1 000、软判输出卷积解码采用标准的最大后验概率(MAP)算法的条件下,其性能比约束长度为 9 的卷积码提高 1 至 2.5 dB。

2.2.2 Turbo 码的编码原理

图 2-7 所示是典型的 Turbo 码编码器结构框图,信息序列 $d = \{d_1, d_2, ..., d_N\}$ 经过 N 位交织器,使得 d 长度与内容没变,但比特位置

经过重新排,从而形成一个新序列 $d' = \{d'_1, d'_2, ..., d'_N\}$。$d$ 和 d' 分别传送到两个分量码编码器。一般情况下,这两个分量码编码器结构相同,生成序列 X^{1p} 与 X^{2p}。为了提高码率,序列 X^{1p} 与 X^{2p} 需要经过删余器,采用删余技术从这两个校验序列中周期地删除一些校验位,形成校验位序列 X^p。X^p 与未编码序列 u(为方便表述,用 X^s 表示)经过复用,生成 Turbo 码序列。

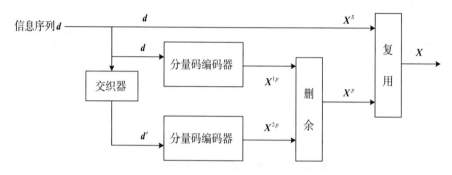

图 2-7 Turbo 码编码器结构框

例如,假定图中两个分量编码器的码率均是 $1/2$,为了得到 $1/2$ 码率的 Turbo 码,可以采用这样的删余矩阵:$P = [1001]$,即删去来自 RSC1 的校验序列 X^{1p} 的偶数位置比特与来自 RSC2 的校验序列 X^{2p} 的奇数位置比特。

又如,对于生成矩阵为 $g = [g_1 \ g_2]$ 的 $(2, 1, 2)$ 卷积码通过编码后,如果进行删余,则得到码率为 $1/2$ 的编码输出序列;如果不进行删余,得到的码率为 $1/3$。一般情况下,Turbo 码成员编码器是 RSC 编码器。原因在于递归编码器可以改善码的比特误码率性能。

2.2.3 Turbo 码译码原理

由于 Turbo 码是由两个或多个成员码经过不同交织后对同一信息序列进行编码。译码时,为了更好地利用译码器之间的信息,译码器应该利用软判决信息,而不是硬判决信息。因此,一个有两个成员码构成的 Turbo 码的译码器是由两个与成员码对应的译码单元和交织器与解交织器组成的,将一个译码单元的软输出信息作为下一个译码器单元的输入,为了进一步提高译码性能,将此过程迭代数次。这就是 Turbo 码的迭代译码算法的原理。

Turbo 码可以利用多种译码算法,如最大似然译码 MAP、Log-MAP 算法、Max-log-MAP 算法和 SOVA 算法等。图 2-8 所示为 Turbo 码迭代译码器结构。

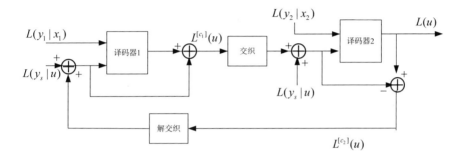

图 2-8 Turbo 码迭代译码器结构

Turbo 码译码器为串行结构,两个编码器所产生的校验信息通过串并转换被分开,分别送到对应的译码器输入端。首先,第一级译码器根据系统位信息 $L(y_s|u)$ 和第一级编码器的校验位信息 $L(y_1|x_1)$ 得到输出信息(此时译码器 2 外信息 $L^{[c_2]}(u)=0$),输出信息包含两部分,一部分是由译码器根据码字相关性提取出来的外信息,用 $L^{[c_1]}(u)$ 表示;另一部分来自系统位对应的信道输出,在传递给下一级译码器之前,被减去。$L^{[c_1]}(u)$ 在交织之后被送到译码器 2 作为先验信息,译码器 2 因此根据校验位信息、系统位信息和 $L^{[c_1]}(u)$ 这三者共同做出估计,得到输出信息 $L(u)$,$L(u)$ 在减去 $L^{[c_1]}(u)+L(y_s|u)$ 之后,得到译码器 2 的外信息 $L^{[c_2]}(u)$,它在解交织之后,反馈给第一级译码器作为先验信息,结合 $L^{[c_2]}(u)$,译码器 1 重新做出译码估计,得到改善的外信息。而此时的外信息又可以传递到译码器 2,如此往复,形成迭代过程。最终,当达到预先设定的迭代次数或满足迭代结束条件时,译码结束,取 $L(u)$ 的符号作为最终硬判决输出。

Turbo 码的一个译码算法之一是 SOVA 译码算法,是传统 Viterbi 算法用来计算卷积码的最大似然(ML)序列的算法,只提供硬判决输出。但在级联系统中,前级硬判决实际上相当于丢失了信息,使后级译码器无法从解调得到的软输出中获益。SOVA 是改进的 Viterbi 算法，它可以给出译码结果的可靠性值（软输出），这个可靠性值作为先验信息传递给下级译码器，从而提高译码性能。

LOG-MAP 译码算法是 Turbo 码另一个性能更优的译码算法，LOG-MAP 是改进的 MAP（最大后验概率）算法，它在对数域进行计算，可以将 MAP 算法中大量的乘法运算化简为加法运算，从而降低计算量。除此之外，它的基本原理与经典 MAP 算法相同。

MAP 算法由 Bahl 等人于 1974 年提出，因此又称为 BCJR 算法。与 Viterbi 算法不同，它估计出最大似然比特，而前者产生最大似然序列。也就是说，Viterbi 算法提供整体最优解，而 MAP 算法则提供个体最优解。

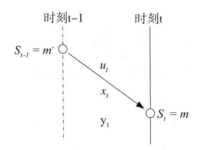

图 2-9　编码网格中一次状态转移

前面已经提到，卷积码编码过程实际就是一个有限状态机的状态转移过程。设 t 时刻编码器从状态 S_{t-1} 转移到状态 S_t，对应的输入为 u_t，输出校验位为 x_t，它与 u_t 一起传输到接收端，译码器的任务就是根据接收信号 y_t 来尽可能恢复 u_t。图 2-9 所示为状态转移过程。由于 u_t 与状态转移是对应的，因此

$$p\left(u_t = k \mid y_1^N\right) = \sum_{u_t = k} p\left(S_{t-1} = m', S_t = m, u_t \mid y_1^N\right) \tag{2-40}$$

式中：y_1^N 表示接收序列 $\left(y_1, y_2, \cdots, y_N\right)$。

由式（2-40）可知，只要得到所有的后验概率

$$p\left(S_{t-1} = m', S_t = m \mid y_1^N\right) \tag{2-41}$$

就可以通过对其中那些对应于 $u_t = k$ 的状态转移概率求和来得到信息比特的后验概率。由贝叶斯定理可知

$$p\left(S_{t-1}=m', S_t=m \mid y_1^N\right)=\frac{p\left(S_{t-1}=m', S_t=m, y_1^N\right)}{p\left(y_1^N\right)} \tag{2-42}$$

上式右侧分子项联合概率可做进一步化简：

$$\begin{aligned}
p\left(S_{t-1}=m', S_t=m, y_1^N\right) &= p\left(S_{t-1}=m', s_t=m, y_1^t\right) p\left(y_{t+1}^N \mid S_{t-1}=m', S_t=m, y_1^t\right) \\
&= p\left(S_{t-1}=m', S_t=m, y_1^t\right) p\left(y_{t+1}^N \mid S_t=m\right) \\
&= p\left(S_{t-1}=m', y_1^{t-1}\right) p\left(S_t=m, y_t \mid S_{t-1}=m', y_1^{t-1}\right) p\left(y_{t+1}^N \mid S_t=m\right) \\
&= p\left(S_{t-1}=m', y_1^{t-1}\right) p\left(S_t=m, y_t \mid S_{t-1}=m'\right) p\left(y_{t+1}^N \mid S_t=m\right)
\end{aligned} \tag{2-43}$$

以上的化简过程中应用了马尔可夫信源的性质，即 t 时刻以后的状态只与 S_t 及以后的输入有关，而与 t 时刻之前的状态和输入无关，也就是说，得到了 t 时刻的状态，之后的状态转移就不再依赖于 y_1^t 以及 $t-1$ 时刻的状态。

式（2-43）可分为三部分，分别定义如下，令：

$$\begin{aligned}
\alpha_t(m) &= p\left(S_t=m, y_1^t\right) \\
\beta_t(m) &= p\left(y_{t+1}^N \mid S_t=m\right) \\
\gamma_t(m', m) &= p\left(S_t=m, y_t \mid S_{t-1}=m'\right)
\end{aligned} \tag{2-44}$$

则联合概率可写为：

$$p\left(S_{t-1}=m', S_t=m, y_1^N\right)=\alpha_{t-1}(m') \cdot \gamma_t(m', m) \cdot \beta_t(m) \tag{2-45}$$

式中：$\alpha_t(m)$ 和 $\beta_t(m)$ 可以用递归方法求出

$$\begin{aligned}
\alpha_t(m) &= \sum_{m'} p\left(S_{t-1}=m', S_t=m, y_1^t\right) \\
&= \sum_{m'} p\left(S_{t-1}=m', y_1^{t-1}\right) p\left(S_t=m, y_t \mid S_{t-1}=m', y_1^{t-1}\right) \\
&= \sum_{m'} \alpha_{t-1}(m') \cdot \gamma_t(m', m) \\
\beta_t(m) &= \sum_{m''} p\left(S_{t+1}=m'', y_{t+1}^N \mid S_t=m\right) \\
&= \sum_{m''} p\left(S_{t+1}=m'', y_{t+1} \mid S_t=m\right) p\left(y_{t+2}^N \mid S_t=m, S_{t+1}=m'', y_{t+1}\right) \\
&= \sum_{m''} \gamma_{t+1}(m, m'') \cdot \beta_{t+1}(m'')
\end{aligned} \tag{2-46}$$

通常,编码器的初始状态已知,对于编码器 1,帧结束时网络终止,因此其终了状态了也是已知的,因此有

$$a_0(m_i) = \begin{cases} 1 & m_i = 0 \\ 0 & \text{其他} \end{cases}$$

以及

$$\beta_N(m_i) = \begin{cases} 1 & m_i = 0 \\ 0 & \text{其他} \end{cases}$$

对于编码器 2,由于网格不终止,可以认为它的终了状态是平均分布的。另外,有

$$\begin{aligned} \gamma_t(m',m) &= p(S_t = m \mid S_{t-1} = m')\, p(y_t \mid S_{t-1} = m', S_t = m) \\ &= p[u_t(m',m)]\, p[y_t \mid x_t(m',m)] \end{aligned} \tag{2-47}$$

式中:$u_t(m',m)$ 为信息符号,$x_t(m',m)$ 为对应于状态转移 (m',m) 的编码输出符号。上式中 $p(u_t)$ 为信息符号的先验概率,而条件概率 $p(y_t \mid x_t)$ 可由如前所述的信道模型得到。

MAP 算法可按以下步骤实现:

(1)对于每个时刻 t,根据解调软输出 y 和信息符号 u 计算式(2-47);

(2)根据式(2-45)及式(2-46)递归计算 $\alpha_t(m)$ 及 $\beta_t(m)$;

(3)根据式(2-44)计算联合概率 $p(S_{t-1} = m', S_t = m, y_1^N)$;

(4)根据式(2-40)得到 $p(u_t = k \mid y_1^N)$;

(5)计算每个信息符号的对数似然比 $L(u_t) = \ln \dfrac{p(u_t = 1 \mid y_1^N)}{p(u_t = -1 \mid y_1^N)}$。

式(2-42)中的分母 $p(y_1^N)$ 在第 5 步中被约去,因此不必求得具体数值。另外,在具体实现中,上述概率计算都是在对数域中进行的,因此乘法运算都变成了加法运算。

图 2-10 所示是 SOVA 和 LOG-MAP 两种译码算法的误码率和误帧率曲线仿真比较。

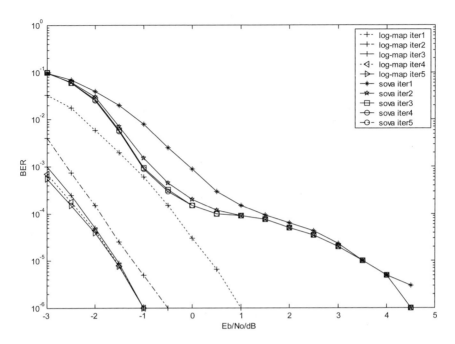

图 2-10 SOVA 和 LOG-MAP 译码算法在不同迭代次数下的误码率曲线

仿真中采用 1/3 码率的 Turbo 码,共传输了 20 000 帧(每帧 210 比特,共 2 百万比特),采用与软件中相同的螺旋交织方案,通过高斯白噪声(AWGN)信道,采用 BPSK 调制方式,迭代 1 ~ 5 次。

由图 2-10 可得到如下结论。

(1)在相同的迭代次数和信噪比条件下,LOG-MAP 译码的误码率和误帧率性能都明显优于 SOVA。

(2)迭代次数越高,误码率性能越好。但是,大部分迭代增益都出现在前两次迭代中。

(3)在信噪比较小时(低于 0 dB),SOVA 迭代译码误码率随信噪比增大降低较快,信噪比较大时误码率改善较缓慢。因此,在信道噪声比较弱时,减少迭代次数不会对误码率性能造成太大影响,却可以降低译码时延;而信道环境比较差时,可增加迭代次数来提高误码率性能。

(4)LOG-MAP 译码的性能非常优异,2 次迭代在信噪比为 -0.5 dB时误码率即可达到 10^{-6}。

从误码率性能看,Log-MAP 优于 SOVA。从实现复杂度看,SOVA 译码算法实现比较容易,更简单。因此,可以根据实际需要来选择译码方式。

　　Turbo 码的迭代译码终止条件的设计是个很重要的问题,因为迭代译码是个很耗资源的计算,另一方面,过多的迭代可能会造成溢出或者振荡,从而得到错误的输出结果。

　　最简单的终止方法就是指定迭代次数,实验表明,经过 5 次左右迭代之后,能够从以后的迭代过程中获得的好处就很少了,因此可以指定迭代次数,使译码过程在达到设定数值时结束。这是本项目中采取的方法之一。

　　然而,固定迭代次数有两个弊端。当信道特性较好时,多余的迭代造成了计算资源的浪费,另一方面,当信道特性差,误码率高时,又不能充分发挥出 Turbo 码的性能。理想的情况下,迭代次数应随着误码情况动态地变化。

　　另一种译码终止算法是在信息序列中加入 CRC 校验码字,每次迭代之后即检测信息序列是否有错,无错时译码即结束,为防止误码率很高时不能完全纠错的情况,还必须设定最大迭代次数,达到这一数值后,即使译码结果仍然有错误,迭代过程也被强制终止。CRC 校验适用于信道特性比较好的情况,实验表明在这种情况下,只需一两次迭代就可以得到正确结果。它的缺点是必须加入多余的校验位,降低了通信效率。

　　另外一种效果较好的方法是采用检测成员编码器输出之间的交叉信息熵,当发现熵值低于某一门限时,表明再次迭代能够获得的增益已经很小,因此终止译码。这种方法能够非常好的挖掘出 Turbo 码的潜力。它的缺点是计算交叉信息熵需要较大的计算量和存储空间。

2.3　LDPC 码

2.3.1　LDPC 码的描述和图模型表达

LDPC 码是一类线性分组码,由它的校验矩阵来定义,设码长为 N,

信息位为 K ,校验位为 $M = N - K$,码率为 $R = K/N$,则码校验矩阵 $\boldsymbol{H}$ 是一个 $M \times N$ 的矩阵。

定义 3.1 二元 LDPC 码的校验矩阵 $\boldsymbol{H}$ 矩阵要满足以下 4 个条件:

（1）$\boldsymbol{H}$ 矩阵的每行有 ρ 个"1";

（2）$\boldsymbol{H}$ 矩阵的每列有 γ 个"1";

（3）$\boldsymbol{H}$ 矩阵的任意两行(或两列)间共同为"1"的个数不超过 1;

（4）与码长和 $\boldsymbol{H}$ 矩阵中的行数相比较, ρ 和 γ 很小,也就是说矩阵中很少一部分元素非零,其他大部分元素都是零,LDPC 码的校验矩阵是稀疏矩阵。

满足以上四个条件的 $\boldsymbol{H}$ 校验矩阵对应的 LDPC 码一般表述为 (N,γ,ρ) ,码率则为 $R \geqslant 1 - \gamma/\rho$ 。LDPC 码的校验矩阵对应可用一个双向图表示,图的下边有 N 个节点,每个节点表示码字的信息位,称为信息节点 $\{x_j, j = 1, 2, \cdots, N\}$,是码字的比特位,对应于校验矩阵各列,信息节点也称为变量节点;上边有 M 个节点,每个节点表示码字的一个校验集,称为校验节点 $\{z_i, i = 1, 2, \cdots, M\}$,代表校验方程,对应于校验矩阵各行;与校验矩阵中"1"元素相对应的左右两节点之间存在连接边。我们将这条边两端的节点称为相邻节点,每个节点相连的边数称为该节点的度数,每个信息节点与 γ 个校验节点相连,称该变量节点的度数为 γ ;每个校验节点与 ρ 个信息节点相连,称该校验节点的度数为 ρ 。例如:(10,2,4) LDPC 码的校验矩阵和双向图如图 2-11 （a）（b）所示,信息节点的度数为 2,校验节点的度数为 4。

	x_1	x_2	x_3	x_4	x_5	x_6	x_7	x_8	x_9	x_{10}
z_1	1	1	1	1	0	0	0	0	0	0
z_2	1	0	0	0	1	1	1	0	0	0
z_3	0	1	0	0	1	0	0	1	1	0
z_4	0	0	1	0	0	1	0	1	0	1
z_5	0	0	0	1	0	0	1	0	1	1

（a）（10，2，4）LDPC 码校验矩阵

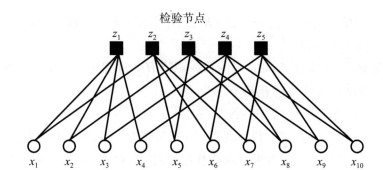

（b）（10，2，4）LDPC 码的双向图

图 2-11　（10,2,4）LDPC 码的校验矩阵和双向图

一般情况下，校验矩阵是随机构造的，因而是非系统化的。在编码时，对校验矩阵 $\boldsymbol{H}$ 进行高斯消去，可得

$$\boldsymbol{H} = [\boldsymbol{I}\quad \boldsymbol{P}] \qquad (2\text{-}48)$$

由式（2-48）得生成矩阵

$$\boldsymbol{G} = [-\boldsymbol{P}^{\mathrm{T}}\quad \boldsymbol{I}] \qquad (2\text{-}49)$$

2.3.2　LDPC 码的分类

2.3.2.1 规则 LDPC 码和非规则 LDPC 码

若 LDPC 码所对应的双向图为规则双向图，则此 LDPC 码称为规则 LDPC 码；若对应的双向图为非规则双向图，则此 LDPC 码称为非规则 LDPC 码。图 2-11 所示的（10，2，4）LDPC 码是规则 LDPC 码，其校验矩阵的每行（列）中"1"的个数是相等的。如果校验矩阵的每行（列）中"1"的个数不相等时，称这种 LDPC 码为不规则 LDPC 码，不规则 LDPC 码一般表述为（N，K），如图 2-12 所示的（10，5）LDPC 码是不规则 LDPC 码。

$$H = \begin{bmatrix} 1 & 1 & 0 & 0 & 0 & 1 & 0 & 1 & 0 & 1 \\ 0 & 1 & 1 & 0 & 0 & 1 & 0 & 0 & 1 & 0 \\ 0 & 0 & 1 & 1 & 0 & 0 & 1 & 1 & 0 & 1 \\ 0 & 0 & 0 & 1 & 1 & 1 & 0 & 0 & 1 & 0 \\ 1 & 0 & 0 & 0 & 1 & 0 & 1 & 0 & 1 & 0 \end{bmatrix}$$

（a）（10,5）不规则 LDPC 码校验矩阵

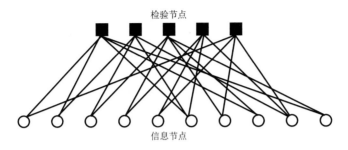

（b）（10,5）不规则 LDPC 码的双向图

图 2-12（10，5）不规则 LDPC 码的校验矩阵和双向图

对于非规则 LDPC 码,相应的双向图中各节点的度不相同,通常用度分布序列 $\{\gamma_1,\gamma_2,\cdots,\gamma_{d_l}\}$ 和 $\{\rho_1,\rho_2,\cdots,\rho_{d_t}\}$ 来表示,其中 γ_j 表示与度为 j 的信息节点相连的边占总边数的比率, ρ_i 表示与度为 i 的校验节点相连的边占总边数的比率, d_l 和 d_t 分别表示信息节点和校验节点的最大度数,应有 $\sum_{j=1}^{d_l}\gamma_j=1$ 及 $\sum_{i=1}^{d_t}\rho_i=1$ 。边度分布序列可用多项式来表示,即

$$\gamma(x)=\sum_{j=1}^{d_l}\gamma_j x^{j-1} \tag{2-50}$$

$$\rho(x)=\sum_{i=1}^{d_t}\rho_i x^{i-1} \tag{2-51}$$

满足 $\gamma(1)=\sum_{j=1}^{d_l}\gamma_j=1$ 及 $\rho(1)=\sum_{i=1}^{d_t}\rho_i=1$ 。

规则 LDPC 码可以看成是非规则 LDPC 码的特例。

设一个 LDPC 码对应的双向图中边的总数为 (N,γ,ρ) ,根据边的度分布多项式可以得到度为 j 的信息节点个数为 $v_j=E\gamma_j/j$,度为 i 的校验节点个数为 $u_i=E\rho_i/i$,则信息节点和校验节点的总数分别为

$$n=\sum_{j=1}^{d_l}v_j=\sum_{j=1}^{d_l}E\gamma_j/j=E\sum_{j=1}^{d_l}\gamma_j/j \tag{2-52}$$

$$m=\sum_{i=1}^{d_t}u_i=\sum_{i=1}^{d_t}E\rho_i/i=E\sum_{i=1}^{d_t}\rho_i/i \tag{2-53}$$

当校验矩阵满秩时,通过度分布多项式 $\gamma(x)$ 和 $\rho(x)$ 构造的非规则

LDPC 码的码率为

$$R(\gamma,\rho)=\frac{n-m}{n}=1-\frac{\sum\limits_{i=1}^{d_t}\rho_i/i}{\sum\limits_{j=1}^{d_l}\gamma_j/j} \tag{2-54}$$

对于校验矩阵非满秩的情况,实际的码率要比 $R(\gamma,\rho)$ 略高一些。

Luby 的模拟实验说明适当构造的不规则码的性能优于规则码的性能。这一点可以从构成 LDPC 码的双向图得到直观性的解释:对于每一个信息节点来说,希望它的度数大一些,因为它从相关联的校验节点得到信息越多,便越能准确地判断它的正确值,对每一个校验节点来说,情况则相反,希望校验节点的度数小一些,因为校验节点的度数越小,它能反馈给其邻接的信息节点的信息越有价值。不规则图比规则图能更好更灵活地平衡这两种相反的要求。在不规则码中,具有大度数的信息节点能很快地得到它的正确值,这样它就可以给校验节点更加正确的概率信息,而这些校验节点又可以给小度数的信息节点更多信息,大度数的信息节点首先获得正确的值,把它传输给对应的校验节点,通过这些校验节点又可以获得度数小的信息节点的正确值,因此,不规则码的性能要优于规则码的性能。

Chung 等基于不规则双向图,构造的码率为 1/2、码长为 10^7 bit 的不规则 LDPC 码,经仿真得到在误码率为 10^{-6} 时,该码的译码性能距 Shannon 限仅为 0.004 5 dB [4]。

2.3.2.2 二元 LDPC 码和 q 元 LDPC 码

按照每个码元取值来分,可分为二元 LDPC 码和 q 元 LDPC 码,研究结果显示,q 元 LDPC 码优于二元 LDPC 码 [4]。

域 $GF(2)$ 上的规则 LDPC 码自然可推广到 $GF(q)$($q=2^p$,p 为整数)上,不同的只是 $GF(q)$ 上的 LDPC 码的校验矩阵 **H** 的非零元素可有 $q-1$ 个值供选择,而不只为"1"。域 $GF(q)$ 上的规则 LDPC 码和 $GF(2)$ 上的规则 LDPC 码的译码思想基本类似。

对每一个 $a\in GF(2^p)$ 与一个 $p\times p$ 的二元矩阵相关联(通过 $GF(2)$ 上一个 p 次本元多项式),将与 $GF(2^p)$ 中每一元素关联的矩阵代入

$GF(2^p)$ 上的 LDPC 码的 (G_q, H_q) 中可得到生成矩阵与校验矩阵的二进制表示 (G_2, H_2)，这种转换便于 $GF(2^p)$ 上的运算。

$GF(2^p)(q>2)$ 上的 LDPC 码的性能可优于二进制的 LDPC 码的性能，而且更大域上构造的 LDPC 码的性能可得到大的改善，下面给出一个直观性解释。

MacKay 已证明：对给定的译码器，当校验矩阵 H 的列重量（固定常数）足够大，码长充分大时，LDPC 码的性能可以接近 Shannon 限，即大重量的列有助于译码器的快速纠错，然而若增加列重量会造成相应的双向图中的循环数目急剧地增加，从而导致迭代译码的性能下降。而在 $GF(2^p)(q>2)$ 上构造的 LDPC 码便可解决这个问题，增加它的校验矩阵 H_q 的列重量（即增加与它对应的二进制校验矩阵 H_2 的列重量），而它们进行译码的双向图是相同的，$GF(q)$ 上不会造成结点之间循环路径数目的增加，从而使译码性能得到显著的提高。

如图 2-13 所示，比较两个等价矩阵的一部分，可以看到 q 进制码不包含长 4 的环，而等价二进制码含有长 4 的环。因此，在传输的二进制信息等价的情况下，q 元 LDPC 码译码性能得到显著的提高。

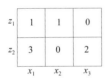
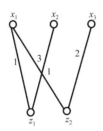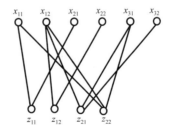

图 2-13　等价矩阵比较图

LDPC 码按它的构造方法还可分为随机构造码和代数构造码。

2.3.3 标准 802.16e 中的 LDPC 码

802.16e 中 LDPC 码的校验矩阵是 $(m_b \times z) \times (n_b \times z)$ 矩阵，$m_b \times n_b$ 基矩阵表示如下：

$$H_b = \begin{bmatrix} P^{h_{00}^b} & P^{h_{01}^b} & P^{h_{02}^b} & \cdots & P^{h_{0n_b}^b} \\ P^{h_{10}^b} & P^{h_{11}^b} & P^{h_{12}^b} & \cdots & P^{h_{1n_b}^b} \\ \cdots & \cdots & \cdots & \cdots & \cdots \\ P^{h_{m_b0}^b} & P^{h_{m_b1}^b} & P^{h_{m_b2}^b} & \cdots & P^{h_{m_bn_b}^b} \end{bmatrix}$$ （2-55）

H_b 矩阵共有 $m_b \times n_b$ 个元素，其各元素分别由 $z \times z$ 的全零矩阵和 $z \times z$ 的单位矩阵循环移位的同构矩阵构成。以码率为 5/6 和 3/4 的码为例，其校验矩阵 H_b 如表 2-2 ~ 表 2-4 所示。

表 2-2　5/6 码率的码校验矩阵 H_b

12	5	55	-1	47	4	-1	91	84	8	86	52	82	33	5	0	36	20	4	77	80	0	-1	-1
-1	6	-1	36	40	47	12	79	47	-1	41	21	12	71	14	72	0	44	49	0	0	0	0	-1
51	81	83	4	67	-1	21	-1	31	24	91	61	81	9	86	78	60	88	67	15	-1	-1	0	0
68	-1	50	15	-1	36	13	10	11	20	53	90	29	92	57	30	84	92	11	66	80	-1	-1	0

表 2-3　3/4 码率的 A 码校验矩阵 H_b

6	38	39	3	-1	-1	-1	30	70	-1	86	-1	37	38	4	11	-1	46	48	0	-1	-1	-1	-1
62	64	19	84	-1	92	78	-1	15	-1	-1	92	-1	45	24	32	30	-1	-1	0	0	-1	-1	-1
71	-1	55	-1	12	66	45	79	-1	78	-1	-1	10	-1	22	55	70	82	-1	-1	0	0	-1	-1
38	61	-1	66	9	73	47	64	-1	39	61	43	-1	-1	-1	-1	95	32	0	-1	-1	0	0	-1
-1	-1	-1	-1	32	52	55	80	95	22	65	1	24	90	44	20	-1	-1	-1	-1	-1	-1	0	0
-1	63	31	88	20	-1	-1	-1	6	40	56	16	71	53	-1	-1	27	26	48	-1	-1	-1	-1	0

表 2-4　3/4 码率的 A 码校验矩阵 H_b

-1	81	-1	28	-1	-1	14	25	17	-1	-1	85	29	52	78	95	22	92	0	0	-1	-1	-1	-1
42	-1	14	68	32	-1	-1	-1	-1	70	43	11	36	40	33	57	38	24	-1	0	0	-1	-1	-1
-1	-1	20	-1	-1	63	39	-1	70	67	-1	38	47	24	7	29	60	5	80	-1	0	0	-1	-1
64	2	-1	-1	63	-1	3	51	-1	81	15	94	9	85	36	14	19	-1	-1	-1	-1	0	0	-1
-1	53	60	80	-1	26	75	-1	-1	-1	-1	86	77	1	3	72	60	25	-1	-1	-1	-1	0	0
77	-1	-1	-1	15	28	-1	35	-1	72	30	68	85	84	26	64	11	89	0	-1	-1	-1	-1	0

802.16e 对 z 等参数的选择如表 2-5 所示,如果选取扩展因子为 96,可以得到码率为 5/6 的(2304,1920)码和码率为 3/4 的(2304,1728)码。相应地在校验矩阵 $\boldsymbol{H}_b$ 中"-1"表示 96×96 全零矩阵,"0"表示 96×96 单位矩阵,"81"表示 96×96 单位矩阵循环移位 81 次得到的同构矩阵。

表 2-5　802.16e 中 LDPC 码的参数

n（bits）	n（bytes）	z 因子	码率 k（bytes）				子通道数目		
			$R=1/2$	$R=2/3$	$R=3/4$	$R=5/6$	QPSK	16QAM	64QAM
576	72	24	36	48	54	60	6	3	2
672	84	28	42	56	63	70	7	-	-
768	96	32	48	64	72	80	8	4	-
864	108	36	54	72	81	90	9	-	3
960	120	40	60	80	90	100	10	5	-
1 056	132	44	66	88	99	110	11	-	-
1 152	144	48	72	96	108	120	12	6	4
1 248	156	52	78	104	117	130	13	-	-
1 344	168	56	84	112	126	140	14	7	-
1 440	180	60	90	120	135	150	15	-	5
1 536	192	64	96	128	144	160	16	8	-
1 632	204	68	102	136	153	170	17	-	-
1 728	216	72	108	144	162	180	18	9	6
1 824	228	76	114	152	171	190	19	-	-
1 920	240	80	120	160	180	200	20	10	-
2 016	252	84	126	168	189	210	21	-	7
2 112	264	88	132	176	198	220	22	11	-
2 208	276	92	138	184	207	230	23	-	-
2 304	288	96	144	192	216	240	24	12	8

802.16e 中的 LDPC 码是码率兼容码,即高、低码率的码可以同时使用一套编译码器。802.16e 中 LDPC 码的校验矩阵结构如 2-14 图所示,其校验矩阵也可用公式表示如下

$$\boldsymbol{H}_b = \begin{bmatrix} \boldsymbol{H}_{\inf 1} & \boldsymbol{H}_{\inf 2} & \cdots & \boldsymbol{H}_{\inf s} & \boldsymbol{H}_p \end{bmatrix} \tag{2-56}$$

该校验矩阵称码率兼容码的母码矩阵,通过打孔将 $\boldsymbol{H}_{\mathrm{imf1}}$ 对应的信

息比特取掉,重新得到码率更低的码,相应的校验矩阵为 $[\boldsymbol{H}_{\mathrm{imf2}}\ \boldsymbol{H}_{\mathrm{imf3}}\cdots$ $\boldsymbol{H}_{\mathrm{imfs}}\ \boldsymbol{H}_P]$,这个新校验矩阵是一个码率更低的 LDPC 码,但其可以和母码使用一套编译码器;同理若通过打孔将 $\boldsymbol{H}_{\mathrm{imf2}}$ 对应的信息比特取掉,重新得到码率更低的码,相应校验矩阵为 $[\boldsymbol{H}_{\mathrm{imf3}}\ \boldsymbol{H}_{\mathrm{imf4}}\cdots\boldsymbol{H}_{\mathrm{imfs}}\ \boldsymbol{H}_P]$。码率兼容码在混合自动重传请求(Hybrid Automatic Repeat reQuest,HARQ)系统和协同编码系统中都是非常有用的。

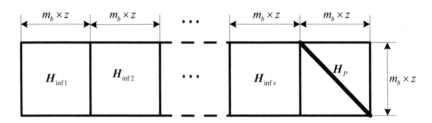

图 2-14 校验矩阵

该结构 LDPC 码的一个优点是:不需要生成矩阵就可进行编码。其校验比特在知道校验矩阵的情形下,可通过如下方式求解。

若码字表示为 $\boldsymbol{C}=\begin{bmatrix}\boldsymbol{d}&\boldsymbol{p}\end{bmatrix}=\begin{bmatrix}\boldsymbol{d}_1&\boldsymbol{d}_2&\cdots&\boldsymbol{d}_s&\boldsymbol{p}\end{bmatrix}$,将信息比特划分为 $k_b=n_b-m_b$ 个分向量,每个向量由 z 个比特组成

$$\boldsymbol{d}=\begin{bmatrix}\boldsymbol{u}(0),\boldsymbol{u}(1),\boldsymbol{u}(2),\cdots,\boldsymbol{u}(k_b-1)\end{bmatrix},\qquad(2\text{-}57)$$

式中: $\boldsymbol{u}(i)=\begin{bmatrix}s_{iz},s_{iz+1},s_{iz+2},\cdots,s_{(i+1)z-1}\end{bmatrix}^{\mathrm{T}}$。校验序列 p 划分为 m_b 个分向量,每个向量由 z 个比特组成

$$\boldsymbol{d}=\begin{bmatrix}\boldsymbol{v}(0),\boldsymbol{v}(1),\boldsymbol{v}(2),\cdots,\boldsymbol{v}(m_b-1)\end{bmatrix}\qquad(2\text{-}58)$$

式中: $\boldsymbol{v}(i)=\begin{bmatrix}p_{iz},p_{iz+1},p_{iz+2},\cdots,p_{(i+1)z-1}\end{bmatrix}^{\mathrm{T}}$。定义中间向量 λ,

$$\lambda=\begin{bmatrix}\lambda(0),\lambda(1),\cdots,\lambda(m_b-1)\end{bmatrix}^{\mathrm{T}}\qquad(2\text{-}59)$$

式中:每个元素 $\lambda(i)$ 是 z 个比特组成的列向量,其按下式计算

$$\lambda(i)=\sum_{j=0}^{k_b-1}\boldsymbol{P}^{h^b_{(i,j)}}\boldsymbol{u}(j)\quad i=0,1,\cdots,m_b-1\qquad(2\text{-}60)$$

首先计算 $\boldsymbol{v}(0)$

$$\boldsymbol{P}^{h^b_{(x,k_b)}}\boldsymbol{v}(0)=\sum_{i=0}^{m_b-1}\ddot{\mathbf{e}}(i)\qquad(2\text{-}61)$$

因此

$$\boldsymbol{v}(0) = \left(\boldsymbol{P}^{h^b_{(x,k_b)}}\right)^{-1} \sum_{i=0}^{m_b-1} \boldsymbol{\lambda}(i) = \boldsymbol{P}^{\left(z-h^b_{(x,k_b)}\right) \bmod z} \sum_{i=0}^{m_b-1} \boldsymbol{\lambda}(i) \qquad (2\text{-}62)$$

式中:x 为 $\boldsymbol{H}_b$ 矩阵中第 k_b 列中三个不为零的元素中与另两个元素不相等的那个元素。

计算 $\boldsymbol{v}(i+1)$,$i=1,\cdots,m_b-1$.

$$\boldsymbol{v}(i+1) = \boldsymbol{v}(i) + \boldsymbol{\lambda}(i) + \boldsymbol{P}^{h^b_{(i,k_b)}} \boldsymbol{v}(0) \qquad (2\text{-}63)$$

或

$$\boldsymbol{v}(i-1) = \boldsymbol{v}(i) + \boldsymbol{\lambda}(i) + \boldsymbol{P}^{h^b_{(i,k_b)}} \boldsymbol{v}(0) \qquad (2\text{-}64)$$

5/6 码率的码校验比特计算式如下

$$\begin{aligned}
\boldsymbol{v}(0) &= \sum_{i=0}^{m_b-1} \boldsymbol{\lambda}(i) \\
\boldsymbol{v}(3) &= \boldsymbol{\lambda}(3) + \boldsymbol{P}^{h^b_{(3,20)}} \boldsymbol{v}(0) \\
\boldsymbol{v}(2) &= \boldsymbol{\lambda}(2) + \boldsymbol{v}(3) \\
\boldsymbol{v}(1) &= \boldsymbol{\lambda}(1) + \boldsymbol{v}(2)
\end{aligned} \qquad (2\text{-}65)$$

3/4 码率的码 A 校验比特计算式如下

$$\begin{aligned}
\boldsymbol{v}(0) &= \sum_{i=0}^{m_b-1} \boldsymbol{\lambda}(i) \\
\boldsymbol{v}(5) &= \boldsymbol{\lambda}(5) + \boldsymbol{P}^{h^b_{(5,18)}} \boldsymbol{v}(0) \\
\boldsymbol{v}(4) &= \boldsymbol{\lambda}(4) + \boldsymbol{v}(5) \\
\boldsymbol{v}(3) &= \boldsymbol{\lambda}(3) + \boldsymbol{v}(4) \\
\boldsymbol{v}(2) &= \boldsymbol{\lambda}(2) + \boldsymbol{v}(3) + \boldsymbol{P}^{h^b_{(2,18)}} \boldsymbol{v}(0) \\
\boldsymbol{v}(1) &= \boldsymbol{\lambda}(1) + \boldsymbol{v}(2)
\end{aligned} \qquad (2\text{-}66)$$

3/4 码率的码 B 校验比特计算式如下

$$\begin{aligned}
\boldsymbol{v}(0) &= \left[\boldsymbol{P}^{h^b_{(2,18)}}\right]^{-1} \sum_{i=0}^{m_b-1} \boldsymbol{\lambda}(i) \\
\boldsymbol{v}(5) &= \boldsymbol{\lambda}(5) + \boldsymbol{v}(0) \\
\boldsymbol{v}(4) &= \boldsymbol{\lambda}(4) + \boldsymbol{v}(5) \\
\boldsymbol{v}(3) &= \boldsymbol{\lambda}(3) + \boldsymbol{v}(4) \\
\boldsymbol{v}(2) &= \boldsymbol{\lambda}(2) + \boldsymbol{v}(3) + \boldsymbol{P}^{h^b_{(2,18)}} \boldsymbol{v}(0) \\
\boldsymbol{v}(1) &= \boldsymbol{\lambda}(1) + \boldsymbol{v}(2)
\end{aligned} \qquad (2\text{-}67)$$

参考文献

[1] Shannon C E. Communication theory of secrecy systems[J]. Bell Systematic Technical Journal，1949，28（4）：656-715.

[2] Wyner A D. The wire-tap channel[J]. Bell Systematic Technical Journal，1975，54（8）：1355-1387.

[3] Csiszar I，Korner J. Broadcast channels with confidential messages[J]. IEEE Transaction on Information Theory，1978，24（3）：339-348.

[4] 文红，符初生，周亮 . LDPC 码原理与应用 [M]. 成都：电子科技大学出版社，2006.

第 3 章

LDPC 码软判决译码算法

本章首先对 LDPC 码 BP 算法以其多种简化算法进行概述,然后阐述这些算法间行列更新过程间内在联系。重点论述 BP 算法和最小和算法行更新过程的内在联系,并给出一种低复杂度译码算法。

3.1 LDPC 码的软判决译码算法

LDPC 码作为 (N,K) 线性分组码由 M ≥ N–K 行 N 列的稀疏校验矩阵 $H = [h_{mn}]$ 确定。对于二元规则 LDPC 码,H 的每一行中"1"的数量恒定为 d_c,并记 $A(m) = \{n : h_{mn} = 1\}$;$H$ 的每一列中"1"的数量恒定为 d_v,并记 $B(n) = \{m : h_{mn} = 1\}$。码字 $w = (w_1, \cdots, w_n, \cdots, w_N)$ 满足 $wH^T = (0 \cdots 0)$。记二元符号 w_n 为数值符号 w_n,则码字 w 的 BPSK 调制信号为 $\tilde{w} = (1 - 2w_1, \cdots, 1 - 2w_n, \cdots, 1 - 2w_N)$。$\tilde{w}$ 经 AWGN 信道传输后输

出为 $r = (r_1, \cdots, r_n, \cdots, r_N)$，$r_n = (1 - 2w_n) + \eta_n$，$\eta_n$ 为高斯白噪声。

译码的目的是通过 r 在码字空间 $C(N, K)$ 中求得 w 的估值 $\hat{w}$，则条件译码错误概率为

$$P(error|r) = P(w \neq \hat{w}|r) \tag{3-1}$$

译码的码字错误概率为 [3,4,9]

$$P(word) = \sum_r P(r) P(w \neq \hat{w}|r) \tag{3-2}$$

由于 $P(r)$ 与噪声信道的统计特性有关，而与译码算法无关，故有

$$\min P(word) \Leftrightarrow \min_{\hat{w} \in C} P(w \neq \hat{w}|r) \Leftrightarrow \max_{\hat{w} \in C} P(w = w|r) \tag{3-3}$$

使得 $P(w = \hat{w}|r)$ 最大的译码就是 MAP 译码。

由贝叶斯公式有

$$P(w = \hat{w}|r) = P(w)P(r|w)/P(r) \tag{3-4}$$

如果假设码字等概发送，最大后验概率译码等效于最大似然检测（Maximum Likelihood Detection，MLD）。

记错误图样为 $e = (e_1, \cdots, e_n, \cdots, e_N)$，则信道硬判决输出 $x = (x_1, \cdots, x_n, \cdots x_N)$ 满足，$x_n = w_n \oplus e_n = (w_n + e_n) \bmod 2$。伴随式记为 $s = x \cdot H^T = (s_1, \cdots, s_m, \cdots, s_M)$。比特后验概率对数似然比定义为，

$$L_n = \ln \frac{P(w_n = 0 | r_n)}{P(w_n = 1 | r_n)} = \frac{4}{N_0} r_n \tag{3-5}$$

3.1.1 对数域 BP 算法

Viterbi 算法和 BCJR 算法的提出都得益于用网格图描述卷积码。LDPC 码可用 Tanner 图（也称为二分图）来直观描述。Tanner 图包含变量节点集合、校验节点集合和边集合。当且仅当变量节点被校验节点校验约束时，二者间有边连接。BP 算法是基于 Tanner 图的逐符号、软输入软输出（Soft Input Soft Output，SISO）最大后验概率译码算法。图 3-1 所示为（7，3）规则 LDPC 码的校验矩阵以及对应的 Tanner 图。

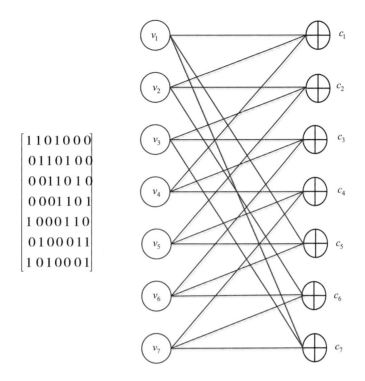

$$\begin{bmatrix} 1\,1\,0\,1\,0\,0\,0 \\ 0\,1\,1\,0\,1\,0\,0 \\ 0\,0\,1\,1\,0\,1\,0 \\ 0\,0\,0\,1\,1\,0\,1 \\ 1\,0\,0\,0\,1\,1\,0 \\ 0\,1\,0\,0\,0\,1\,1 \\ 1\,0\,1\,0\,0\,0\,1 \end{bmatrix}$$

图 3-1 （7,3）规则 LDPC 码的校验矩阵和 Tanner 图

　　Tanner 图不仅能直观描述码元与校验元间的约束关系,而且能清晰展示 BP 算法的核心思想:可靠度信息在节点间沿边双向传递。图 3-2 给出 LLR 域 BP 算法中,基于局部 Tanner 图的信息更新过程。在图 3-2 中,每个信息节点同时被 d_v 个校验节点约束,每个校验节点同时校验 d_c 个信息节点。

　　LLR 域 BP 算法的译码步骤为:

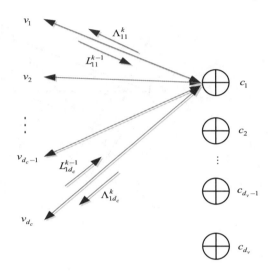

（a）基于局部 Tanner 图的校验节点信息更新过程

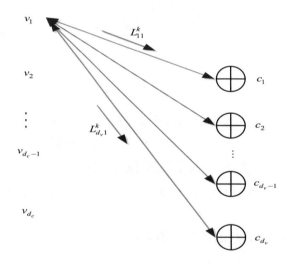

（b）基于局部 Tanner 图的信息节点信息更新过程

图 3-2 BP 算法的信息更新过程

步骤 1：设定迭代次数 k 的初值为 1，最大值为 $K_{\max}$。v_n 的初始

LLR 值 L_n^0 为 L_n，v_n 传递给 c_m 的初始可靠度信息 L_{mn}^0 为 L_n^0；

步骤 2：更新 c_m 向 v_n 传递的信息 Λ_{mn}^k：

$$\Lambda_{mn}^k = 2\mathrm{atanh} \prod_{n' \in \mathbf{A}(m)\backslash n} \tanh\left(L_{mn'}^{k-1}\big/2\right) \qquad (3\text{-}6)$$

步骤 3：更新 v_n 的 LLR 值 L_n^k 和 v_n 传递给 c_m 的信息 L_{mn}^k：

$$L_n^k = L_n + \sum_{m \in \mathbf{B}(n)} \Lambda_{mn}^k \qquad (3\text{-}7)$$

$$L_{mn}^k = L_n + \sum_{m' \in \mathbf{B}(n) \backslash m} \Lambda_{m'n}^k \qquad (3\text{-}8)$$

步骤 4：如果 $L_n^k \geqslant 0$，则 $x_n = 0$；如果 $L_n^k < 0$，则 $x_n = 1$。利用 $\boldsymbol{x}$ 计算 $\boldsymbol{s}$，如果 $\boldsymbol{s}$ 全零，终止迭代，输出 $\boldsymbol{x}$；如果 $\boldsymbol{s}$ 不全为零，但 $k > K_{\max}$，也终止迭代，输出 $\boldsymbol{x}$。否则 $k = k+1$，跳至步骤 2。

依据 Tanh 准则，式（3-6）可变为

$$\Lambda_{mn}^k = \prod_{n' \in \mathbf{A}(m) \backslash n} \mathrm{sign}\left(L_{mn'}^{k-1}\right) 2\mathrm{atanh}\left[\prod_{n' \in \mathbf{A}(m) \backslash n} \tanh\left(\left|L_{mn'}^{k-1}\right|/2\right)\right] \qquad (3\text{-}9)$$

Gallager 函数 [7] 或对合变换（Involution Transform，IT）函数定义为

$$\Phi(x) = \ln \frac{\exp(x)+1}{\exp(x)-1} \qquad (3\text{-}10)$$

则 $\Phi(x) = -\ln \tanh\left(\dfrac{1}{2}x\right)$，$\Phi^{-1}\left[\Phi(x)\right] = x$，$\Phi^{-1}(x) = \Phi(x)$。从而有

$$\begin{aligned}
\left|\Lambda_{mn}^k\right| &= 2\mathrm{atanh} \prod_{n' \in \mathbf{A}(m) \backslash n} \tanh\left(\left|L_{mn'}^{k-1}\right|/2\right) \\
&= 2\mathrm{atanh}\left(\exp\left(\ln\left(\prod_{n' \in \mathbf{A}(m) \backslash n} \tanh\left(\left|L_{mn'}^{k-1}\right|/2\right)\right)\right)\right) \\
&= 2\mathrm{atanh}\left(\exp\left(\sum_{n' \in \mathbf{A}(m) \backslash n} \ln\left(\tanh\left(\left|L_{mn'}^{k-1}\right|/2\right)\right)\right)\right) \\
&= \Phi^{-1}\left[\sum_{n' \in \mathbf{A}(m) \backslash n} \Phi\left(\left|L_{mn'}^{k-1}\right|\right)\right] = \Phi\left[\sum_{n' \in \mathbf{A}(m) \backslash n} \Phi\left(\left|L_{mn'}^{k-1}\right|\right)\right]
\end{aligned} \qquad (3\text{-}11)$$

由式（3-11）可得

$$\Lambda_{mn}^k = \prod_{n' \in \mathbf{A}(m) \backslash n} \mathrm{sign}\left(L_{mn'}^{k-1}\right) \Phi^{-1}\left[\sum_{n' \in \mathbf{A}(m) \backslash n} \Phi\left(\left|L_{mn'}^{k-1}\right|\right)\right] \qquad (3\text{-}12)$$

此外，式（3-6）又可等价描述为

$$\Lambda_{mn}^{k}=\ln\frac{1+\prod\limits_{n'\in\mathbf{A}(m)\backslash n}\left(\tanh L_{mn'}^{k-1}/2\right)}{1-\prod\limits_{n'\in\mathbf{A}(m)\backslash n}\left(\tanh L_{mn'}^{k-1}/2\right)}$$

$$=\ln\frac{\prod\limits_{n'\in\mathbf{A}(m)\backslash n}\left(\exp\left(L_{mn'}^{k-1}\right)+1\right)+\prod\limits_{n'\in\mathbf{A}(m)\backslash n}\left(\exp\left(L_{mn'}^{k-1}\right)-1\right)}{\prod\limits_{n'\in\mathbf{A}(m)\backslash n}\left(\exp\left(L_{mn'}^{k-1}\right)+1\right)-\prod\limits_{n'\in\mathbf{A}(m)\backslash n}\left(\exp\left(L_{mn'}^{k-1}\right)-1\right)} \quad（3-13）$$

BP 算法的实现复杂度与 Tanner 图中边的数量呈线性增长关系。边的数量即为 **H** 中非零元素的数量,而非零元素的数量与码长 N 呈线性增长关系,故 BP 算法的实现复杂度与 N 呈线性增长关系。

3.1.2 归一化和偏移 BP 算法

如果二分图能表示成树结构(即二分图无环),则沿边双向传递的可靠度信息相互独立。经有限次(即二分图直径的 1/2)迭代后,BP 算法能得到信息节点的精确后验 LLR 值,从而收敛于逐符号 MAP 算法。

码长 N 趋于无穷大能保证二分图无环。有限长 LDPC 码不可避免地存在一定数量的短环。短环的存在使得边信息独立传递的假设在一定迭代次数(即二分图周长的 1/2)后被破坏,BP 算法变为次优算法。次优算法必然带来信息节点平均不确定度的降低。图 3-3 给出 $\left|L_{mn}^{k}\right|$ 与平均不确定度的关系曲线。

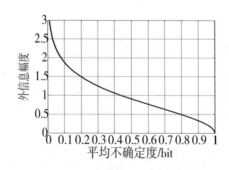

图 3-3 平均不确定度与外信息幅度关系图

由图 3-3 可知,v_n 传递给 c_m 的“外信息”幅度 $\left|L_{mn}^{k}\right|$ 是平均不确定度

的单调递减函数,则互信息 $I\left(\left|L_{mn}^k\right|, v_n\right)$ 是 $\left|L_{mn}^k\right|$ 的单调递增函数。"外信息"幅度 $\left|L_{mn}^k\right|$ 被"过估计(overestimation)"是次优算法的特性之一。线性加权或偏移修正处理能实现退火修正。为此,学者提出了归一化 BP(Normalized BP,NBP)和偏移 BP(Offset BP,OBP)算法。此时有,

$$L_{mn}^k = \alpha \cdot L_{mn}^k$$

$$L_{mn}^k = \begin{cases} \mathrm{sign}\left(L_{mn}^k\right)\left(\left|L_{mn}^k\right| - \beta\right), & \text{如果} \left|L_{mn}^k\right| > \beta \\ L_{mn'}^k & \text{如果} \left|L_{mn}^k\right| \leq \beta \end{cases}$$

其中,$\alpha(0 < \alpha \leq 1)$ 和 $\beta(\beta \geq 0)$ 分别为待优化的归一化因子和偏移因子。

归一化处理同样适用于软输出维特比算法(Soft Output Viterbi Algorithm, SOVA)。Turbo 码的最优译码是对整个码采用 MLD。整个码的状态转移较多,MLD 实现复杂度极高。实际应用中,低复杂度次优译码方案称为首选:每个分量译码器采用 SISO 译码,且把输出的外信息作为其他译码器的先验信息。此时,每个分量译码器得到的信息幅度被"过估计",归一化和偏移修正处理能改善译码性能。

3.2 低复杂度的 LDPC 码译码算法

由式(3-6)可知,BP 算法涉及大量指数和对数运算,当采用洪水机制进行信息更新时,复杂度相对较高。

众多学者对性能和实现复杂度进行合理折衷,得到多种典型的低复杂度算法:Log-MAP、APP-Based、BP-Based、MS、归一化 APP-Based(Normalized APP-Based)、NMS 和 OMS 算法。BP-Based 和 MS 算法虽然描述形式不同,但二者等价。

3.2.1 迭代 Log–MAP 算法

记 x_n 发生错误的初始概率为 q_n，则 $q_n = P(e_n = 1 | r_n) = P(w_n \neq x_n | r_n)$。
记 x_n 发生错误的后验概率为 $\tilde{q}_n$，对于 Log-MAP 算法有，

$$
\begin{aligned}
\ln\left(\frac{\tilde{q}_n}{1-\tilde{q}_n}\right) &= \ln\left[\frac{P(e_n=1|s_{mn},\boldsymbol{r})}{P(e_n=0|s_{mn},\boldsymbol{r})}\right] \\
&= \ln\left[\frac{P(s_{mn}|e_n=1,\boldsymbol{r})}{P(s_{mn}|e_n=0,\boldsymbol{r})}\right] + \ln\left(\frac{q_n}{1-q_n}\right) \\
&= (2s_m-1)\sum_{m\in B(n)}\ln\left(\frac{1-\tau_{mn}}{\tau_{mn}}\right) - \frac{4}{N_0}|r_n|
\end{aligned}
\tag{3-14}
$$

其中，s_{mn} 表示与 v_n 相关的伴随式，v_{mn} 表示 c_m 校验的信息节点，τ_{mn} 表示 $\{v_{mn} \backslash v_n\}$ 中有奇数个错误的概率。
由于

$$
\begin{cases}
\tau_{mn} = \dfrac{1}{2}\left(1 - \prod_{n'\in \acute{A}(m)\backslash n}(1-2q_{mn'})\right) \\
1-\tau_{mn} = \dfrac{1}{2}\left(1 + \prod_{n'\in \acute{A}(m)\backslash n}(1-2q_{mn'})\right)
\end{cases}
\tag{3-15}
$$

则有

$$
\ln\left(\frac{1-\tau_{mn}}{\tau_{mn}}\right) = 2\mathrm{atanh}\prod_{n'\in A(m)\backslash n}\tanh\left(|L_{mn'}|/2\right)
\tag{3-16}
$$

式（3-16）还可等价描述为

$$
\ln\left(\frac{1-\tau_{mn}}{\tau_{mn}}\right) = \Phi^{-1}\left(\sum_{n'\in A(m)\backslash n}\Phi\left(|L_{mn'}|\right)\right)
\tag{3-17}
$$

迭代 Log-MAP 算法的实现步骤为：

步骤 1：设定迭代次数 k 的初始值为 1，最大值为 $K_{\max}$。v_n 的初始信息 L_n^0 设定为 $|L_n|$，v_n 传递给 c_m 的初始可靠度信息 L_{mn}^0 设定为 L_n^0。硬判决序列初始化为 $\boldsymbol{x}$。

步骤 2：对每个 c_m 计算：

$$\begin{cases} s_m = \sum_{n \in \acute{A}(m)} x_{mn} \bmod 2 \\ \ln\left(\dfrac{1-\tau_{mn}}{\tau_{mn}}\right) = 2\mathrm{atanh} \prod_{n' \in \mathbf{A}(m)\backslash n} \tanh\left(\left|L_{mn'}\right|/2\right) \end{cases} \qquad (3\text{-}18)$$

步骤 3：对每个 v_n 计算：

$$z_n = \sum_{m \in \mathbf{B}(n)} \left(2s_m - 1\right)\ln\left(\frac{1-\tau_{mn}}{\tau_{mn}}\right) - L_n^0 \qquad (3\text{-}19)$$

步骤 4：判决和可靠度信息更新传递：

1）如果 $z_n > 0$ ，则 $x_n = (x_n + 1)\bmod 2$ 。

2）对所有的 n ，令 $L_{mn}^k = |z_n|$ 。

步骤 5：用步骤 4 得到的 $\boldsymbol{x}$ 计算 $\boldsymbol{s}$ ，如果 $\boldsymbol{s}$ 为全零，则终止迭代，输出 $\boldsymbol{x}$；如果 $\boldsymbol{s}$ 不为全零，但 $k > K_{\max}$ ，也终止迭代，输出 $\boldsymbol{x}$ 。否则 $k=k+1$，跳至步骤 2。

Log-MAP 算法与 BP 算法不同之处有 2 点。第一，c_m 传递给 v_n 的信息形式不同。前者是 e_n 的 LLR 值，后者是 v_n 的 LLR 值。第二，前者的 v_n 传递给每个 c_m 的信息相同，后者传递的是"外信息"。即 Log-MAP 算法的"列更新"过程更加简单。

3.2.2 基于 APP 的简化算法

由式（3-19）可知，Log-MAP 算法涉及大量指数和对数运算，实现复杂度较高。作为 Log-MAP 算法的简化形式，基于 APP 的（APP-Based）简化算法对 Log-MAP 算法的"行更新"过程进行近似，实现复杂度大大降低。

图 3-4 给出 $x > 0$ 时的 $\Phi(x)$ 示意图。由图 3-4 可知，$\Phi(x)$ 和 x 成反比，且随着 x 的减小，$\Phi(x)$ 迅速增大，则对 $\sum_{n' \in \acute{A}(m)\backslash n} \Phi(L_{mn'})$ 起最大作用的是 $\Phi\left(\min_{n' \in \acute{A}(m)\backslash n}\left\{L_{mn'}\right\}\right)$ 。故有

$$\ln\left(\frac{1-\tau_{mn}}{\tau_{mn}}\right) = \Phi^{-1}\left[\sum_{n' \in \acute{A}(m)\backslash n} \Phi\left(L_{mn'}^{k-1}\right)\right] \approx \min_{n' \in \acute{A}(m)\backslash n}\left\{L_{mn'}\right\} = \frac{4}{N_0} \min_{n' \in (m)\backslash n}\left\{\left|r_{mn'}\right|\right\}$$

$$(3\text{-}20)$$

式（3-20）被称为 Tanh 准则的简化形式。由式（3-20）可得，式（3-19）可变为

$$\ln\left(\frac{\tilde{q}_n}{1-\tilde{q}_n}\right)=(2s_m-1)\frac{4}{N_0}\sum_{m\in\mathbf{B}(n)}\min_{n'\in\mathbf{A}(m)\backslash n}\left\{\left|r_{mn'}\right|\right\}-\frac{4}{N_0}\left|r_n\right| \tag{3-21}$$

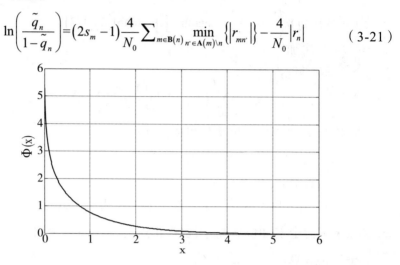

图 3-4　$x>0$ 时的 $\Phi(x)$ 示意图

每次迭代的判决结果由式（3-21）的符号决定，故信道可靠度信息项 $4/N_0$ 并不影响判决结果，因此在第 1 次迭代后，式（3-21）可变为

$$\ln\left(\frac{\tilde{q}_n}{1-\tilde{q}_n}\right)'=(2s_m-1)\sum_{m\in\mathbf{B}(n)}\min_{n'\in\mathbf{A}(m)\backslash n}\left\{\left|r_{mn'}\right|\right\}-\left|r_n\right| \tag{3-22}$$

简化后的信息更新过程不涉及非线性运算，因此用式（3-22）取代式（3-21）不会对随后的迭代过程产生任何影响。由此得到 APP-Based 算法。此时式（3-18）和式（3-19）分别变为

$$\begin{cases}s_m=\sum_{n\in\acute{\mathbf{A}}(m)}x_{mn}\bmod 2\\[2mm]\ln\left(\frac{1-\tau_{mn}}{\tau_{mn}}\right)=\min_{n'\in\acute{\mathbf{A}}(m)\backslash n}\left\{\left|r_{mn'}\right|\right\}\end{cases} \tag{3-23}$$

$$z_n=(2s_m-1)\sum_{m\in\mathbf{B}(n)}\min_{n'\in\acute{\mathbf{A}}(m)\backslash n}\left\{\left|r_{mn'}\right|\right\}-\left|r_n\right| \tag{3-24}$$

归一化 APP-Based 算法则是将式（3-24）用下式代替

$$z_n=\alpha\sum_{m\in\mathbf{B}(n)}(2s_m-1)\min_{n'\in\acute{\mathbf{A}}(m)\backslash n}\left\{\left|r_{mn'}\right|\right\}-\left|r_n\right| \tag{3-25}$$

其中，$\alpha(0<\alpha\le 1)$ 为归一化因子。

对于码长为 N，列重为 J 行重为 $2J$ 的规则二元 LDPC 码而言，概率域 BP 算法每次迭代共需 $11J-9N$ 次乘法运算，$N(J+1)$ 次除法运算和 $N(3J+1)$ 次加法运算。APP-Based 算法则只涉及加法运算，且至多需要 $2NJ+N/2\lceil\log_2 2J\rceil-N$ 次加法运算，其中 $\lceil\cdot\rceil$ 为向上取整函数。

3.2.3 基于 BP 的简化算法

在基于 APP 的简化算法中，v_n 传递给每个 c_m 的信息相同，故 s_m 由步骤 4 中的判决结果决定。在 BP 算法中，v_n 将 "外信息" 传递给 c_m，c_m 根据得到的 "外信息" 进行 "行更新"。根据此种信息传递策略可得到基于 BP 的（BP-Based）简化算法。

BP-Based 算法可描述为：

步骤 1：设定迭代次数 k 的初值为 1，终值为 $K_{\max}$。v_n 初始信息 L_n^0 设定为 $|r_n|$，v_n 传递给 c_m 的初始信息 z_{mn} 设定为 r_n。硬判决序列 $\boldsymbol{x}^0=\left(x_1^0,\cdots,x_n^0,\cdots,x_N^0\right)$ 初始化为 $\boldsymbol{x}$。c_m 校验约束的信息节点 $\{x_{mn}\mid n\in A(m)\}$ 也由 $\boldsymbol{x}$ 初始化。

步骤 2：对每个 c_m 计算：

$$\begin{cases} s_{mn}=x_n^0\oplus\left(\displaystyle\sum_{n'\in \acute{A}(m)\backslash n} x_{mn'}\ \mathrm{mod}\ 2\right) \\[4mm] \ln\left(\dfrac{1-\tau_{mn}}{\tau_{mn}}\right)=\displaystyle\min_{n'\in \acute{A}(m)\backslash n}\left\{\left|z_{mn'}\right|\right\} \end{cases} \tag{3-26}$$

步骤 3：对每个 v_n 计算：

$$z_n=\sum_{m\in \mathbf{B}(n)}\left(2s_{mn}-1\right)\min_{n'\in \acute{A}(m)\backslash n}\left\{\left|z_{mn'}\right|\right\}-L_n^0 \tag{3-27}$$

$$z_{mn}=\sum_{m'\in \mathbf{B}(n)\backslash m}\left(2s_{m'n}-1\right)\min_{n'\in \acute{A}(m)\backslash n}\left\{\left|z_{m'n'}\right|\right\}-L_n^0 \tag{3-28}$$

步骤 4：判决和可靠度信息的传递：

1）如果 $z_n>0$，则 $x_n=\left(x_n^0+1\right)\mathrm{mod}\ 2$。

2）v_n 向 c_m 传递可靠度信息 z_{mn}。

3）如果 $z_{mn} \leqslant 0$，则 $x_{mn} = x_n^0$，否则 $x_{mn} = \left(x_n^0 + 1\right) \bmod 2$。

步骤 5：用步骤 4 得到的 $\boldsymbol{x}$ 计算 $\boldsymbol{s}$，如果 $\boldsymbol{s}$ 全零，则终止迭代，输出；如果 $\boldsymbol{s}$ 非全零，但 $k > K_{\max}$，也终止迭代，输出 $\boldsymbol{x}$。否则 $k = k+1$，跳至步骤 2。

类似于 APP-Based 算法，BP-Based 算法只涉及加法运算，每次迭代至多需要 $4N(J-1) + N/2\lceil \log_2 2J \rceil$ 次加法运算。再结合 3.2.2 节的分析可知，BP-Based 算法的实现复杂度约为 APP-Based 算法的两倍。

3.2.4 最小和算法

BP-Based 算法得出 e_n 的 LLR 值，MS 算法是 BP-Based 算法的一种等价形式。

当 c_m 收到的多个输入信息满足统计独立条件时，LLR 域相加运算定义为

$$L\left(L_{m1}^k \oplus L_{m2}^k \oplus \cdots \oplus L_{mQ}^k\right) = \prod_{n=1}^{Q} \text{sign}\left(L_{mn}^k\right) \cdot 2\text{atanh}\left(\prod_{n=1}^{Q} \tanh\left(\left|L_{mn}^k\right|/2\right)\right)$$

（3-29）

对于两输入的 LLR 域相加运算有

$$L\left(L_{m1}^k \oplus L_{m2}^k\right) = \text{sign}\left(L_{m1}^k\right)\text{sign}\left(L_{m2}^k\right)\min\left(\left|L_{m1}^k\right|, \left|L_{m2}^k\right|\right) + \\ \ln\left(1 + \exp\left(-\left(\left|L_{m1}^k + L_{m2}^k\right|\right)\right)\right) - \ln\left(1 + \exp\left(-\left(\left|L_{m1}^k - L_{m2}^k\right|\right)\right)\right)$$

高信噪比条件下，有近似关系

$$L\left(L_{m1}^k \oplus L_{m2}^k\right) \approx \text{sign}\left(L_{m1}^k\right)\text{sign}\left(L_{m2}^k\right)\min\left(\left|L_{m1}^k\right|, \left|L_{m2}^k\right|\right)$$

多输入时的近似关系为

$$L\left(L_{m1}^k \oplus L_{m2}^k \oplus \cdots \oplus L_{mQ}^k\right) \approx \prod_{n=1}^{Q} \text{sign}\left(L_{mn}^k\right) \min_{n=1,\cdots,Q}\left\{\left|L_{mn}^k\right|\right\}$$

（3-30）

故式（3-6）可变为

$$\Lambda_{mn}^k \approx \prod_{n' \in \mathbf{A}(m)\backslash n} \text{sign}\left(L_{mn'}^{k-1}\right) \min_{n' \in \mathbf{A}(m)\backslash n}\left\{\left|L_{mn'}^{k-1}\right|\right\}$$

（3-31）

将式（3-6）用式（3-31）代替，即得到 MS 算法。MS 算法也被称为

UMP（Uniformly Most Powerful）BP-based 算法。

考虑到 $\Phi^{-1}\left[\Phi(x)\right]=x$，则式（3-31）可变为

$$\Lambda_{mn}^k \approx \prod_{n' \in \mathbf{A}(m)\backslash n} \text{sign}\left(L_{mn'}^{k-1}\right) \cdot \Phi^{-1}\left[\Phi\left(\min_{n' \in \mathbf{A}(m)\backslash n}\left\{\left|L_{mn'}^{k-1}\right|\right\}\right)\right]$$

式（3-12）可表示为

$$\Lambda_{mn}^k = \prod_{n' \in \mathbf{A}(m)\backslash n} \text{sign}\left(L_{mn'}^{k-1}\right) \cdot \Phi^{-1}\left(\Phi\left(\min_{n' \in \mathbf{A}(m)\backslash n}\left\{\left|L_{mn'}^{k-1}\right|\right\}\right)+\Theta\right)$$

其中，$\Theta = \sum\limits_{n' \in \mathbf{A}(m)\backslash n} \Phi\left(\left|L_{mn'}^{k-1}\right|\right) - \Phi\left(\min\limits_{n' \in \mathbf{A}(m)\backslash n}\left(\left|L_{mn'}^{k-1}\right|\right)\right)$。

由 $\Phi^{-1}(x)=\Phi(x)$ 可知，$\Phi^{-1}(x)$ 在 $x>0$ 时为单调递减函数。
显然有

$$\Phi\left(\min_{n' \in \mathbf{A}(m)\backslash n}\left\{\left|L_{mn'}^{k-1}\right|\right\}\right)+\Theta \geqslant \Phi\left(\min_{n' \in \mathbf{A}(m)\backslash n}\left\{\left|L_{mn'}^{k-1}\right|\right\}\right)$$

故有

$$\Phi^{-1}\left(\Phi\left(\min_{n' \in \mathbf{A}(m)\backslash n}\left\{\left|L_{mn'}^{k-1}\right|\right\}\right)+\Theta\right) \leqslant \Phi^{-1}\left[\Phi\left(\min_{n' \in \mathbf{A}(m)\backslash n}\left\{\left|L_{mn'}^{k-1}\right|\right\}\right)\right]$$

由上述分析可知，MS 算法中的 $\left|\Lambda_{mn}^k\right|$ 不小于 BP 算法的 $\left|\Lambda_{mn}^k\right|$，需对其归一化或偏移修正处理。

3.3 各译码算法间的内在联系

3.3.1 从 Log−MAP 算法到 APP−Based 算法

问题的关键是如何从式（3-14）得到式（3-24），本节给出证明过程。
由 τ_{mn} 的定义有

$$\ln\left(\frac{1-\tau_{mn}}{\tau_{mn}}\right) = \ln\frac{\sum\limits_{n' \in \mathbf{A}(m)\backslash n} e_{mn'} \bmod 2 = 0}{\sum\limits_{n' \in \mathbf{A}(m)\backslash n} e_{mn'} \bmod 2 = 1} \tag{3-32}$$

已知

$$\ln\frac{\sum_{n'\in\mathbf{A}(m)\backslash n}e_{mn'}\bmod 2=0}{\sum_{n'\in\mathbf{A}(m)\backslash n}e_{mn'}\bmod 2=1}=\ln\frac{1+\prod_{n'\in\mathbf{A}(m)\backslash n}\tanh\left(\dfrac{L_{mn'}}{2}\right)}{1-\prod_{n'\in\mathbf{A}(m)\backslash n}\tanh\left(\dfrac{L_{mn'}}{2}\right)} \tag{3-33}$$

$$=2\mathrm{atanh}\left[\prod_{n'\in\mathbf{A}(m)\backslash n}\tanh\left(\frac{L_{mn'}}{2}\right)\right]$$

由于

$$2\mathrm{atanh}\left[\prod_{n'\in\mathbf{A}(m)\backslash n}\tanh\left(\frac{L_{mn'}}{2}\right)\right]\approx\prod_{n'\in\mathbf{A}(m)\backslash n}\mathrm{sign}\left(L_{mn'}\right)\min_{n'\in\mathbf{A}(m)\backslash n}\left\{L_{mn'}\right\} \tag{3-34}$$

$$=\min_{n'\in\mathbf{A}(m)\backslash n}\left\{L_{mn'}\right\}$$

故有

$$\ln\left(\frac{1-\tau_{mn}}{\tau_{mn}}\right)\approx\min_{n'\in\mathbf{A}(m)\backslash n}\left\{L_{mn'}\right\}=\frac{4}{N_0}\min_{n'\in\mathbf{A}(m)\backslash n}\left\{\left|r_{mn'}\right|\right\} \tag{3-35}$$

则式（3-14）变为

$$\ln\left(\frac{\tilde{q}_n}{1-\tilde{q}_n}\right)=\left(2s_m-1\right)\cdot\frac{4}{N_0}\cdot\sum_{m\in\mathbf{B}(n)}\min_{n'\in\mathbf{A}(m)\backslash n}\left\{\left|r_{mn'}\right|\right\}-\frac{4}{N_0}\left|r_n\right| \tag{3-36}$$

忽略不影响译码结果的 $4/N_0$ 项，式（3-36）变为式（3-24）。

3.3.2 从 BP 算法到 MS 算法

由式（3-5）可得

$$\begin{cases}P\left(v_n=0\right)=\dfrac{\exp\left(L_n\right)}{1+\exp\left(L_n\right)}\\[3mm]P\left(v_n=1\right)=\dfrac{1}{1+\exp\left(L_n\right)}=\dfrac{\exp\left(0\right)}{1+\exp\left(L_n\right)}\end{cases} \tag{3-37}$$

在 BP 算法的第 k 次迭代中有

$$L_n^k = \ln\left[\frac{P(v_n = 0|\mathbf{s}_{mn} = 0, \mathbf{r})}{P(v_n = 1|\mathbf{s}_{mn} = 0, \mathbf{r})}\right]$$

$$= \ln\left[\frac{P(\mathbf{s}_{mn}=0|v_n = 0, \mathbf{r})}{P(\mathbf{s}_{mn}=0|v_n = 1, \mathbf{r})}\right] + \ln\left(\frac{v_n = 0}{v_n = 1}\right)$$

$$= L_n + \ln\left[\frac{P(\mathbf{s}_{mn}=0|v_n = 0, \mathbf{r})}{P(\mathbf{s}_{mn}=0|v_n = 1, \mathbf{r})}\right] \quad (3\text{-}38)$$

$$= L_n + \ln\left[\prod_{m \in \mathbf{B}(n)} \frac{P(s_m=0|v_n = 0, \mathbf{r})}{P(s_m=0|v_n = 1, \mathbf{r})}\right]$$

$$= L_n + \sum_{m \in \mathbf{B}(n)} \ln\left[\frac{P(s_m=0|v_n = 0, \mathbf{r})}{P(s_m=0|v_n = 1, \mathbf{r})}\right]$$

故有 $\Lambda_{mn}^k = \ln\left[\dfrac{P(s_m=0|v_n = 0, \mathbf{r})}{P(s_m=0|v_n = 1, \mathbf{r})}\right]$。证明的关键在于如何对 Λ_{mn}^k 简化得到式（3-31）。

记 $\mathbf{v}_{mn} = \{v_{mn'} \mid n' \in \mathbf{A}(m)\backslash n\}$，由于 $\mathbf{v}_{mn}$ 包含 $d_c - 1$ 个分量，故 $\mathbf{v}_{mn}$ 有 2^{d_c-1} 种取值情况。记 $\mathbf{v}_{mn}$ 发生的概率为 $P(\mathbf{v}_{mn})$，则有

$$P(\mathbf{v}_{mn}) = \prod_{n' \in \mathbf{A}(m)\backslash n} \frac{\exp(f_{mn'})}{\left[1 + \exp(L_{mn'}^{k-1})\right]} = \frac{\exp\left(\sum\limits_{n' \in \mathbf{A}(m)\backslash n} f_{mn'}\right)}{\prod\limits_{n' \in \mathbf{A}(m)\backslash n}\left[1 + \exp(L_{mn'}^{k-1})\right]} \quad (3\text{-}39)$$

由式（3-37）可知，式（3-39）中的 $f_{mn'}$ 满足：如果 $v_{mn'} = 0$，则 $f_{mn'} = L_{mn'}^{k-1}$；如果 $v_{mn'} = 1$，则 $f_{mn'} = 0$。故对于不同的 $\mathbf{v}_{mn}$，$P(\mathbf{v}_{mn})$ 的分母相同，分子不同，即式（3-39）的分子唯一决定 $P(\mathbf{v}_{mn})$ 的大小。

用 $\mathbf{v}_{mn}^1 = \{v_{mn'}^1 \mid n' \in \mathbf{A}(m)\backslash n\}$ 表示 $\{\mathbf{v}_{mn'}^i \mid i \in [1, 2^{d_c-1}]\}$ 中发生概率最大的元素，则使式（3-39）分子最大的序列即为 $\mathbf{v}_{mn}^1$。继而有以下第 1 组结论：

（1）$\{v_{mn'}^1 \mid v_{mn'}^1 = [1 - \text{sign}(L_{mn'}^{k-1})]/2\}$，也即对 $\{L_{mn'}^{k-1} \mid n' \in \mathbf{A}(m)\backslash n\}$ 进行硬判决可得到 $\mathbf{v}_{mn}^1$。如果 $\prod_{n' \in \mathbf{A}(m)\backslash n} \text{sign}(L_{mn'}^{k-1}) > 0$，则 $\mathbf{v}_{mn}^1$ 中有偶数个 1，反之，$\mathbf{v}_{mn}^1$ 中有奇数个 1。

（2）由结论（1）可知 f_{mn} 满足关系：$f_{mn'} = \begin{cases} L_{mn'}^{k-1}, & L_{mn'}^{k-1} > 0 \\ 0, & L_{mn'}^{k-1} < 0 \end{cases}$。

（3）$v_{mn'}^1$ 发生的概率可表示为

$$P\left(v_{mn'}^1\right) \triangleq p_{\max 1} = \frac{\exp\left(\sum_{n' \in \mathbf{A}(m)\backslash n} f_{mn'}\right)}{\prod_{n' \in \mathbf{A}(m)\backslash n}\left[1 + \exp\left(L_{mn'}^{k-1}\right)\right]}$$

$$= \frac{\exp\left(\sum_{n' \in \mathbf{A}(m)\backslash n} \text{sign}\left(L_{mn'}^{k-1}\right) \cdot \left(L_{mn'}^{k-1}\right)\right)}{\prod_{n' \in \mathbf{A}(m)\backslash n}\left[1 + \exp\left(\text{sign}\left(L_{mn'}^{k-1}\right) \cdot \left(L_{nm'}^{k-1}\right)\right)\right]} = \frac{\exp\left(\sum_{n' \in \mathbf{A}(m)\backslash n} \left|L_{mn'}^{k-1}\right|\right)}{\prod_{n' \in \mathbf{A}(m)\backslash n}\left[1 + \exp\left(\left|L_{mn'}^{k-1}\right|\right)\right]}$$

$$（3\text{-}40）$$

（4）对于 $v_{mn'}^1$ 而言，其包含的每个信息节点取值的概率都不小于 1/2，即

$$P\left(v_{mn'}^1\right) = \frac{\exp\left(f_{mn'}\right)}{1 + \exp\left(L_{mn'}^{k-1}\right)} = \frac{\exp\left[\text{sign}\left(L_{mn'}^{k-1}\right)\left(L_{mn'}^{k-1}\right)\right]}{1 + \exp\left[\text{sign}\left(L_{mn'}^{k-1}\right)\left(L_{mn'}^{k-1}\right)\right]} = \frac{\exp\left(\left|L_{mn'}^{k-1}\right|\right)}{1 + \exp\left(\left|L_{mn'}^{k-1}\right|\right)} \geq \frac{1}{2}$$

$$（3\text{-}41）$$

当 $\left|L_{mn'}^{k-1}\right| = 0$ 时，式（3-41）第四个等号成立。

再记 $\left\{v_{mn'}^i \mid i \in \left[1, 2^{d_c-1}\right]\right\}$ 中发生概率仅比 $v_{mn'}^1$ 小（即发生概率次最大）的序列为 $v_{mn'}^2$，则有第 2 组结论：

（1）$v_{mn'}^1$ 和 $v_{mn'}^2$ 满足关系：$v_{mn'}^2 = \left(v_{mn'}^1 + 1\right) \bmod 2$，其中 $n' = \arg\left\{\min_{n' \in \mathbf{A}(m)\backslash n}\left\{\left|L_{mn'}^{k-1}\right|\right\}\right\}$，即将 $v_{mn'}^1$ 中发生概率最小的比特翻转后可得到 $v_{mn'}^2$。

（2）进一步地，对 $v_{mn'}^1$ 中发生概率次最小的比特翻转，就得到发生概率第 3 大的序列 $v_{mn'}^3$。依此类推，可得到发生概率最大的前 $k\left(k \leq d_c - 1\right)$ 个序列构成的集合 $\left\{v_{mn'}^1, v_{mn'}^2, v_{mn'}^3, \cdots, v_{mn'}^k\right\}$。$v_{mn'}^2, v_{mn'}^3, \cdots, v_{mn'}^k$ 由 $v_{mn'}^1$ 翻转单个比特得到。

（3）由（3-37）可知，$v_{mn'}^2$ 发生的概率为

$$P\left(v_{mn'}^2\right) \triangleq p_{\max 2} = \frac{\exp\left(\sum\limits_{n' \in \mathbf{A}(m)\backslash n}\left|L_{mn'}^{k-1}\right| - \min\limits_{n' \in \mathbf{A}(m)\backslash n}\left\{\left|L_{mn'}^{k-1}\right|\right\}\right)}{\prod\limits_{n' \in \mathbf{A}(m)\backslash n}\left[1 + \exp\left(\left|L_{mn'}^{k-1}\right|\right)\right]} \qquad (3\text{-}42)$$

（4）将 $v_{mn'}^1$ 中的一个比特翻转后得到 $v_{mn'}^i\left(i=2,3,\cdots,d_c-1\right)$，故如果 $v_{mn'}^1$ 中有偶数个 1，则 $v_{mn'}^i\left(i=2,3,\cdots,d_c-1\right)$ 中必有奇数个 1；如果 $v_{mn'}^1$ 中有奇数个 1，则 $v_{mn'}^i\left(i=2,3,\cdots,d_c-1\right)$ 中必有偶数个 1。如果对 $v_{mn'}^1$ 中发生概率最小的 2 个比特翻转，则得到的序列同时满足"所含 1 的数量的奇偶性与 $v_{mn'}^1$ 相同"和"发生的概率仅小于 $v_{mn'}^1$"2 个条件。

（5）$\ln\dfrac{P\left(v_{mn'}^1\right)}{P\left(v_{mn'}^2\right)} = \ln\dfrac{p_{\max 1}}{p_{\max 2}} = \min\limits_{n' \in \mathbf{A}(m)\backslash n}\left\{\left|L_{mn'}^{k-1}\right|\right\}$。

将集合 $\left\{v_{mn'}^i \mid i \in \left[1,2^{d_c-1}\right]\right\}$ 中的元素重新划分为两类：$v_{mn'}^i$ 中有偶数（包括 0）个 1 的情况构成集合为 Ω，有奇数个 1 的情况构成集合 Z。则有

$$\Lambda_{mn}^k = \ln\left[\frac{P\left(s_m=0|v_n=0,\boldsymbol{r}\right)}{P\left(s_m=0|v_n=1,\boldsymbol{r}\right)}\right] = \ln\frac{\sum\limits_{v_{mn'} \in \Omega} P\left(v_{mn'}\right)}{\sum\limits_{v_{mn'} \in Z} P\left(v_{mn'}\right)}$$

$$= \ln\frac{\sum\limits_{v_{mn'} \in \Omega}\left[\dfrac{\exp\left(\sum\limits_{n' \in \mathbf{A}(m)\backslash n} f_{mn'}\right)}{\prod\limits_{n' \in \mathbf{A}(m)\backslash n}\left[1 + \exp\left(L_{mn'}\right)\right]}\right]}{\sum\limits_{v_{mn'} \in Z}\left[\dfrac{\exp\left(\sum\limits_{n' \in \mathbf{A}(m)\backslash n} f_{mn'}\right)}{\prod\limits_{n' \in \mathbf{A}(m)\backslash n}\left[1 + \exp\left(L_{mn'}\right)\right]}\right]} = \ln\frac{\sum\limits_{v_{mn'} \in \Omega}\left[\exp\left(\sum\limits_{n' \in \mathbf{A}(m)\backslash n} f_{mn'}\right)\right]}{\sum\limits_{v_{mn'} \in Z}\left[\exp\left(\sum\limits_{n' \in \mathbf{A}(m)\backslash n} f_{mn'}\right)\right]}$$

如果 $\prod_{n' \in \mathbf{A}(m) \backslash n} \mathrm{sign}\left(L_{mn'}^{k-1}\right) > 0$，则 $\sum_{\substack{v_{mn'}^1 \in \Omega}} P\left(v_{mn'}\right) > \sum_{\substack{v_{mn'}^2 \in Z}} P\left(v_{mn'}\right)$。由第 2 组结论中的（1）和（4）可知，$v_{mn'}^1 \in \Omega$，$v_{mn'}^2 \in Z$，则有

$$\Lambda_{mn}^k = \ln \frac{\sum_{\substack{v_{mn'}^1 \in \Omega}} P\left(v_{mn'}\right)}{\sum_{\substack{v_{mn'}^2 \in Z}} P\left(v_{mn'}\right)} = \ln \frac{p_{\max 1} + \theta_1}{p_{\max 2} + \theta_2} = \prod_{n' \in \mathbf{A}(m) \backslash n} \mathrm{sign}\left(L_{mn'}^{k-1}\right) \ln \frac{p_{\max 1} + \theta_1}{p_{\max 2} + \theta_2}$$

（3-43）

如果 $\prod_{n' \in \mathbf{A}(m) \backslash n} \mathrm{sign}\left(L_{mn'}^{k-1}\right) < 0$，则 $\sum_{\substack{v_{mn'}^1 \in \Omega}} P\left(v_{mn'}\right) < \sum_{\substack{v_{mn'}^2 \in Z}} P\left(v_{mn'}\right)$，此时 $v_{mn'}^1 \in Z$，$v_{mn'}^2 \in \Omega$。则有

$$\Lambda_{mn}^k = \ln \frac{\sum_{\substack{v_{mn'}^1 \in \Omega}} P\left(v_{mn'}\right)}{\sum_{\substack{v_{mn'}^2 \in Z}} P\left(v_{mn'}\right)} = \ln \frac{p_{\max 2} + \theta_2}{p_{\max 1} + \theta_1} = \prod_{n' \in \mathbf{A}(m) \backslash n} \mathrm{sign}\left(L_{mn'}^{k-1}\right) \ln \frac{p_{\max 1} + \theta_1}{p_{\max 2} + \theta_2}$$

（3-44）

如果 $v_{mn'}^1$ 中含有偶数个 1，则 θ_1 表示 $\left\{\Omega \backslash v_{mn'}^1\right\}$ 发生的概率，θ_2 表示 $\left\{Z \backslash v_{mn'}^2\right\}$ 发生的概率。类似地，如果 $v_{mn'}^1$ 中含有奇数个 1，则 θ_1 表示 $\left\{Z \backslash v_{mn'}^1\right\}$ 发生的概率，θ_2 表示 $\left\{\Omega \backslash v_{mn'}^2\right\}$ 发生的概率。

综上所述可得，第 1 次迭代后

$$\Lambda_{mn}^1 = \prod_{n' \in \mathbf{A}(m) \backslash n} \mathrm{sign}\left(L_{mn'}^0\right) \ln \frac{p_{\max 1} + \theta_1}{p_{\max 2} + \theta_2} \qquad （3\text{-}45）$$

由于

$$\begin{aligned} \ln\left[\exp\left(\delta_1\right) + \cdots + \exp\left(\delta_J\right)\right] &\approx \max\left(\delta_1, \cdots, \delta_J\right) \\ &= \max\left(\ln \exp\left(\delta_1\right), \cdots, \ln \exp\left(\delta_J\right)\right) \\ &= \ln\left[\max\left(\exp\left(\delta_1\right), \cdots, \exp\left(\delta_J\right)\right)\right] \end{aligned}$$

则式（3-45）变为

$$\Lambda_{mn}^1 \approx \prod_{n' \in \mathbf{A}(m)\backslash n} \text{sign}\left(L_{mn'}^0\right) \ln \frac{p_{\max 1}}{p_{\max 2}} = \prod_{n' \in \mathbf{A}(m)\backslash n} \text{sign}\left(L_{mn'}^0\right) \min_{n' \in \mathbf{A}(m)\backslash n}\left\{\left|L_{mn'}^0\right|\right\}$$

$$= \frac{4}{N_0} \sum_{m \in \mathbf{B}(n)} \prod_{n' \in \mathbf{A}(m)\backslash n} \text{sign}\left(L_{mn'}^0\right) \min_{n' \in \mathbf{A}(m)\backslash n}\left\{\left|r_{mn'}\right|\right\}$$

$$（3\text{-}46）$$

从而 BP 算法第 1 次迭代后有

$$L_n^1 = L_n + \sum_{m \in \mathbf{B}(n)} \Lambda_{mn}^1$$

$$= \frac{4}{N_0} r_n + \frac{4}{N_0} \sum_{m \in \mathbf{B}(n)} \prod_{n' \in \mathbf{A}(m)\backslash n} \text{sign}\left(L_{mn'}^0\right) \min_{n' \in \mathbf{A}(m)\backslash n}\left\{\left|r_{mn'}\right|\right\}$$

$$（3\text{-}47）$$

$$L_{mn}^1 = L_n + \sum_{m' \in \mathbf{B}(n)\backslash m} \Lambda_{m'n}^1$$

$$= \frac{4}{N_0} r_n + \frac{4}{N_0} \sum_{m' \in \mathbf{B}(n)\backslash m} \prod_{n' \in \mathbf{A}(m')\backslash n} \text{sign}\left(L_{m'n'}^0\right) \min_{n' \in \mathbf{A}(m')\backslash n}\left\{\left|r_{m'n'}\right|\right\}$$

$$（3\text{-}48）$$

忽略式（3-46）到式（3-48）中的 $4/N_0$ 项不会对后续迭代译码过程产生影响。由式（3-46）可知，MS 算法是基于 Max-Log MAP 准则的算法。

式（3-43）和（3-44）表明，如果 $\prod_{n' \in \mathbf{A}(m)\backslash n} \text{sign}\left(L_{mn'}^{k-1}\right) > 0$，则 $v_n = 0$ 能使 $v_n \oplus \boldsymbol{v}_{mn'}^1 = 0$ 成立，即 $v_n = 0$ 能使该校验方程满足校验；如果 $\prod_{n' \in \mathbf{A}(m)\backslash n} \text{sign}\left(L_{mn'}^{k-1}\right) < 0$，则 $v_n = 1$ 能使 $v_n \oplus \boldsymbol{v}_{mn'}^1 = 0$ 成立。

由 $\left\{L_{mn}^{k-1} \mid n \in \mathbf{A}(m)\right\}$ 判决得到的信息节点构成的集合记为 $\mathbf{v}_{mn}^1 = \left\{v_{mn}^1 \mid n \in \mathbf{A}(m)\right\}$，则有 $v_{mn}^1 = \frac{1 - \text{sign}\left(L_{mn}^{k-1}\right)}{2}$，$\boldsymbol{v}_{mn'}^1 = \left\{\boldsymbol{v}_{mn}^1 \backslash v_{mn}^1\right\}$。

如果 v_{mn}^1 和 $\boldsymbol{v}_{mn'}^1$ 匹配，则有

$$\begin{cases} v_{mn}^1 \oplus \boldsymbol{v}_{mn'}^1 = \sum \mathbf{v}_{mn}^1 \bmod 2 = 0 \\ \prod_{n' \in \mathbf{A}(m)\backslash n} \text{sign}\left(L_{mn'}^{k-1}\right) = 1 - 2v_{mn}^1 \end{cases}$$

如果 v_{mn}^1 和 $\boldsymbol{v}_{mn'}^1$ 不匹配，则有

$$\begin{cases} v_{mn}^1 \oplus \boldsymbol{v}_{mn'}^1 = \sum \boldsymbol{v}_{mn}^1 \bmod 2 = 1 \\ \prod_{n' \in \mathbf{A}(m)\backslash n} \text{sign}\left(L_{mn'}^{k-1}\right) = 2v_{mn}^1 - 1 \end{cases}$$

由此可得 BP 算法 Λ_{mn}^k 的一种等价表示形式为

$$\Lambda_{mn}^{k} = \begin{cases} \left(1-2v_{mn}^{1}\right)\Phi^{-1}\left[\displaystyle\sum_{n'\in\mathbf{A}(m)\backslash n}\Phi\left(\left|L_{mn'}^{k-1}\right|\right)\right], & \displaystyle\sum v_{mn}^{1}\bmod 2 = 0 \\[3mm] \left(2v_{mn}^{1}-1\right)\Phi^{-1}\left[\displaystyle\sum_{n'\in\mathbf{A}(m)\backslash n}\Phi\left(\left|L_{mn'}^{k-1}\right|\right)\right], & \displaystyle\sum v_{mn}^{1}\bmod 2 = 1 \end{cases} \tag{3-49}$$

由于 $v_{mn}^{1}=\dfrac{1-\mathrm{sign}\left(L_{mn}^{k-1}\right)}{2}$，故有

$$\Lambda_{mn}^{k} = \begin{cases} \mathrm{sign}\left(L_{mn}^{k-1}\right)\cdot\Phi^{-1}\left[\displaystyle\sum_{n'\in\mathbf{A}(m)\backslash n}\Phi\left(\left|L_{mn'}^{k-1}\right|\right)\right], & \displaystyle\sum v_{mn}^{1}\bmod 2 = 0 \\[3mm] \mathrm{sign}\left(L_{mn}^{k-1}\right)\cdot\Phi^{-1}\left[\displaystyle\sum_{n'\in\mathbf{A}(m)\backslash n}\Phi\left(\left|L_{mn'}^{k-1}\right|\right)\right], & \displaystyle\sum v_{mn}^{1}\bmod 2 = 1 \end{cases} \tag{3-50}$$

在 BP 算法的行更新过程中，校验节点传递给信息节点的信息包含"符号信息"和"幅度信息"两部分。从上述推导过程可看出，如果第 m 个校验方程满足校验，则 c_m 传递给信息节点的信息为：符号与 L_{mn}^{k-1} 一致，幅度信息为 $\Phi^{-1}\left(\displaystyle\sum_{n'\in\mathbf{A}(m)\backslash n}\Phi\left(\left|L_{mn'}^{k-1}\right|\right)\right)$。如果第 m 个校验方程不满足校验，则 c_m 传递给信息节点的信息为：符号与 L_{mn}^{k-1} 相反，幅度信息同样为 $\Phi^{-1}\left(\displaystyle\sum_{n'\in\mathbf{A}(m)\backslash n}\Phi\left(\left|L_{mn'}^{k-1}\right|\right)\right)$。

3.3.3 NMS 和 OMS 算法的等价描述

为分析方便，仍考虑 $4/N_0$ 项。令 $\mathrm{MAX}=\displaystyle\sum_{n'\in\mathbf{A}(m)\backslash n}\left|L_{mn'}^{k-1}\right|$

$\lambda_1 = \displaystyle\min_{n'\in\mathbf{A}(m)\backslash n}\left(\left|L_{mn'}^{k-1}\right|\right)$，则有

$$\begin{aligned} \Lambda_{mn}^{k} &\approx \prod_{n'\in\mathbf{A}(m)\backslash n}\mathrm{sign}\left(L_{mn'}^{k-1}\right)\cdot\ln\frac{p_{\max 1}}{p_{\max 2}} \\ &= \prod_{n'\in\mathbf{A}(m)\backslash n}\mathrm{sign}\left(L_{mn'}^{k-1}\right)\cdot\ln\frac{\exp(\mathrm{MAX})}{\exp(\mathrm{MAX}-\lambda_1)} \\ &= \prod_{n'\in\mathbf{A}(m)\backslash n}\mathrm{sign}\left(L_{mn'}^{k-1}\right)\cdot\lambda_1 \\ &= \prod_{n'\in\mathbf{A}(m)\backslash n}\mathrm{sign}\left(L_{mn'}^{k-1}\right)\cdot\Phi^{-1}\left[\Phi(\lambda_1)\right] \end{aligned} \tag{3-51}$$

由式（3-51）可知，如果将式（3-12）中的 $\sum_{n'\in\mathbf{A}(m)\backslash n}\Phi\left(\left|L_{mn'}^{k-1}\right|\right)$ 用 $\Phi(\lambda_1)$ 近似，则 BP 算法变为 MS 算法。

由于 $\Phi(\lambda_1)\leqslant\sum_{n'\in\mathbf{A}(m)\backslash n}\Phi\left(\left|L_{mn'}^{k-1}\right|\right)$，而 $\Phi^{-1}(x)=\Phi(x)$ 在 $x>0$ 时为单调递减函数，则有 $\Phi^{-1}\left[\Phi(\lambda_1)\right]\geq\Phi^{-1}\left(\sum_{n'\in\mathbf{A}(m)\backslash n}\Phi\left(\left|L_{mn'}^{k-1}\right|\right)\right)$，故 $\lambda_1\geq\Phi^{-1}\left(\sum_{n'\in\mathbf{A}(m)\backslash n}\Phi\left(\left|L_{mn'}^{k-1}\right|\right)\right)$，则 MS 算法中的 $\left|\Lambda_{mn}^k\right|$ 大于 BP 算法中的 $\left|\Lambda_{mn}^k\right|$。为削弱 MS 算法对 $\left|\Lambda_{mn}^k\right|$ 的"过估计"现象，NMS 和 OMS 算法被提出。

NMS 算法的行更新过程等价于

$$\begin{aligned}\Lambda_{mn}^k&=\prod_{n'\in\mathbf{A}(m)\backslash n}\mathrm{sign}\left(L_{mn'}^{k-1}\right)\cdot\alpha\cdot\lambda_1\\&=\prod_{n'\in\mathbf{A}(m)\backslash n}\mathrm{sign}\left(L_{mn'}^{k-1}\right)\cdot\alpha\cdot\ln\frac{p_{\max 1}}{p_{\max 2}}\\&=\prod_{n'\in\mathbf{A}(m)\backslash n}\mathrm{sign}\left(L_{mn'}^{k-1}\right)\cdot\ln\left(\frac{p_{\max 1}}{p_{\max 2}}\right)^\alpha\\&=\prod_{n'\in\mathbf{A}(m)\backslash n}\mathrm{sign}\left(L_{mn'}^{k-1}\right)\cdot\ln\left(\frac{\exp(\mathrm{MAX})}{\exp(\mathrm{MAX}-\lambda_1)}\right)^\alpha\end{aligned}\tag{3-52}$$

OMS 算法的行更新过程等价于

$$\begin{aligned}\Lambda_{mn}^k&=\prod_{n'\in\mathbf{A}(m)\backslash n}\mathrm{sign}\left(L_{mn'}^{k-1}\right)\cdot\max(\lambda_1-\beta,0)\\&=\prod_{n'\in\mathbf{A}(m)\backslash n}\mathrm{sign}\left(L_{mn'}^{k-1}\right)\cdot\max\left(\ln\frac{p_{\max 1}}{p_{\max 2}}-\beta,0\right)\\&=\prod_{n'\in\mathbf{A}(m)\backslash n}\mathrm{sign}\left(L_{mn'}^{k-1}\right)\cdot\max\left(\ln\frac{p_{\max 1}}{\exp(\beta)\cdot p_{\max 2}},0\right)\\&=\prod_{n'\in\mathbf{A}(m)\backslash n}\mathrm{sign}\left(L_{mn'}^{k-1}\right)\cdot\max\left(\ln\frac{\exp(\mathrm{MAX})}{\exp(\mathrm{MAX}+\beta-\lambda_1)},0\right)\\&=\prod_{n'\in\mathbf{A}(m)\backslash n}\mathrm{sign}\left(L_{mn'}^{k-1}\right)\cdot\max\left(\ln\frac{\exp(\mathrm{MAX}-\beta)}{\exp(\mathrm{MAX}-\lambda_1)},0\right)\end{aligned}\tag{3-53}$$

式（3-52）和式（3-53）给出只有 λ_1 参与运算时，削弱 $\left|\Lambda_{mn}^k\right|$ 的方法，本质上是通过减小对数运算的真数来实现的。在对数运算 $\log_a b$ 中，a 被称为底数，b 被称为真数。

参考文献

[1] J. G. Proakis. 数字通信 [M].4 版 . 北京：电子工业出版社，2004.

[2] C. E. Shannon. A mathematical theory of communication[J]. Bell Syst. Tech. J., 1948, 27：2561-2595.

[3] 王新梅，肖国镇 . 纠错码 - 原理与方法 [M]. 西安：西安电子科技大学出版社，2002.

[4] S. Lin，D. J. Costello. Error control coding：fundamentals and application[M]. Englewood Cliffs, New Jersey：Prentice-Hall Publisher, 1983.

[5] C. Berrou, A. Glavieux, P. Thitimajshima. Near Shannon limit error-correcting coding and decoding：turbo codes.1[C]. Proceedings of IEEE International Conference on Communications, Geneva, Sweden, 1993, 2：1064-1070.

[6] C. Berrou, A. Glavieux. Near Shannon limit error-correcting coding and decoding：turbo codes[J]. IEEE Trans. Commun., 1996, 44（10）：1261-1271.

[7] R. G. Gallager. Low density parity check codes[J]. IRE Trans. Inf. Theory, 1962, IT-8（1）：21-28.

[8] D. J. C. Mackey, R. M. Near. Near Shannon limit performance of low-density parity-check codes[J]. IEE Electron. Lett., 1997, 33（6）：457-458.

[9] 文红，符初生，周亮 . LDPC 码原理与应用 [M]. 成都：电子科技大学出版社，2006.

[10] S. Y. Chung, G. D. Forney, T. J. Richardson, et al. On the design of low-density parity-check codes within 0.0045 dB of the Shannon limit[J]. IEEE Commun. Lett., 2001, 5（2）：58-60.

[11] J. Campello, D. S. Modha, S. Rajagopalan. Designing LDPC codes using bit-filling[C]. Proceedings of IEEE International Conference on Communications, Helsinki, Finland, 2001, 1：55-59.

[12] J. Campello, D. S. Modha. Extended bit-filling and LDPC code design[C]. Proceedings of IEEE Global Telecommunications conference, San Antonio, Texas, USA, 2001, 2: 985-989.

[13] X. Y. Hu, E. Eleftheriou, D. M. Arnold. Regular and irregular Progressive Edge-Growth Tanner graphs[J]. IEEE Trans. Inf. Theory, 2005, 452 (7): 386-398.

[14] Y. Kou, S. Lin, M. Fossorier. Low-density parity-check codes based on finite geometries: a rediscovery and new results[J]. IEEE Trans. Inf. Theory, 2001, 47 (7): 2711-2736.

[15] M. P. C. Fossorier. Quasi-cyclic low-density parity-check codes from circulant permutation matrices[J]. IEEE Trans. Inf. Theory, 2004, 50 (8): 1788-1793.

[16] B. Ammar, B. Honary, Y. Kou, et al. Construction of low-density parity-check codes based on balanced incomplete block designs[J]. IEEE Trans. Inf. Theory, 2004, 50 (6): 1257-1269.

[17] G. D. Forney. On iterative decoding and the two-way algorithm[C]. Proceedings of International Symposium on Turbo Codes and Related Topics, Brest, France, 1997, 12-25.

[18] E. Sharon, S. Litsyn, J. Goldberger. Efficient serial message-passing schedules for LDPC decoding[J]. IEEE Trans. Inf. Theory, 2007, 53 (11): 4076-4091.

[19] J. T. Zhang, M. P. C. Fossorier. Shuffled belief propagation decoding[J]. IEEE Trans. Commun., 2005, 53 (2): 209-211.

[20] J. T. Zhang, Y. Wang, M. P. C. Fossorier, et al. Replica shuffled iterative decoding[C]. Proceedings of International Symposium on Information Theory, Adelaide, Australia, 2005, 4-9.

[21] D. Hocevar. A reduced complexity decoder architecture via layered decoding LDPC codes[C]. Proceedings of IEEE Workshop on Signal Processing System, Texas, USA, 2004, 107-112.

[22] A. Casado, M. Griot, R. Wesel. LDPC decoders with informed dynamic scheduling[J]. IEEE Trans. Commun, 2010, 58 (12): 3470-3479.

[23] N. Wiberg. Codes and decoding on general graphs[D]. Linköping, Sweden: Linköping University, 1996.

[24] R. M. Tanner. A recursive approach to low complexity codes[J]. IEEE Trans. Inf. Theory, 1981, IT-27（5）: 533-547.

[25] R. J. McEliece, D. J. C. Mackay, J. F. Cheng. Turbo decoding as an instance of Pearl's 'belief propagation' algorithm[J]. IEEE J. Select. Areas Commun., 1998, 16（2）: 140-152.

[26] J. Peal. Probabilistic reasoning in intelligent systems: networks of plausible inference[M]. San Mateo: Morgan Kaufmann Publishers, 1988.

[27] R. Lucas, M. P. C. Fossorier, Y. Kou, et al. Iterative decoding of one-step majority logic decodable codes based on belief propagation[J]. IEEE Trans. Commun., 2000, 48（6）: 931-937.

[28] S. Gounai, T. Ohtsuki. Decoding algorithms based on oscillation for low-density parity-check codes[J]. IEICE Trans. Fund., 2005, E88-A（8）: 2216-2226.

[29] M. Yazdani, S. Hemati, A. Banihashemi. Improving belief propagation on graphs with cycles[J]. IEEE Commun. Lett., 2004, 8（1）: 57-59.

[30] Y. Mao, A. H. Banihashemi. Decoding low-density parity-check codes with probabilistic schedule[J]. IEEE Commun. Lett., 2001, 5（10）: 414-416.

[31] M. P. C. Fossorier. Iterative reliability-based decoding of low-density parity check codes[J]. IEEE J. Select. Areas. Commun., 2001, 19（5）: 908-917.

[32] J. Feldman. Decoding error-correcting codes via linear programming[D]. Cambridge, Massachusetts, USA: MIT, 2003.

[33] J. S. Jonathan, W. T. Freeman, Y. Weiss. Constructing free-energy approximations and generalized belief propagation propagation algorithms[J]. IEEE Trans. Inf. Theory, 2005, 51（7）: 2282-2312.

[34] H. Xiao, A. H. Banihashemi. Comments on successive relaxation for decoding of LDPC codes[J]. IEEE Trans. Commun.,

2009, 57（10）: 2846-2848.

[35] S. K. Planjery. Iterative decoding beyond belief propagation of low-density parity-check codes[D]. Tucson, Arizon, USA: The University of Arizona, 2013.

[36] M. P. C. Fossorier, M. Mihaljevic, H. Imai. Reduced complexity iterative decoding low density parity-check codes based on belief propagation[J]. IEEE Trans. Inf. Theory, 1999, 47（5）: 673-680.

[37] E. Eleftheriou, T. Mittelholzer, A. Dholakia. Reduced-complexity decoding algorithm for low-density parity-check codes[J]. IEE Electron. Lett., 2001, 37（2）: 102-104.

[38] X. Wei, A. N. Akansu. Density evolution for low-density parity-check codes under Max-Log-MAP decoding[J]. IEE Electron. Lett., 2001, 37（18）: 1225-1226.

[39] J. H. Chen, M. P. C. Fossorier. Near optimum universal belief propagation based on decoding of low-density parity-check codes[J]. IEEE Trans. Commun., 2002, 50（3）: 406-412.

[40] J. H. Chen, A. Dholakia, E. Eleftheriou, et al. Reduced-complexity decoding of LDPC codes[J]. IEEE Trans. Commun., 2005, 53（8）: 1288-1299.

[41] J. L. Massey. Threshold decoding[M]. Cambridge: MIT Press, 1963.

[42] F. Zarkeshvari, A. H. Banihashemi. On implementation of min sum algorithm for decoding low-density parity-check（LDPC）codes[C]. Proceedings of IEEE Global Telecommunication Conference, Taipei, Taiwan, 2002, 2: 1349-1353.

[43] A. Darabiha, A. C. Carusone, F. R. Kschischang. A bit-serial approximate min-sum LDPC decoder and FPGA implementation[C]. Proceedings of IEEE International Symposium on Circuits and Systems, Island of Kos, Greece, 2006, 149-152.

[44] X. Wu, Y. Song, M. Jiang, et al. Adaptive-normalized/offset min-sum algorithm[J]. IEEE Commun. Lett., 2010, 14（7）: 677-679.

[45] M. Sipser, D. A. Spielman. Expander codes[J]. IEEE Trans. Inf. Theory, 1996, 42（6）: 399-431.

[46] A. M. Chan, F. R. Kschischang. A simple taboo-based soft-decision decoding algorithm for expander codes[J]. IEEE Commun. Lett., 1998, 7（2）: 183-185.

[47] D. V. Nguyen. Improving the error floor performance of LDPC codes with better codes and better decoders[D]. Tucson, Arizon, USA: The University of Arizona, 2012.

[48] A. Nouh, A. H. Banihashemi. Bootstrap decoding of low-density parity check codes[J]. IEEE Commun. Lett., 2002, 6（9）: 391-393.

[49] J. Hagenauer, E. Offer, L. Papke. Iterative decoding of block and convolutional codes[J]. IEEE Trans. Inf. Theory, 1996, 42（2）: 429-445.

[50] C. H. Huang, Improved SOVA and APP decoding algorithms for serial concatenated codes[C]. Proceedings of IEEE Global Telecommunications Conference, Piscataway, New Jersey, USA, 2004, 1: 189-193.

[51] G. Colavolpe, G. Ferrari, R. Raheli. Extrinsic information in iterative decoding: a unified view[J]. IEEE Trans. Commun., 2001, 49（12）: 2088-2094.

[52] P. Li, S. Chan, K. L. Yeung. Efficient soft-in-soft-out-optimal decoding rule for single parity check codes[J]. IEE Electron. Lett., 1997, 33（19）: 1614-1616.

[53] F. Guilloud, E. Boutillon, J. Danger. λ-min decoding algorithm of regular and irregular LDPC codes[C]. Proceedings of International Symposium on Turbo Codes and Related Topics, Brest, France, 2003: 451-454.

第 4 章

IEEE 802.15.4g O-QPSK 物理层概述

本章首先对 IEEE 802.15.4g 协议进行详细描述,然后重点介绍了 MAC 层和 PHY 层的功能的特性,为 O-QPSK 检测方案的研究奠定基础。然后研究了未编码 O-QPSK 调制的逐符号检测,给出了易于实现的多符号检测方案。最后研究了卷积编码系统中 O-QPSK 调制的逐符号检测问题。

4.1 IEEE 802.15.4g 协议

IEEE 802.15.4 标准由 IEEE 802.15 工作组于 2003 年所定义的专用于低速率无线个域网(Low Rate-wireless Personal Area Network, LR-WPAN)的协议,它规定 LR-WPAN 的物理层(Physical Layer, PHY)和媒体访问控制(Media Access Control,MAC)层。IEEE 802.15.4g 协议是 IEEE 802.15.4-2011 标准第一次补充,它在 IEEE

802.15.4 标准的基础上新增了三种可选的 PHY 并调整了 MAC 层,主要适用于室外无线低速抄表系统,也就是 UPIoT 的通信系统。尽管 IEEE 802.15.4g 协议所支持的传输速率有限,但同时符合该协议的设备通信时的功耗也更低,这就意味着 UPIoT 通信系统中的电池供电式设备可以在允许的最大输出功率条件下传输更长的距离,从而增加 UPIoT 通信系统传输的可靠性和稳定性。

4.1.1 协议架构

IEE802.15.4g 协议主要规范了 UPIoT 通信系统中的 PHY 层和 MAC 层两部分。IEEE 802.15.4g UPIoT 设备架构如图 4-1 所示。PHY 包括射频收发器和底层控制模块,其中 PHY 和 MAC 层之间通过 PHY 数据服务访问点(PHY Data Service Access Point,PD-SAP)和 PHY 管理实体服务访问点(PHY Management entity Service Access Point,PLME-SAP)分别进行数据交互和控制交互。IEE802.15.4g 协议将 MAC 层细分为逻辑链路控制(Logical Link Control,LLC)子层和 MAC 子层,MAC 子层可通过 MAC 公共部分子层服务接入点(MAC Common Part Sublayer Service Access Point,MCPS-SAP)将数据包传送给业务特定部分会聚子层(Service Specific Convergence Sublayer,SSCS),然后再传送给 LLC 子层和上层。而且,上层也可通过 MAC 层管理实体服务接入点(MAC Sublayer Management Entity Service Access Point,MLME-SAP)直接使用 MAC 子层所提供的服务。这里的上层指网络层和应用层,其中网络层提供网络配置、拥塞控制和路由选择服务,应用层提供设备的预期功能。

4.1.2 网络拓扑

根据 UPIoT 中应用需求的不同,IEEE 802.15.4g 协议规范了以下两种基本的拓扑结构:星型拓扑结构和点对点型拓扑结构。图 4-2 是这两种拓扑结构的示意图。IEEE 802.15.4g UPIoT 中的个域网(Personal Area Network,PAN)设备可分为全功能设备(Full-function Device,FFD)和部分功能设备(Reduced-function Device,RFD)两类。其中,

FFD 为可以用作 PAN 协调器、协调器或普通设备，RFD 仅可作为普通
设备，且一个 PAN 中需要至少有一个 FFD 作为 PAN 协调器。

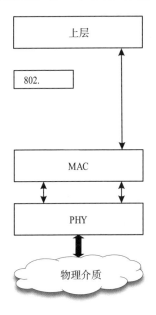

图 4-1 IEEE 802.15.4g UPIoT 设备架构

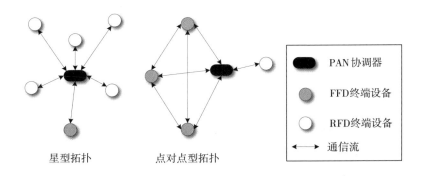

图 4-2 星型拓扑结构和点对点型拓扑结构

4.1.3 新增物理层

UPIoT 允许多个应用程序在共享的网络资源上运行，并提供公共设
备系统的监视和控制。UPIoT 设备的设计目标是在室外、低速率、超大
规模、超低功耗的无线通信系统中运行。为了提供远程点对点连接，通

常需要使用标准规定的最大可用功率,通常情况,UPIoT 需要覆盖地域广泛的地区,包含大量的户外设备,在这些情况下,UPIoT 设备可使用网格或点对点多跳技术与接入点通信。

表 4-1 新增 PHY 工作频段

频段 （MHz）	IEEE 820.15.4g PHY			使用 区域
	MR-FSK	MR-OFDM	MR-O-QPSK	
169.400~169.475	√			欧洲
450~470	√			美国
470~510	√	√	√	中国
779~787	√	√	√	中国
863~870	√	√	√	欧洲
896~901	√			美国
901~902	√			美国
902~928	√	√	√	美国
917~923.5	√	√	√	韩国
920~928	√	√	√	日本
928~960	√			美国
950~958	√	√	√	日本
1 427~1 518	√			美国 / 加拿大
2 400~2 483.5	√	√	√	全球

基于 UPIoT 通信系统的这些特征,IEEE 802.15.4g 特别定义了如下的三个新增物理层。三种新增的物理层工作频段如表 4-1 所示。

多速率多区域频移键控（Multi-rate and Multi-regional Frequency Shift Keying, MR-FSK）PHY：提供良好的功率传输效率。

多速率多区域正交频分复用（Multi-rate and Multi-regional Orthogonal Frequency Division Multiplexing, MR-OFDM）PHY：可在更高的频谱效率基础上提供更高的数据传输速率。

多速率多区域偏置正交相移键控（Multi-rate and Multi-regional Offset Quadrature Phase-shift Keying, MR-O-QPSK）PHY：与 IEEE 802.15.4-2011 的 O-QPSK 物理层兼容,使得多模式系统更加经济有效和易于设计。

4.1.4 MAC 层规范

IEEE 802.15.4g 协议可分为和 PHY 和 MAC 层两部分,其中 PHY 层中主要由同步头(Synchronization Header,SHR)、PHY 帧头(PHY Header,PHR)和 PHY 服务数据单元(PHY Service Data Unit,PSDU)三部分组成,MAC 层由 MAC 帧头(MAC Header,MHR)、MAC 负载和 MAC 尾(MAC Footer,MFR)三部分构成。根据作用不同,MAC 层帧结构可分为信标帧、数据帧、确认帧和命令帧 4 种。具体的数据帧格式如图 4-3 所示。

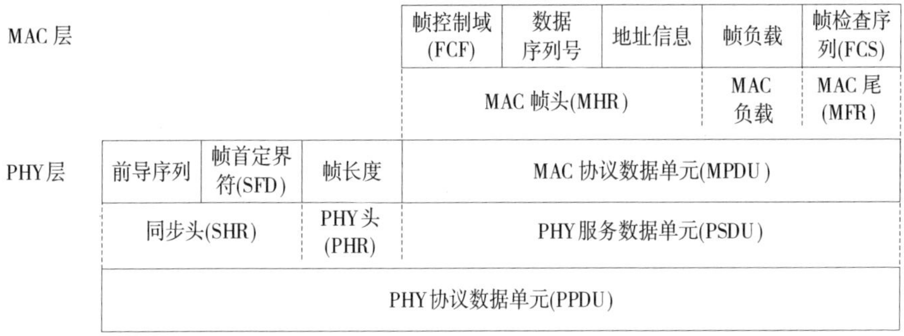

		帧控制域 (FCF)	数据序列号	地址信息	帧负载	帧检查序列(FCS)
MAC 层		MAC 帧头(MHR)			MAC 负载	MAC 尾 (MFR)
PHY 层	前导序列	帧首定界符(SFD)	帧长度	MAC 协议数据单元(MPDU)		
	同步头(SHR)		PHY 头 (PHR)	PHY 服务数据单元(PSDU)		
	PHY 协议数据单元(PPDU)					

图 4-3 IEEE 802.15.4g 数据帧格式

IEEE802.15.4g 协议规范了 MAC 层数据服务和管理服务。其中,前者负责 MAC 层协议数据单元(MAC Protocol Data Unit,MPDU)在 PHY 层数据服务中准确收发,后者负责实现 MAC 层管理工作并保障储存 MAC 层协议状态内容数据库的运转[47]。MAC 层主要任务如下。

· 协调器产生并发送信标帧。

· 终端设备依据信标帧与协调器节点同步。

· 处理和维护时隙保障机制。

· 支持 PAN 网的关联和取消关联操作。

· 为两个对等 MAC 实体之间提供可靠数据链路。

· 支持无线信道通信安全。

4.1.5 O–QPSK 物理层

MR-O-QPSK PHY 与 O-QPSK PHY 兼容,采用 O-QPSK PHY 所设计的 UPIoT 通信系统更加经济有效,本小节重点介绍 O-QPSK PHY。

IEEE 802.15.4g 协议规范了 MAC 层与 PHY 层之间传输接口的 PHY 数据服务和 PHY 管理服务。其中,前者负责 PHY 层协议数据单元通过无线信道的数据收发,后者实现维护 PHY 层相关参数构成的数据库功能。PHY 层主要功能如下。

· 激活 / 休眠无线收发设备。

· 为载波检测多址与碰撞侦测进行空闲信道评估。

· 信道能量检测。

· 链路质量指示。

· 信道频率选择。

· 数据的接收与发送。

4.1.5.1 PPDU 格式

PHY 协议数据单元(PHY Protocol Data Unit, PPDU)主要由同步头、PHY 帧头和 PHY 负载三部分构成,具体的格式如表 4-2 所示。其中, SHR 包括数据帧引导序列和帧起始定界符(Start Frame Delimiter, SFD),主要作用为允许接收设备同步并锁定在比特流,其中的前导符字段是 32 位的全零比特;PHY 帧头的低 7 位表示 PSDU 长度,高 1 位为保留位,故其负载的最大长度为 127 字节;PSDU 的字段长度可变,一般用于承载 MAC 的帧。

表 4-2　PHY 帧结构

4 字节	1 字节(0xA7)	1 字节		≤127 字节
前导符(preamble)	帧起始定界符（ SFD ）	帧长度（ 7 位 ）	保留位（ 1 位 ）	物理层服务数据单元（ PSDU ）
同步头（ SHR ）		PHY 帧头（ PHR ）		PHY 负载

4.1.5.2 调制和扩频

IEEE 802.15.4g 协议规范 O-QPSK PHY 采用 16 进制准正交调制技术。图 4-4 为 IEEE 802.15.4g 协议中 O-QPSK PHY 数据调制的过程图。发送端对来自 PPDU 的二进制数据进行调制和扩频处理。首先,PPDU 中每 4 位数据被映射为一个符号。在每个数据符号周期中,4 个信息位被映射到 16 个伪正交的伪随机噪声(Pseudo-random Noise,PN)序列中的其中 1 个。然后,将连续数据符号的 PN 序列串联在一起,并使用 O-QPSK 将所有的聚合码片序列调制到载波上。

来自PPDU的二进制数据 → bit到符号的映射 → 符号到码片的映射 → O-QPSK调制 → 脉冲成型 → 射频发送模块

图 4–4　O–QPSK PHY 数据调制过程

在 O-QPSK PHY 的 868 MHz、915 MHz 和 2 450 MHz 频段中,均采用直接序列扩频方式和相同 PHY 数据包格式,而其区别之处在于调制技术、传输速率、扩频码长和工作频段的不同。IEEE 802.15.4g 协议定 O-QPSK PHY 的 3 种 DSSS 方式如表 4-3 ~ 表 4-5 所示,并采用如下半正弦脉冲形状表示每个基带码片。

$$p(t) = \begin{cases} \sin\left(\pi\dfrac{t}{2T_c}\right), 0 \le t \le 2T_c \\ 0, \qquad\qquad \text{otherwise} \end{cases} \qquad (4\text{-}1)$$

扩频后的序列采用如式(4-1)所示的半正弦脉冲整形 O-QPSK 信号将每个数据符号所对应的 PN 码片序列调制到载波信号上。其中,偶数序号的码片调制到同相(I)载波上,奇数序号的码片调制到四相(Q)的载波上。Q- 相位码片相对于 I- 相位码片延迟 1 个码片周期,旨在消除 180° 的相位跳变。T_c 是码片速率的倒数。图 4-5 是(32,4)-DSSS 系统中 O-QPSK 物理层码片偏移过程。

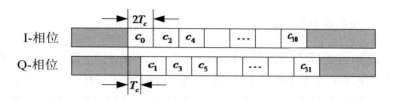

图 4-5　O-QPSK PHY 码片调制过程

表 4-3　（8，4）-DSSS 时符号到码片的映射表

Binary data (b_0, b_1, b_2, b_3)	Data symbol (decimal)	Chip sequence $(c_0, c_1, c_2, ..., c_7)$
0000	0	0000 0001
1000	1	1101 0000
0100	2	0110 1000
1100	3	1011 1001
0010	4	1110 0101
1010	5	0011 0100
0110	6	1000 1100
1110	7	0101 1101
0001	8	1010 0010
1001	9	0111 0011
0101	10	1100 1011
1101	11	0001 1010
0011	12	0100 0110
1011	13	1001 0111
0111	14	0010 1111
1111	15	1111 1110

表 4-4　（16，4）-DSSS 时符号到码片的映射表

Binary data (b_0, b_1, b_2, b_3)	Data symbol (decimal)	Chip sequence $(c_0, c_1, c_2, ..., c_{15})$		
0000	0	0011 1110 0010 0101		
1000	1	0100 1111 1000 1001		

0100	2	0101 0011 1110 0010		
1100	3	1001 0100 1111 1000		
0010	4	0010 0101 0011 1110		
1010	5	1000 1001 0100 1111		
0110	6	1110 0010 0101 0011		
1110	7	1111 1000 1001 0100		
0001		8		0110 1011 0111 0000
1001		9		0001 1010 1101 1100
0101		10		0000 0110 1011 0111
1101		11		1100 0001 1010 1101
0011		12		0111 0000 0110 1011
1011		13		1101 1100 0001 1010
0111		14		1011 0111 0000 0110
1111		15		1010 1101 1100 0001

表 4-5 （32，4）-DSSS 时符号到码片的映射表

Binary data (b_0, b_1, b_2, b_3)	Data symbol (decimal)	Chip sequence ($c_0, c_1, c_2, ..., c_{31}$)
0000	0	1101 1001 1100 0011 0101 0010 0010 1110
1000	1	1110 1101 1001 1100 0011 0101 0010 0010
0100	2	0010 1110 1101 1001 1100 0011 0101 0010
1100	3	0010 0010 1110 1101 1001 1100 0011 0101
0010	4	0101 0010 0010 1110 1101 1001 1100 0011
1010	5	0011 0101 0010 0010 1110 1101 1001 1100
0110	6	1100 0011 0101 0010 0010 1110 1101 1001
1110	7	1001 1100 0011 0101 0010 0010 1110 1101
0001	8	1000 1100 1001 0110 0000 0111 0111 1011
1001	9	1011 1000 1100 1001 0110 0000 0111 0111
0101	10	0111 10111 000 1100 1001 0110 0000 0111
1101	11	0111 0111 1011 1000 1100 1001 0110 0000
0011	12	0000 0111 0111 1011 1000 1100 1001 0110

续表

1011	13	0110 0000 0111 0111 1011 1000 1100 1001
0111	14	1001 0110 0000 0111 0111 1011 1000 1100
1111	15	1100 1001 0110 0000 0111 0111 1011 1000

4.1.5.3 编码方式

信道编码是通信系统中用来克服信道干扰、提高信号传输可靠性的常用方式之一。IEEE 802.15.4g 协议定义适用于 O-QPSK PHY 的信道编码方式为卷积编码。卷积码是一种典型的纠错信道编码,它是由信息序列通过一个状态有限的线性移位寄存器而生成的。

卷积码最早由 Elias 于 1955 年所提出,Viterbi 于 1967 年又提出了卷积码最大似然译码算法,使得卷积码在通信系统中得到更为广泛的应用。基于维特比算法,Larsen 在 1972 年创立了码率为 1/2 的好卷积码,具体参数如表 4-6 所示。

表 4-6　码率为 1/2 的好卷积码

约束长度	生成多项式
2	（3,1）
3	（5,7）
4	（13,17）
5	（27,31）
6	（53,75）
7	（117,155）
8	（247,371）
9	（561,753）
10	（1 131,1 537）

卷积码编码器是一种记忆编码器,它在任意时间内的输出不仅依赖于当前时刻输入,也与一定数量先前时刻的输入有关。图 4-6 是一个卷积编码器的示例图,其生成多项式为 $g_1(x)=1+x^2+x^3$ 和 $g_2(x)=1+x+x^2+x^3$,可简写为（1011,1111）,表示为八进制则为（13,17）。

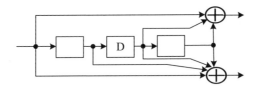

图 4-6 卷积编码器

4.2 可靠逐符号非相干检测

UPIoT 的概念一经提出便引起各界的广泛关注,尤其是其在坚强智能电网的"边缘访问"中的重要作用,更是将电力系统的运用推向了新的高度。与传统的电力系统相比,UPIoT 更加注重节能和成本效益,而通信的可靠性是限制 UPIoT 应用深度和宽度的最重要的因素之一。因此,如何在一跳内可靠、高效地将传感器数据传输到接收端是设计 UPIoT 感知层分布式节点设计的关键。

根据 IEEE 802.15.4g 标准,在 780/868/915/2380/2450 MHz 频段,要求采用 O-QPSK 直接序列扩频方案。O-QPSK 调制方法由于具有高频谱效率和恒包络的特性已经广泛应用于码分多址系统、卫星通信、智能电网等。接收器的检测性能与无线传感器节点的吞吐量和能效密切相关,甚至可影响整个通信系统的传输效率。从接收器检测机制的角度研究 UPIoT 感知层通信可靠性是目前新的研究热点。通常,具有载波同步的相干检测方案在接收机上表现出优异的性能,然而在恶劣环境中难以获取准确的相位信息,使得相干检测并不适用于 UPIoT 中的电池供电型节点。与此同时,不需要载波同步的非相干检测相对于相干检测对于 UPIoT 中低功耗、低成本的分布式节点设计更有吸引力。

针对 UPIoT 中组网较灵活、带宽较小的应用场景,如部署在小区楼道内的采集终端(智能电表)、线式电力资产实物 ID、采集周期较低的用电信息采集终端等,本节提出了一种适用于 UPIoT O-QPSK 接收器的易于实现且高效的逐符号非相干检测方案。与配置高复杂度的检测器和估计器的传统接收器不同,本节将注意力转向改进检测方案和简化估计算法的设计,以实现接收机硬件复杂性和检测可靠性之间的合理平衡。

4.2.1 系统模型

根据 IEEE 802.15.4g UPIoT 的标准,在 2.45 GHz 频段上,O-QPSK PHY 采用 16 进制准正交调制技术,具体数据调制过程如图 2-4 所示。在每个数据符号周期,使用 4 个比特信息来选择要发送的 16 个伪正交 PN 序列中的一个,并采用半正弦脉冲整形的 OQPSK 信号将每个数据符号所对应的 PN 码片序列调制到载波信号上。特别地,在(32,4)-DSSS 系统上,表2-3 给出了(32,4)-DSSS 的映射表。然而,还存在(16,4)-DSSS 和(8,4)-DSSS 的映射方案,很容易推广到应用其他两种映射方案的系统中。

图 4-7 是 O-QPSK PHY 的信号发送和接收过程图。在发送端,来自 PPDU 的二进制数据依次经过比特到符号的映射和符号到码片的映射,然后经过 O-QPSK 调制和脉冲成型后向接收端发送。接收端在收到信号后,按照预定义的检测方案进行信号检测,收到的信号接收值包括已知码片和未知码片,其中已知码片主要是 32 个全零比特的前导符,未知码片主要是 PSDU 对应的码片。

AWGN 信道作为最基本的噪声与干扰模型,常用来描述卫星通信、光纤信道、同轴电缆等恒参信道;而 Rayleigh 信道是一种经典的用于描述平坦衰落信号或独立多径分量接收包络统计时变特性的模型。因此,在系统模型建立中,选取纯 AWGN 信道和归一化 Rayleigh 衰落信道这两种代表性的信道模型作为信号传输的模拟信道。

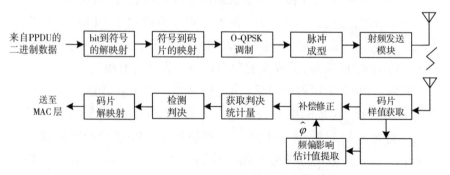

图 4-7 O-QPSK PHY 的信号发送和接收过程

在归一化 Rayleigh 衰落信道下,连续形式的接收信号可表示为

$$r(t) = h(t)s(t)e^{j(2\pi ft+\theta)} + n(t) \qquad (4-2)$$

这里,$s(t)$ 表示发送的基带码片信号,$h(t)$ 是乘性衰落。f 和 θ 分别是 CFO 和 CPO。$n(t)$ 表示具有双边带功率谱密度 $N_0/2$ 的 AWGN。其中的 $s(t)$ 为

$$s(t) = \sum_{k=-\infty}^{\infty} s_k p(t-kT-\tau) \qquad (4-3)$$

$p(t)$ 代表脉冲形状,s_k 为调制符号,τ 是信道延迟,T 是符号周期,采样间隔为 $kT+\tau$。

通过匹配滤波器 $p(t)$ 可以将连续信号 $r(t)$ 转换为离散序列 $r_{m,k}$。特别地,假设完美的载波同步并且没有符号间干扰,与第 m 个符号周期对应的比特数据记为 $E[m]$,其离散复基带等效接收码片序列为:

$$r_{m,k} = h_{m,k}s_{m,k}e^{j(2\pi f_{m,k}kT_c + \theta_{m,k})} + \eta_{m,k}, 1 \leqslant k \leqslant K/2 \qquad (4-4)$$

式中:$h_{m,k}$ 表示归一化复高斯随机变量,代表乘性衰落。$s_{m,k}$ 是第 m 个符号周期的第 k 个双极性 O-QPSK 调制码片,$s_{m,k} \in \{+1,-1\}$。$\omega_{m,k} = 2\pi f_{m,k}$ 是以弧度为单位的载波频率偏移,$f_{m,k}$ 是以 Hz 为单位的 CFO,$\theta_{m,k}$ 是以弧度为单位的载波相位偏移(Carrier Phase Offset,CPO)。T_c 是码片周期,$\eta_{m,k}$ 是一个离散、循环对称、均值为零、方差为 $\sigma_{m,k}^2$ 的复高斯随机变量。$K = 32$ 表示扩频码片的长度。

假设信道增益 $h_{m,k}$,CFO $\omega_{m,k}$,CPO $\theta_{m,k}$,高斯白噪声 $\eta_{m,k}$ 之间相互统计独立,并且在一定符号间隔内是随机的、未知的、恒定的。即 $h_{m,k} = h$,$\omega_{m,k} = \omega$,$\theta_{m,k} = \theta$ 和 $\eta_{m,k} = \eta$。

4.2.2 经典非相干检测方案

根据 IEEE 802.15.4g 标准,在 2.4 GHz 频带中最大载波频率为 2.48 GHz,并且所发送的 CFO 应高达 ±40 ppm("ppm"是指百万分之几,即 ±99.2 kHz)。其次,最坏情况下的 CFO 为 ±80 ppm(即 ±198.4 kHz),相当于发射机中的 +40 ppm CFO 和接收机中的 -40 ppm CFO。

为了在高频变化环境中实现所需的可靠性,学者们已经提出了各种检测方案,比较有代表性的是传统的非相干检测方案及其改进的策略——基于相干检测的方案。前者主要使用码片级差分滤波器,而后者则借助频率偏移估计器。

4.2.2.1 传统非相干检测方案

在传统的基于检测的方案中,可通过平方运算消除了载波频率偏移效应(Carrier Frequency Offset Effect, CFOE)。具体的实施过程如下。

首先,接收到的码片样本序列经过匹配滤波器后,再分别进行 $1T_c$、$2T_c$、T_c 码片延时差分滤波器。差分滤波器输出为:

$$A_{m,k} = r_{m,k}r_{m,k-N}^* = |h|^2 s_{m,k}s_{m,k-N}^* e^{j\omega NT_c} + \eta(0), N+1 \leq k \leq L_1 \quad (4\text{-}5)$$

式中: N 是延迟的码片样本数, $N \in \{1,2,3\}$。L_1 为每个符号的样本号,$N+1 \leq L_1 \leq K/2$。$\eta(0)$ 是综合噪声项。我们可以看到,在 $A_{m,k-N}$ 中,嵌入在码片样本 $r_{m,k}$ 中的随时间变化的 CFOE 分量 ωkT_c 现在可被转换为常数值 ωNT_c。特别地,16 个差分 PN 序列可表示为:

$$B_{n,k-N} = s_{n,k}s_{n,k-N}^*, \, 0 \leq n \leq 15, N+1 \leq k \leq L_1 \quad (4\text{-}6)$$

这里的上标 * 表示复共轭运算。

然后,对多延迟差分滤波器输出 $A_{m,k-N}$ 与差分 PN 序列 $B_{N,k-N}$ 进行互相关运算。经过包络检测和累加求和操作,我们可得到决策度量:

$$V_{m,n} = \left| \sum_{N=1}^{3} \sum_{k=N+1}^{L_1} A_{m,k-N} B_{n,k-N}^* \right|^2 \quad (4\text{-}7)$$

最后,通过对 V_m 的解映射得到输出比特信息 $E[m]$。最终的决策度量 V_m 可由下式给出:

$$V_m = \arg\max_{0 \leq n \leq 15} \{V_{m,n}\} \quad (4\text{-}8)$$

4.2.2.2 基于相干检测方案

为了降低性能损耗,J. H. Do 等人提出了一种基于相干检测的方案,然而该方案只考虑了 CFO。基于 J. H. Do 等人先前的研究工作,我们考虑了 CFO、CPO 以及衰落均存在时的基于相干检测方案。具体实现步骤如下。

首先,与传统非相干检测方案类似,得到如式(4-4)和式(4-5)所示的差分信号 $A_{m,k-N}$ 和差分 PN 序列 $B_{n,k-N}$。

然后,对前导符的接收码片序列和双极性 PN 序列进行延时差分运算,可以得到复数形式的 $A_{m,k-N}$ 和 $B_{0,k-N}$:

$$A_{m,k-N} = r_{m,k}r_{m,k-N}^* = |h|^2 s_{m,k}s_{m,k-N}^* \mathrm{e}^{\mathrm{j}\omega NT_c} + \eta(1), \quad 1 \leqslant m \leqslant J_1, N+1 \leqslant k \leqslant L_2$$
$$B_{0,k-N} = s_{0,k}s_{0,k-N}^*, \quad N+1 \leqslant k \leqslant L_2$$

$$(4-9)$$

式中:J_1 是前导符的观测长度,$1 \leqslant J_1 \leqslant J$,$J=8$ 是最大前导符长度。L_2 是前导符中第 m 个符号的样本号,$N+1 \leqslant L_2 \leqslant K/2$。$\{s_{0,k}\}$ 是第一个双极扩频序列。$\eta(1)$ 代表综合噪声。注:除非另有说明,否则这里将考虑最大前导符长度,即 $J=8$。

再者,利用前导符与 PN 序列之间的相关性,得到频率偏移估计器。

$$f_{est} = \frac{1}{J_1(L_2 - N)}\sum_{m=1}^{J_1}\sum_{k=N+1}^{L_2} A_{m,k-N}B_{0,k-N}^* = |h|^2 \mathrm{e}^{\mathrm{j}\omega NT_c} + v$$
$$= |f_{est}|\left[\cos\left(\widehat{\omega NT_c}\right) + \mathrm{j}sin\left(\widehat{\omega NT_c}\right)\right] \tag{4-10}$$

式中:v 为综合噪声项。

接下来进行后补偿操作,可以得到如下度量值。

$$Z_{m,n} = \mathrm{Re}\left(\sum_{N=1}^{3}\sum_{k=N+1}^{L_1} A_{m,k-N}B_{m,k-N}^* f_{est}^*\right) \tag{4-11}$$

式中:$\mathrm{Re}\{x\}$ 代表 x 的实部,L_1 是每个符号的样本号,且 $N+1 \leqslant L_1 \leqslant K/2$。

最后,根据 16 个 PN 序列可得到 16 个不同的度量值,最大值选择器判决出其中的最大度量值并输出。

$$Z_m = \arg\max_{0 \leqslant n \leqslant 15}\{Z_{m,n}\} \tag{4-12}$$

解映射后,可以获得最终输出比特数据 $E[m]$。然而,由于估计器 f_{est} 的延迟差分运算和相关运算,本方案的检测器仍然具有较高的复杂性。

4.2.3 增强型非相干检测方案

考虑到这些现有检测方案的高实现复杂性和后补偿的弊端,基于启发式思想,针对 IEEE 802.15.4g O-QPSK 接收器,本节提出了一种节能高效的逐符号检测方案的。特别地,本节所提方案无需获取初始相位和CFO 等信道状态信息。具体实施过程如下。

4.2.3.1 CFO 度量值构造

首先,如图 4-8 所示,执行前导符的复基带接收信号与 PN 序列之间的相关和累加运算,并可以通过下式获取度量值 Y:

$$Y = \frac{1}{J_1(L_2-1)} \sum_{m=1}^{J_1} \sum_{k=2}^{L_2} Dr_{m,k-1} Ds_{0,k-1}^* = |h|^2 \, \mathrm{e}^{\mathrm{j}\omega T_c} + \lambda \qquad (4\text{-}13)$$

这里,J_1 表示前导符长度,且 $1 \leq J_1 \leq J$,其中 $J=8$ 是前导符的最大长度。L_2 是前导符中的第 m 个符号的样本号,且 $2 \leq L_2 \leq K/2$。λ 是一个综合噪声项。注意,为了简化检测过程,这里仅考虑 $1T_c$ 码片延迟差分,即取 $N=1$。前导符的复基带接收信号 $Dr_{m,k-1}$ 和对应于 PN 序列的 $Ds_{0,k-1}$ 可分别表示为

$$Dr_{m,k-1} = r_{m,k} r_{m,k-1}^* = |h|^2 \, s_{m,k} s_{m,k-1}^* \mathrm{e}^{\mathrm{j}\omega T_c} + N_{m,k}, \quad 1 \leq m \leq J_1, 2 \leq k \leq L_2$$
$$(4\text{-}14)$$

$$Ds_{0,k-1} = s_{0,k} s_{0,k-1}^*, 1 \leq K \leq L_2 \qquad (4\text{-}15)$$

式中:$N_{m,k}$ 代表集成噪声分量。在 IEEE 802.15.4g O-QPSK 接收机的 2.4 GHz PHY 中,前导符 "0000" 被映射到 16 个 PN 序列中的第一个。图 4-9 是频偏度量值 Y 在衰落信道下的几何表示形式。

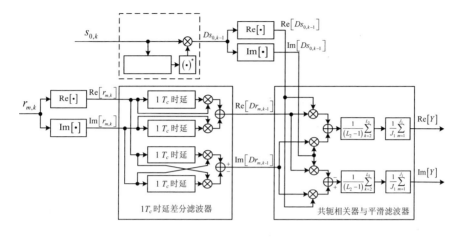

图 4-8 频偏度量值 Y 的结构

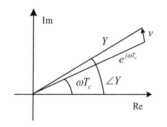

图 4-9 Y 在慢衰落信道上的几何意义

接下来,利用式(4-13)中所示的度量值 Y,我们可以获得函数 g(Y):

$$\hat{\varphi} \triangleq \omega T_c = g(Y) \qquad (4\text{-}16)$$

4.2.3.2 CFO 简化估计器构造

由于估计算法的不同,估计器 $\hat{\varphi}$ 具有以下三种不同的表示形式。

（1）全估计器

$$\hat{\varphi} = \angle Y = \begin{cases} \tan^{-1}\left(\dfrac{\mathrm{Im}(Y)}{\mathrm{Re}(Y)}\right), & \text{if } \mathrm{Re}(Y) > 0 \\[3mm] \dfrac{\pi}{2}, & \text{if } \mathrm{Re}(Y) = 0 \text{ and } \mathrm{Im}(Y) \geq 0 \\[3mm] -\pi - \tan^{-1}\left(\dfrac{\mathrm{Im}(Y)}{\mathrm{Re}(Y)}\right), & \text{if } \mathrm{Re}(Y) < 0 \\[3mm] -\dfrac{\pi}{2}, & \text{if } \mathrm{Re}(Y) = 0 \text{ and } \mathrm{Im}(Y) < 0 \end{cases} \quad (4\text{-}17)$$

这里的常数项 0，$\pi/2$，$-\pi$ 和 $-\pi/2$ 称为粗略估计，$\mathrm{Re}(Y)$ 和 $\mathrm{Im}(Y)$ 代表 Y 的实部和虚部。

（2）第一类简化估计器

采用如式（4-18）所示的空间细分法则，可以仅通过比较度量值 Y 的实部和虚部值得到 CFO 的粗略估计值 $\hat{\varphi}$。

$$\hat{\varphi} = \begin{cases} \tan^{-1}\left(\dfrac{\mathrm{Im}(Y)}{\mathrm{Re}(Y)}\right), & \text{if } \mathrm{Re}(Y) > 0 \text{ and } |\mathrm{Re}(Y)| \geq |\mathrm{Im}(Y)| \\[3mm] \dfrac{\pi}{2} - \tan^{-1}\left(\dfrac{\mathrm{Re}(Y)}{\mathrm{Im}(Y)}\right), & \text{if } \mathrm{Im}(Y) > 0 \text{ and } |\mathrm{Re}(Y)| < |\mathrm{Im}(Y)| \\[3mm] -\pi + \tan^{-1}\left(\dfrac{\mathrm{Im}(Y)}{\mathrm{Re}(Y)}\right), & \text{if } \mathrm{Re}(Y) < 0 \text{ and } |\mathrm{Re}(Y)| \geq |\mathrm{Im}(Y)| \\[3mm] -\dfrac{\pi}{2} - \tan^{-1}\left(\dfrac{\mathrm{Re}(Y)}{\mathrm{Im}(Y)}\right), & \text{if } \mathrm{Im}(Y) < 0 \text{ and } |\mathrm{Re}(Y)| < |\mathrm{Im}(Y)| \end{cases} \quad (4\text{-}18)$$

显然地，由式（4-17）和式（4-18）中具有复杂的反正切运算。考虑到 $|\mathrm{Re}(Y)/\mathrm{Im}(Y)|$ 和 $|\mathrm{Im}(Y)/\mathrm{Re}(Y)|$ 均不大于 1，且在 CFO 估计和信噪比条件中都是独立的，可对式（4-16）采用的数学近似 $\tan^{-1} x \approx x$，则式（4-18）可以简化为：

$$\hat{\varphi} \approx \begin{cases} \dfrac{\text{Im}(Y)}{\text{Re}(Y)}, & \text{if } \text{Re}(Y) > 0 \text{ and } |\text{Re}(Y)| \geqslant |\text{Im}(Y)| \\[3mm] \dfrac{\pi}{2} - \dfrac{\text{Re}(Y)}{\text{Im}(Y)}, & \text{if } \text{Im}(Y) > 0 \text{ and } |\text{Re}(Y)| < |\text{Im}(Y)| \\[3mm] -\pi + \dfrac{\text{Im}(Y)}{\text{Re}(Y)}, & \text{if } \text{Re}(Y) < 0 \text{ and } |\text{Re}(Y)| \geqslant |\text{Im}(Y)| \\[3mm] -\dfrac{\pi}{2} - \dfrac{\text{Re}(Y)}{\text{Im}(Y)}, & \text{if } \text{Im}(Y) < 0 \text{ and } |\text{Re}(Y)| < |\text{Im}(Y)| \end{cases} \quad (4\text{-}19)$$

与式（4-17）中的 CFO 估计方案和式（4-16）的空间细分法相比，式（4-19）的自适应 CFO 估计方法不仅具有简单的空间划分规则，且由于采用三角近似 $\tan^{-1} x \approx x$，不会产生多余的估计误差。

（3）第二类简化估计器

类似地，使用三角近似 $\sin^{-1} x \approx x$，CFO 估计值 $\hat{\varphi}$ 也可以简化为

$$\hat{\varphi} = \begin{cases} \sin^{-1}\left(\dfrac{\text{Im}(Y)}{\sqrt{\text{Re}^2(Y) + \text{Im}^2(Y)}}\right), & \text{if } \text{Re}(Y) > 0 \text{ and } |\text{Re}(Y)| \geqslant |\text{Im}(Y)| \\[4mm] \dfrac{\pi}{2} - \sin^{-1}\left(\dfrac{\text{Re}(Y)}{\sqrt{\text{Re}^2(Y) + \text{Im}^2(Y)}}\right), & \text{if } \text{Im}(Y) > 0 \text{ and } |\text{Re}(Y)| < |\text{Im}(Y)| \\[4mm] -\pi - \sin^{-1}\left(\dfrac{\text{Im}(Y)}{\sqrt{\text{Re}^2(Y) + \text{Im}^2(Y)}}\right), & \text{if } \text{Re}(Y) < 0 \text{ and } |\text{Re}(Y)| \geqslant |\text{Im}(Y)| \\[4mm] -\dfrac{\pi}{2} + \sin^{-1}\left(\dfrac{\text{Re}(Y)}{\sqrt{\text{Re}^2(Y) + \text{Im}^2(Y)}}\right), & \text{if } \text{Im}(Y) < 0 \text{ and } |\text{Re}(Y)| < |\text{Im}(Y)| \end{cases}$$

$$(4\text{-}20)$$

假设在具有完美 CSI 的 AWGN 上具有较高的信噪比，且式（4-13）中的非高斯噪声项足够小，可得

$$\sqrt{\text{Re}^2(Y) + \text{Im}^2(Y)} = |Y| = \left\| h \right|^2 e^{j\omega T_c} + \lambda \right| \approx |h|^2 = 1 \qquad (4\text{-}21)$$

然后，利用三角近似 $\sin^{-1} x \approx x$，并将式（4-21）代入式（4-20）中，可以得到 $\hat{\varphi}$ 的第二种简化估计量。

$$\hat{\varphi} \approx \begin{cases} \mathrm{Im}(Y), & \text{if } \mathrm{Re}(Y) > 0 \text{ and } |\mathrm{Re}(Y)| \geqslant |\mathrm{Im}(Y)| \\ \dfrac{\pi}{2} - \mathrm{Re}(Y), & \text{if } \mathrm{Im}(Y) > 0 \text{ and } |\mathrm{Re}(Y)| < |\mathrm{Im}(Y)| \\ -\pi - \mathrm{Im}(Y), & \text{if } \mathrm{Re}(Y) < 0 \text{ and } |\mathrm{Re}(Y)| \geqslant |\mathrm{Im}(Y)| \\ -\dfrac{\pi}{2} + \mathrm{Re}(Y), & \text{if } \mathrm{Im}(Y) < 0 \text{ and } |\mathrm{Re}(Y)| < |\mathrm{Im}(Y)| \end{cases} \qquad (4\text{-}22)$$

此外,对于归一化的慢瑞利衰落信道:

$$\sqrt{\mathrm{Re}^2(Y) + \mathrm{Im}^2(Y)} = |Y| = \left\| h \right|^2 \mathrm{e}^{\mathrm{j}\omega T_c} + \lambda \Big| \approx |h|^2 \qquad (4\text{-}23)$$

进一步地,式(4-18)可简化为

$$\hat{\varphi} \approx \begin{cases} \dfrac{\mathrm{Im}(Y)}{|h|^2}, & \text{if } \mathrm{Re}(Y) > 0 \text{ and } |\mathrm{Re}(Y)| \geqslant |\mathrm{Im}(Y)| \\ \dfrac{\pi}{2} - \dfrac{\mathrm{Re}(Y)}{|h|^2}, & \text{if } \mathrm{Im}(Y) > 0 \text{ and } |\mathrm{Re}(Y)| < |\mathrm{Im}(Y)| \\ -\pi - \dfrac{\mathrm{Im}(Y)}{|h|^2}, & \text{if } \mathrm{Re}(Y) < 0 \text{ and } |\mathrm{Re}(Y)| \geqslant |\mathrm{Im}(Y)| \\ -\dfrac{\pi}{2} + \dfrac{\mathrm{Re}(Y)}{|h|^2}, & \text{if } \mathrm{Im}(Y) < 0 \text{ and } |\mathrm{Re}(Y)| < |\mathrm{Im}(Y)| \end{cases} \qquad (4\text{-}24)$$

4.2.3.3 CFO 补偿

采用如式(4-19)、式(4-22)和式(4-24)中所示的简化估计量,式(4-4)中码片采样值 $r_{m,k}$ 的 CFO 可通过下式得到补偿。

$$r'_{m,k} = r_{m,k} \mathrm{e}^{-\mathrm{j}k\hat{\varphi}} \qquad (4\text{-}25)$$

4.2.3.4 检测

执行检测操作

$$\hat{A}[m] = \arg\max_{0 \leqslant n \leqslant 15} \{A_{m,n}\} \qquad (4\text{-}26)$$

其中,度量标准 $A_{m,n}$ 为

$$A'_{m,n} = \left| \sum_{k=1}^{L_1} r'_{m,k} s^*_{n,k} \right|^2, \ 0 \leqslant n \leqslant 15 \qquad (4\text{-}27)$$

其中，L_1 是实际数据中每个符号的样本数，$2 \leqslant L_1 \leqslant K/2$。比特输出数据 $E[m]$ 可通过符号解映射器获得。图 4-10 是采用本节所提的改进检测方案的接收机结构。

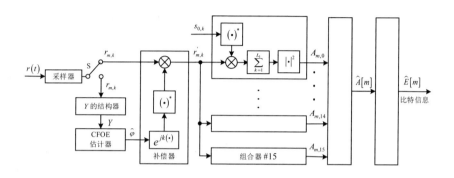

图 4-10 所提的改进接收机结构

所提方案具有简单可靠的估计器，并省略了码片级延迟差分操作，因而其复杂度和 PER 均得到大幅度降低。

4.2.4 性能仿真与结果分析

在本节中，我们评估了纯 AWGN 信道和归一化慢瑞利衰落信道上各种检测方案的误包率（Packet Error Rate，PER）性能。对于仿真中的检测器，发送器将重复向检测器发送随机数据包用以检测，直到收集到足够数量的错误数据包为止。注意，PER 是衡量 PHY 数据通信质量的通用性能指标。

4.2.4.1 仿真参数

在本章节的仿真中，PPDU 均被设置为 22 个字节，选取 2.45 GHz 频段中最大的频率 2.48 GHz 作为载波频率。表 4-7 显示了本章仿真工作中的详细参数。

表 4-7 仿真参数

参数	类型
检测方案	码片级非相干
信道条件	纯高斯白噪声和慢瑞利衰落
数据调制	偏移 QPSK
补偿方案	预补偿
时间同步	完美
复噪声能量	1/SNR
符号	16 进制准正交
PSDU 的有效载荷长度（bits）	176
扩频因子	32 或 16
码片速率（Mchip/s）	2
符号速率（ks/s）	62.5
二进制数据速率（kb/s）	250
载波频率（MHz）	2 480
CPOθ（rads）	在 $(-\pi,\pi)$ 区间内均匀分布
CFOf（ppm）	在 $(-80,80)$ 区间内三角对称分布
PN 长度 K	32 或 16
前导符长度 L	8
计算机版本	Win10_64 bit
计算机中央处理器（CPU）	Intel Core i5-4210U 2.40GHz

4.2.4.2 前导符号长度对性能的影响

增加前导符的数量可以有效地提高 O-QPSK 接收器的性能。如图 4-11（a）~（c）所示，在不同数量的前导符下，我们在（32，4）-DSSS 系统中比较了所提的完全形式估计器和两种简化估计器的 PER 性能。在仿真中，令 CFO f 在 -80 ppm 到 +80 ppm 之间服从对称的三角形分布，而 CPO θ 在 $(-\pi,\pi)$ 中遵循均匀分布，J_1 代表前导符数量。从图 4-11 中可观察到，随着 J_1 从 1 增加到 8，PER 性能随之提高，但是这种性能提升幅度却逐渐降低。如图 4-11（a）所示，当 PER 取值为 1×10^{-3} 时，当前导符 J_1 的数量从 1 增至 2，SNR 的增益约为 1.5 dB；当 J_1 从 2 增至 4 时，SNR 增益为 1.2 dB；当 J_1 从 4 增至 5 时，SNR 增益仅为 0.2 dB，即四个前导符足以满足 IEEE 802.15.4g O-QPSK 接收机性能要求。

为了更加清楚地观察 J_1 不同取值时和配置不同估计器时对检测方案的性能影响，特别对比了如图 4-12 所示的 J_1=1，4，8 时且配置不同估计器时的所提检测方案的 PER 性能。从图 4-12 可以看出，当 J_1 相同时，与全估计器式（4-17）相比，简化估计器式（4-19）和式（4-22）均呈现可以接受的性能损耗。实际上，根据不同应用中的性能要求，我们可以设置适当数量的前导符，从而为接收机的设计提供了更高的选择性和自由度。为了获得最佳接收机性能，在本章的其余仿真过程中，我们均考虑最大截断因子，即 J_1=8。

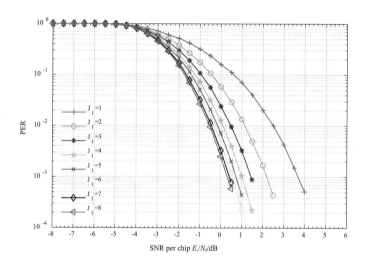

（a）配置全估计器式（4-17）时的 PER 性能

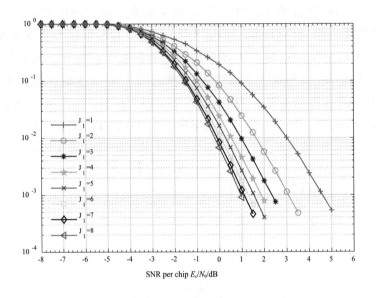

（b）配置简化估计器式（4-19）时的 PER 性能

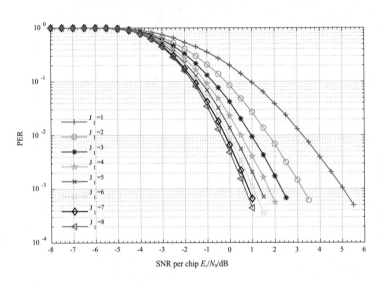

（c）配置简化估计器式（4-22）时的 PER 性能

图 4-11　在纯 AWGN 信道（32，4）-DSSS 系统中，配置不同估计器时参数 J_1 对
检测性能的影响

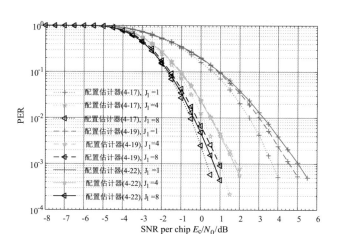

图 4-12 在纯 AWGN 信道（32，4）-DSSS 系统中，配置不同估计器时参数 J_1 对
性能影响的对比

4.2.4.3 检测性能分析

本小节对比分析了在纯 AWGN 信道和归一化慢瑞利衰落信道下不同检测方案的 PER 性能。图 4-13 是在纯 AWGN 信道下我们所提方案与传统非相干方案和基于 3 码片延迟的相干方案的 PER 性能比较。从图 4-13（a）和（b）可以看出，与传统的非相干方案相比，所提方案的 PER 性能得到了显着改善。如图 3-7（a）所示，在 PER 为 1×10^{-3} 时，配置全估计器的增强型检测器相对于传统的非相干检测方案获得了近 2.3 dB 的增益。而且，相对于全估计器，我们所设计的两种简化估计器均呈现可接受性能损失，同时还具有较低的复杂度。此外，还可以从图 4-13（a）中观察到，在（32，4）-DSSS 系统中，提出的简化检测器的 PER 性能接近于基于 3 码片延迟的检测器，但是所提检测器的复杂度较低。

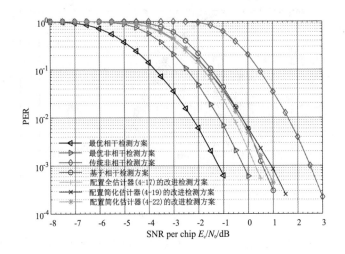

(a)（32，4）-DSSS 系统

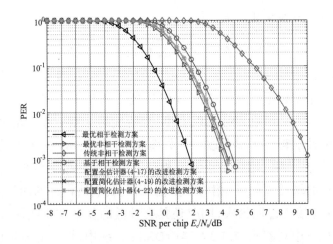

(b)（16，4）-DSSS 系统

图 4-13 纯 AWGN 信道上不同检测方案的性能比较

本节还验证了（16，4)-DSSS 系统的 PER 性能,如图 4-13(b)所示,所提方案在（16，4)-DSSS 系统中显示出良好的性能。特别的,在 PER 取 1×10^{-3} 时,与传统的非相干检测方案相比,所提出的简化估计方案实现了 5.6 dB 的增益,这比（32,4)-DSSS 系统中的增益更高。此外,在（16,4)-DSSS 系统中,两种简化估计器和完全估计器的性能所呈现的性能差异与（32,4）-DSSS 系统中的类似。因此,所提检测方案同样适用于（16,4）-DSSS 系统,并且具有比（32,4）-DSSS 系统更好的性能。而且,本章中所提的检测方案也适用于（8,4）-DSSS 系统,但是这里不再进行详细的验证。

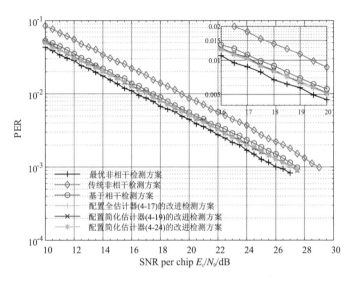

（a）（32,4）-DSSS 系统

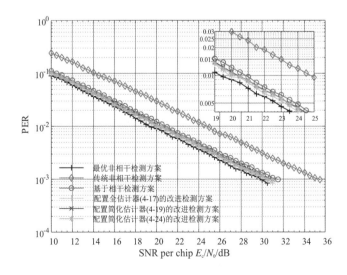

（b）（16,4）-DSSS 系统

图 4-14　慢瑞利衰落信道上不同检测方案的性能比较

图 4-14 是在具有归一化平均功率的慢瑞利衰落信道下不同检测方案的 PER 性能比较,其中图 4-14(a)和(b)分别为在(32,4)-DSSS和(16,4)-DSSS 系统中仿真结果。从图 4-14(a)和(b)中可以观察到,完全估计器和两种简化估计器之间仅存在很小的性能差异,即在归一化的慢衰落信道中,所提检测器的复杂度降低了,但是没有观察到明显的性能下降。如图 4-14(a)所示,当 PER=1×10^{-2} 时,相比于传统基于 3 码片延迟的非相干方案,所提的简化方案在(32,4)-DSSS 系统和(16,4)-DSSS 系统中分别获得 2.5 dB 和 4.5 dB 的性能增益。此外,检测器的性能接近于基于 3 码片延迟的检测方案,这与图 4-13 所示的在 AWGN 信道下所呈现的结果相同。

4.2.4.4 可靠性分析

本小节从频偏鲁棒性和相偏鲁棒性两个方面研究了所提出的增强型非相干检测方案的可靠性。

为了研究所提检测方案的频偏鲁棒性,在纯 AWGN 信道的(32,4)-DSSS 系统中,我们仿真了所提方案在不同 CFO 条件下的 PER 性能。如图 4-15 所示,CPO θ 遵循从 $-\pi$ 到 π 的均匀分布,水平的黑色虚线代表配置式(4-15)中全估计器的检测性能,它提供了对比的基准。此外,蓝色实线代表配置简化估计器式(4-19)的性能,该估计器采用了三角近似 $\tan^{-1}\approx x$;绿色实线代表配置简化估计器式(4-23)的性能,该估计器同时采用了 $\tan^{-1}\approx x$ 和 $|Y|\approx 1$。

从图 4-15 可以看出,当 CFOE 在 +20 ppm 和 −20 ppm 之间时,无论配置哪种估计器,接收机均表现出良好的 PER 性能;当 CFOE 处于大于 +20 ppm 或小于 −20 ppm 的范围时,其 PER 性能会受到严重受损。而且,从图 4-15(a)中可以观察到,当 SNR 取 −6 dB 和 −4 dB 时,配置三种估计器的接收机性能相近。如图 4-15(b)所示,接收机的 PER 性能损耗随着 SNR 的增加逐渐严重,这主要是由于绝对估计误差逐渐接近其最大值所造成的。当所提的检测方案仅考虑 CPO,即不考虑 CFO 的影响时,对于所有 CFO 而言,它提供的增益要比增强检测器少得多。因此,我们所提的增强检测器对频率偏移是不敏感的。

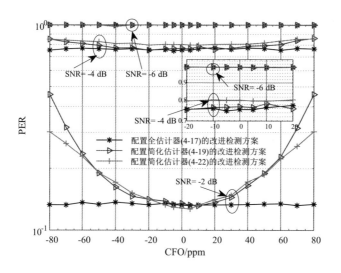

SNR=−6, −4, −2

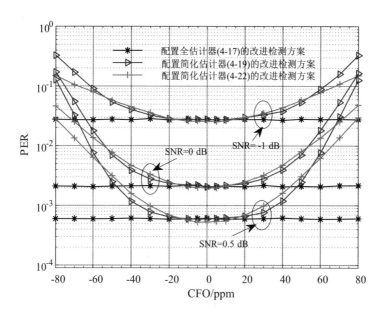

SNR=−1, 0, 0.5

图 4-15　在纯 AWGN 信道的(32 , 4)-DSSS 系统中配置不同估计器时,不同
CFO 下所提方案的检测性能

为了分析所提检测方案的相偏鲁棒性,我们研究了所提方案在动态

相位信道条件下性能。图 4-16 是在动态 CPO 条件下,所提检测方案配置不同估计器时的 PER 性能。其中,相位 θ 服从维纳过程 $\theta_{m+1} = \theta_m + \Delta_m$,且 Δ_m 是均值为零方差为 σ_m^2 的高斯随机变量,初始相位 θ_i 遵循 $(-\pi, \pi)$ 上的均匀分布。图 4-16(a)~(c)均表明所提的改进非相干检测方案对相位抖动具有鲁棒性,并且将抖动的标准偏差增加到 5° 不会显着降低接收器的检测性能。此外,由图 4-16(a)~(c)中的性能曲线对比可知,随着 SNR 的增大,三种估计器均具有不可降低的误差。

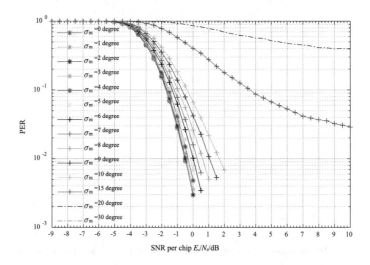

配置全估计器式(4-17)时的 PER 性能

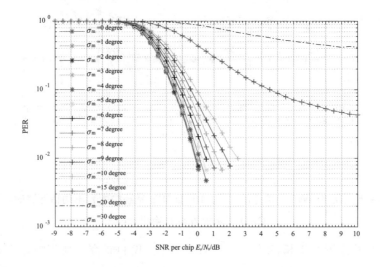

配置简化估计器式(4-19)时的 PER 性能

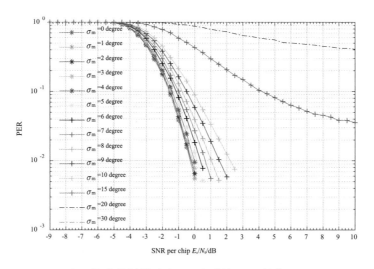

配置简化估计器式（4-22）时的 PER 性能

图 4-16　纯 AWGN 信道下（32，4）-DSSS 系统中动态 CPO 时的检测性能

图 4-17 进一步比较了所提方案配置不同估计器时在动态相位信道下的检测性能。如图 4-17 所示，配置全估计器的检测方案可以为 CPO 提供更强的鲁棒性，而简化的估计器式（4-19）和式（4-22）在牺牲较小的性能损耗前提下大大降低了实现复杂性。而且，随着标准偏差的减小，相量 $e^{j\Delta_m}$ 对相关器输出 $A[m]$ 的影响将越来越小，这主要是由于在相关器输出 $A[m]$ 时产生了随机相位增量 $e^{j\Delta_m}$。

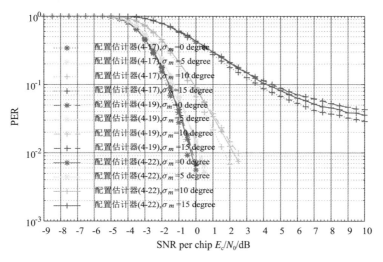

图 4-17　在纯 AWGN 信道下（32，4）-DSSS 系统中，配置不同估计器时的动态
CPO 性能比较

4.2.4.5 复杂度分析

表 4-8 从加法器和乘法器数量的角度比较了不同检测方案的硬件复杂度。特别地,正如图 4-8 估计器的结构所示,两个复数的共轭运算可被视为两个加法器和四个乘法器相乘的过程。采用所提检测方案的接收器仅使用了 40 个加法器和 80 个乘法器。采用基于 3 码片延迟的检测方案的接收机包含 60 个加法器和 120 个乘法器,这是所提方案的 1.5 倍;采用传统非相干检测方案的接收机含有 144 个加法器和 288 个乘法器,这是所提方案的 3.6 倍。显而易见,相对于其他两种方案,我们所提方案的硬件复杂度得到了大幅度的降低。

图 4-18 从数据包平均运行时间的角度分析了不同检测方案的计算复杂度。具体而言,对于不同的检测方案,均仿真了运行 10^5 个相同数据包所需时间,并计算出如图 4-18 所示的包平均运行时间。由图 4-18 可知,我们所提检测方案的包运行时间明显低于其他方案;而且随着 SNR 的增加,各种检测方案的包平均运行时间均有所减少,这主要是由于以牺牲误包率为代价提升了检测性能。如图 4-18 所示,当 SNR 为 0.5 dB 时,配置全估计器的所提方案的包平均运行时间为 0.59×10^{-2} s,传统非相干方案为 0.28×10^{-2} s,这是所提方案的 4.7 倍;基于 3 码片延迟的检测方案为 0.34×10^{-2} s,这是所提方案的 5.8 倍。显然地,所提检测方案的包平均运行时间得到大大降低,这正是设计低功耗、低成本 UPIoT 节点所期望的。

表 4-8　硬件复杂度比较

	所提方案			基于相干检测方案	传统的非相干方案
	频偏估计器	频偏补偿器	相关器		
加法器数量	6	2	32	60	144
乘法器数量	12	4	64	120	288

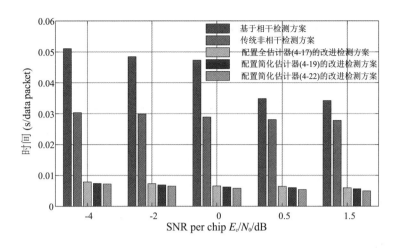

图 4-18 纯 AWGN 信道下(32,4)-DSSS 系统中不同检测方案下数据包平均
运行时间比较

4.3 低复杂度多符号非相干检测

随着 5G、物联网、无线通信等技术的飞速发展和用户端数据业务量的与日俱增,UPIoT 感知层中高效可靠的数据传输更是变得尤为重要。对于 UPIoT 中电力应急通信、输配变机器巡检、仓储管理、输变电状态监测等更为准确、精细的电力业务应用场景,需要研究更复杂的检测技术才能更为全面地获知电力设备和系统的运行状态。改进接收机检测方案可以有效地提升 UPIoT 通信的可靠性,然而,由于 SBSD 方案对于部分响应长度具有较强的依赖性,其检测性能随着部分响应长度的增加呈现出难以恢复的衰减趋势。MSD 方案是利用前后码元的相关性来进行检测的,这有效地解决了 SBSD 方案对部分响应长度的依赖性,并可进一步地提高有记忆调制系统的检测性能。本节将从多符号非相干检测方案的角度来进一步分析如何提高 IEEE 802.15g O-QPSK 接收机的可靠性。

基于最大似然的 MSD 方案可以获得最佳的检测性能,但是随着观察窗口长度的增加,其复杂度将呈指数倍的增加。为了降低完全形式 MSD 方案的高复杂度,本章提出了一种适用于 IEEE 802.15.4g O-QPSK 接收器的低复杂度 MSD 方案,并构造了与之匹配的 CFO 估计器。首先,使用标准 SBSD 步骤寻求每个符号的最优和次优决策位置;然后,使用标准 MSD 步骤联合搜索上述最佳决策和次佳决策;最后,选择出每个符号位置中最可靠和次可靠候选决策来参与最终检测判决。所提简化 MSD 方案不仅大幅度地降低了完全形式 MSD 方案的复杂度,还在可接受性能损耗范围内降低发射机能量,提升接收机鲁棒性。特别地,本节中的多符号检测采用与第 4.2 节相同的系统模型,这里不再赘述。

4.3.1 完全形式多符号检测

基于 ML 准则可以得到最佳的 MSD 方案,但其高复杂度并不利于低功耗、低成本的 UPIoT 感知层 WSNs 节点的设计。在本节中,我们考虑一个启发式的思路。首先根据前导符估计和补偿 CFOE,然后配置仅未知 CPO 时的完全形式 MSD 方案。具体步骤如下。

首先,根据下式对 $r_{m,k}$ 进行补偿:

$$r'_{m,k} = r_{m,k}\mathrm{e}^{-jk\hat{\varphi}} \tag{4-28}$$

其中, $\hat{\varphi}=\omega T_c = 2\pi \hat{f}T_c$, $\hat{f}$ 是 f 的估计值。特别地,本节假设 CFO 可完美估计的,即补偿后完全消除了冗余参数 f 对 $r_{m,k}$ 的影响。

然后,将数据包中所有的符号序列分为多个块,令每个块中包含 j 个符号。第 i 个观察窗口的决策统计量可表示为

$$Y_{i_x} = \left| \sum_{m=j(i-1)+1}^{ij} \sum_{k=1}^{M} r'_{m,k}s^*_{p,k} \right|^2, 1 \leqslant i_x \leqslant 16^j \tag{4-29}$$

其中, $s_{p,k}$ 是第 p 个 PN 序列 s_p 中的第 k 个码片,且 $1 \leqslant p \leqslant 16$ 。 M 为截短码片数,且 $1 \leqslant M \leqslant K/2$ 。当 j 取 1 时,便为 SBSD 方案。

进一步地,第 i 个观察窗口的判决结果为

$$\hat{Y}[i] = \arg\max_{1 \leqslant i_x \leqslant 16^j} \left\{ Y_{i_x} \right\} \tag{4-30}$$

最终,根据最优决策 $\hat{Y}[i]$ 判决输出第 i 个观察窗口的比特检测序列

$\left\{\hat{E}[m], j(i-1)+1 \leqslant m \leqslant ij\right\}$。

4.3.2 低复杂度多符号检测

对于完全形式的 MSD 方案,即使将观察窗口长度 j 设置为 2,决策统计量 Y_{i_x} 仍然不可避免地需要计算 256 次。这种高复杂度是实际检测过程中所不期望的。为了有效降低实现复杂度,本节提出了一种简化的 MSD 方案。

4.3.2.1 算法原理

在简化 MSD 方案中,首先在每个观察窗口中搜索局部决策指标 Y_{i_x} 的最优和次优决策,然后确定每个观察窗口中 2^j 个局部决策指标中的最大值。特别地,本节以 3 个观察窗口为例来传输所提方案的算法原理,当选取其他观察窗长度时与此类似。以下是详细的检测步骤。

首先,对于第 i 个观察窗口,每个符号的决策度量可以表示为,

$$Z_{3(i-1)+l,p} = \left|\sum_{k=1}^{M} r'_{3(i-1)+l,k} s^*_{p,k}\right|^2, \quad i \geqslant 1, 1 \leqslant l \leqslant 3, 1 \leqslant p \leqslant 16 \quad （4-31）$$

其中,M 取最大值 16。r' 为已补偿的复基带样本。$s_{p,k}$ 是 PN 序列。

接下来,搜索决策度量 $Z_{3(i-1)+l,p}$ 的最大和次最大值,可以获得第 i 个观察窗口中第 j 个符号的局部最大和次最大统计度量值:

$$Z_{3(i-1)+l,a_{3(i-1)+l}} = \arg\max_{1 \leq p \leq 16}\left\{Z_{3(i-1)+l,p}\right\}, \quad 1 \leqslant l \leqslant 3, a_{3(i-1)+l} \in \left\{p | 1 \leqslant p \leqslant 16\right\} \quad （4-32）$$

$$Z_{3(i-1)+l,b_{3(i-1)+l}} = \arg\max_{1 \leq p \leq 16, b_{3(i-1)+l} \neq a_{3(i-1)+l}}\left\{Z_{3(i-1)+l,p}\right\},$$
$$1 \leqslant l \leqslant 3, b_{3(i-1)+l} \in \left\{p | 1 \leqslant p \leqslant 16, b_{3(i-1)+l} \neq a_{3(i-1)+l}\right\} \quad （4-33）$$

其中,a_l 和 b_l 分别代表第 i 个观察窗中第 l 个符号的决策度量 $Z_{3(i-1)+l,p}$ 的最大值和次最大值下标,且 $a = \left\{a_{3(i-1)+l}\right\}$,$b = \left\{b_{3(i-1)+l}\right\}$。

对于包含 3 个符号的第 i 个观察窗口,可获得 3 个局部最大统计量 $Z_{3(i-1)+l,a_l}$ 和 3 个局部次最大统计量 $Z_{3(i-1)+l,b_l}$,共有 8 种组合结果。对于完全形式 MSD 方案,则高达 4 096 种组合结果,而简化的 MSD 方案可将决策统计量降低了 512 倍,这显著降低了检测过程的计算复杂性。

然后,再次判决这 8 个局部决策统计量,可得决策指标 Y_{i_x}。

$$Y_{i_x} = \left| \sum_{m=3(i-1)+1}^{3i} \sum_{k=1}^{16} r'_{m,k} s^*_{\hat{p}_l,k} \right|^2, \quad i \geqslant 1, 1 \leqslant l \leqslant 3, 1 \leqslant i_x \leqslant 8 \qquad (4\text{-}34)$$

其中,与第 i 个观察窗口的决策指标 Y_{i_x} 对应的 3 个 PN 序列可表示为 $s_{i_x} = \{s_{\hat{p}1,k}, s_{p2,k}, s_{p3,k}\}$,且 $\hat{p}_m \in \{a(m), b(m)\}$。

进一步地,找到决策指标 Y_{i_x} 的最大值,并冻结相应的 s_{i_x},可将其表示为 $s_{i_x} = \{s_{\hat{p}1,k}, s_{p2,k}, s_{p3,k}\}$。等效的低复杂度的决策指标 Y_{i_x} 可表示为

$$\hat{Y}[i] = \arg\max_{1 \leqslant x \leqslant 2^3 = 8} \{Y_{i_x}\} \qquad (4\text{-}35)$$

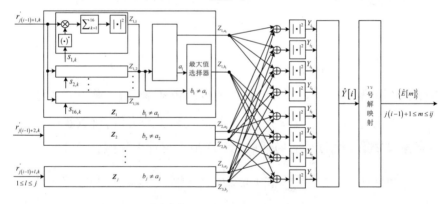

图 4-19 提出的 MSD 方案的接收机结构

最后,可以通过根据决策度量 $\{\hat{E}[m]\}$ 执行解映射来获取输出比特信息 $\hat{Y}[i]$。我们所提 MSD 方案的接收器结构如图 4-19 所示。本质上,当度量因子 p 的数量增加到 16 时,则可对应于完全形式的 MSD 方案。特别地,在 4.4 小节的中,我们不仅分析了简化 MSD 方案中选取两个符号和三个符号的检测性能,而且还将 p 增加到 4 进行定量仿真分析。

4.3.2.2 简化估计算法

CFOE 估计问题一直是信号处理中的重要问题。最佳最大似然估计（MLE）是一种众所周知的策略，可以在足够高 SNR 的情况下接近 Cramer-Raw 极限。然而，在许多情况下，即使采用快速傅里叶变换算法，也难以得到理想结果。因此，迫切需要一种更简单，效率更高的 CFO 估计算法。本节引入了一种与所提 MSD 方案相匹配的简化 CFOE 估计算法。具体的实现过程如下。

首先，预处理码片样本，可得到差分自相关函数 $R(n)$：

$$R(n) = \frac{1}{J(M-n)} \sum_{m=1}^{J} \sum_{k=n+1}^{M} x_{m,k} x_{m,k-n}^* = |h|^2 e^{2\pi f n T_c} + \lambda, \ 1 \leq n \leq Q, 2 \leq k \leq M \tag{4-36}$$

其中，$x_{m,k}$ 可表示为

$$x_{m,k} = r_{m,k} s_{m,k}^* = h e^{j(2\pi f k T_c + \theta)} + \lambda', \ 1 \leq k \leq K \tag{4-37}$$

这里的 λ 和 λ' 是综合噪声项。J 表示前导符的数量，本节取其最大值 $J = 8$。n 代表码片延迟数，且 $1 \leq n \leq Q$，这使得真实相位处于主值周期内。$Q = 5$ 是可用的最大码片延迟。

进一步地，可得 CFOE 的度量函数

$$G(N) \approx \frac{6}{N(N+1)(2N+1)} \sum_{n=1}^{N} n \arg\{R(n)\} = \frac{\sum_{n=1}^{N} n \arg\{R(n)\}}{\sum_{n=1}^{N} n^2} \tag{4-38}$$

$$= \sum_{n=1}^{N} C(N, n) \arg\{R(n)\}, \quad N \leq Q$$

其中，$\arg\{\cdot\}$ 代表复数的幅角。N 为截短数，且 $N \leq Q$。$C(N, n)$ 是 $R\{n\}$ 的延迟加权因子。

然后，直接对 CFOE 进行估计：

$$\hat{\varphi} \triangleq \hat{\omega} T_c = 2\pi \hat{f} T_c = G(N) \tag{4-39}$$

通过三角近似算法 $\tan^{-1}(x) \approx x$ 和 $\sin^{-1}(x) \approx x$，可以获得 $\{R(n)\}$ 的两个简化表达式，如式（4-40）和式（4-41）。

$$\arg\{R(n)\} \approx \begin{cases} \dfrac{\mathrm{Im}\big[R(n)\big]}{\mathrm{Re}\big[R(n)\big]}, & \text{if } \mathrm{Re}\big[R(n)\big] > 0 \text{ and } \big|\mathrm{Re}\big[R(n)\big]\big| \geqslant \big|\mathrm{Im}\big[R(n)\big]\big| \\[3mm] \dfrac{\pi}{2} - \dfrac{\mathrm{Re}\big[R(n)\big]}{\mathrm{Im}\big[R(n)\big]}, & \text{if } \mathrm{Im}\big[R(n)\big] > 0 \text{ and } \big|\mathrm{Re}\big[R(n)\big]\big| < \big|\mathrm{Im}\big[R(n)\big]\big| \\[3mm] -\pi + \dfrac{\mathrm{Im}\big[R(n)\big]}{\mathrm{Re}\big[R(n)\big]}, & \text{if } \mathrm{Re}\big[R(n)\big] < 0 \text{ and } \big|\mathrm{Re}\big[R(n)\big]\big| \geqslant \big|\mathrm{Im}\big[R(n)\big]\big| \\[3mm] -\dfrac{\pi}{2} - \dfrac{\mathrm{Re}\big[R(n)\big]}{\mathrm{Im}\big[R(n)\big]}, & \text{if } \mathrm{Im}\big[R(n)\big] < 0 \text{ and } \big|\mathrm{Re}\big[R(n)\big]\big| < \big|\mathrm{Im}\big[R(n)\big]\big| \end{cases}$$

（4-40）

$$\arg\{R(n)\} \approx \begin{cases} \dfrac{\mathrm{Im}\big[R(n)\big]}{\sqrt{\mathrm{Re}^2\big[R(n)\big] + \mathrm{Im}^2\big[R(n)\big]}}, & \text{if } \mathrm{Re}\big[R(n)\big] > 0 \text{ and } \big|\mathrm{Re}\big[R(n)\big]\big| \geqslant \big|\mathrm{Im}\big[R(n)\big]\big| \\[4mm] \dfrac{\pi}{2} - \dfrac{\mathrm{Re}\big[R(n)\big]}{\sqrt{\mathrm{Re}^2\big[R(n)\big] + \mathrm{Im}^2\big[R(n)\big]}}, & \text{if } \mathrm{Im}\big[R(n)\big] > 0 \text{ and } \big|\mathrm{Re}\big[R(n)\big]\big| < \big|\mathrm{Im}\big[R(n)\big]\big| \\[4mm] -\pi - \dfrac{\mathrm{Im}\big[R(n)\big]}{\sqrt{\mathrm{Re}^2\big[R(n)\big] + \mathrm{Im}^2\big[R(n)\big]}}, & \text{if } \mathrm{Re}\big[R(n)\big] < 0 \text{ and } \big|\mathrm{Re}\big[R(n)\big]\big| \geqslant \big|\mathrm{Im}\big[R(n)\big]\big| \\[4mm] -\dfrac{\pi}{2} + \dfrac{\mathrm{Re}\big[R(n)\big]}{\sqrt{\mathrm{Re}^2\big[R(n)\big] + \mathrm{Im}^2\big[R(n)\big]}}, & \text{if } \mathrm{Im}\big[R(n)\big] < 0 \text{ and } \big|\mathrm{Re}\big[R(n)\big]\big| < \big|\mathrm{Im}\big[R(n)\big]\big| \end{cases}$$

（4-41）

图 4-20 所示为 CFOE 量化函数 $G(N)$ 的实现结构。

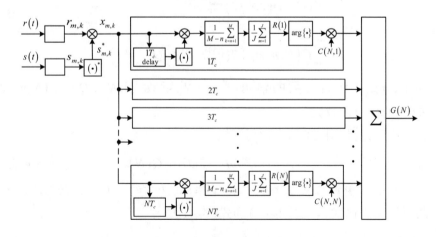

图 4-20　度量函数 $G(N)$ 的结构

4.3.3 性能仿真与结果分析

本节展示了我们在纯 AWGN 信道和慢瑞利衰落信道上提出的 MSD 方案的 PER 性能。

4.3.3.1 局部度量因子个数对性能影响

图 4-21 对比了局部度量因子 P 取值不同时所提 MSD 方案与最佳逐符号相干检测（Symbol-by-symbol Coherence Detection，SCD）和最佳逐符号非相干检测（Symbol-by-symbol Noncoherent Detection，SND）的性能。为了观察局部度量因子 P 对整个 MSD 方案的特定影响，假定 CFO 可被完美估计和补偿的。由图 4-21 可知，在 PER 为 10^{-2} 时，所提 MSD 方案相对最佳 SND 方案至少可获得 0.8 dB 的增益。而且，当检测窗口长度恒定时，随着 P 的增加，所提 MSD 方案的检测性能逐渐接近最优 SCD 方案；当 P 的值固定时，所提 MSD 方案的检测性能随着检测窗口长度的增加而提高。显然地，当度量因子 P 设置为 2 时，可以满足 IEEE 802.1.4g O-QPSK 接收器的设计需求。

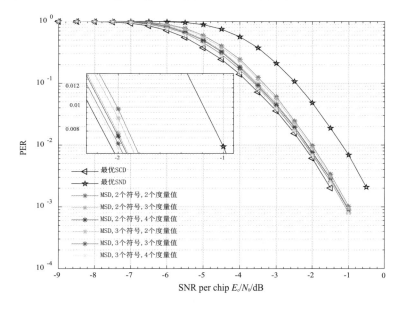

图 4-21 在纯 AWGN 信道下，参数 p 对所提 MSD 方案检测性能的影响

4.3.3.2 差分码片截短数对性能影响

截短后的差分码片数 N 可以有效地改善我们针对 IEEE O-QPSK 接收器的 MSD 方案的性能。图 4-22 和图 4-23 分别是当局部观察窗口长度 $j=2$ 和 $j=3$ 时,截断数 N 取值不同时所提 MSD 方案的 PER 性能。由图 4-22 可知,在纯 AWGN 信道下,当截短数 N 从 1 增加到 3 时,所提 MSD 方案的 PER 性能得到明显改善;当 N 从 3 增加到 5 时,PER 性能显著降低并出现错误平层。即当 $N=3$ 时,所提 MSD 方案可以获得最佳的 PER 性能,且配置全估计器或简化估计器式(4-40)和式(4-41)的 MSD 方案性能优于比最佳 SND 方案。特别的,在 PER 为 $1×10^{-2}$ 和 $N=3$ 的情况下,简化估计器式(4-41)并未出现明显的性能损失;与最佳 SND 相比,可以获得 0.7 dB 的增益。因此,当在纯 AWGN 信道上将截短数 N 设置为 3 时,即可满足 IEEE 802.15.4g O-QPSK 接收机的性能要求。为了获得最佳的 PER 性能,在本节其他仿真中,均选取最佳截短数 $N=3$。

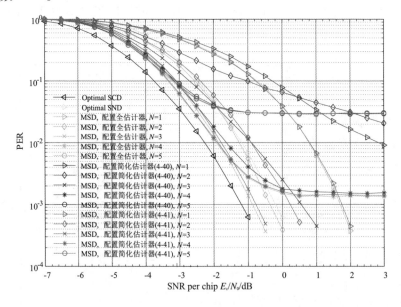

图 4-22 在纯 AWGN 信道上观察窗口长度为 $j=2$ 时,差分码片截短数量 N 对所提 MSD 方案检测性能的影响

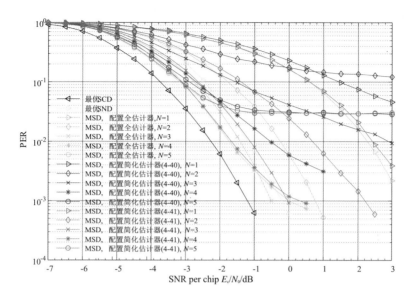

图 4-23　在纯 AWGN 信道上观察窗口长度为 $j=3$ 时,差分码片截短数量 N 对所提 MSD 方案检测性能的影响

4.3.3.3 检测性能分析

图 4-24 和图 4-25 分别对比了在纯 AWGN 信道和慢瑞利衰落信道下,不同观察窗口长度和决策度量因子 p 对所提 MSD 方案的性能影响。为了更可靠的结果,取截短数 N 为 3。图 4-24 显示,在纯 AWGN 信道下,当观察窗口长度固定时,配置全估计器和简化估计器式(4-41)的所提 MSD 方案的性能随 p 数量增加而提高;然而,配置简化估计器式(4-40)的 MSD 方案性能并未显著改善,这是由于简化估计器式(4-40)具有较大的绝对误差。当 p 数量恒定时,随着观察窗口长度的增加性能增益并不明显,这也是由绝对误差引起的。此外,由图 4-24 可知,当 $PER=1 \times 10^{-2}$ 且观察窗口长度和 p 均取 2 时,相对于最佳 SND 方案,配置简化估计器式(4-40)的所提 MSD 方案具有 0.6 dB 的性能增益。因此,简化估计器式(4-41)可在确保性能提升的同时大幅度降低 CFO 全估计器的复杂度,即简化估计器式(4-41)与所提简化 MSD 方案兼容。

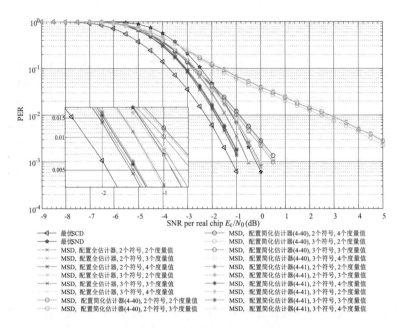

图 4-24 纯 AWGN 信道下不同方案检测性能比较

由图 4-25 可知,在慢瑞利衰落信道上,所提 MSD 方案相对于 SBSD 方案性能表现良好。如图 4-25,当 PER=1×10^{-2} 且 p=3 时,配置全估计器的所提 MSD 方案可实现 3.8 dB 的性能增益;当 p 从 2 增至 4 时,所提 MSD 方案性能增益逐渐减小;当 p=2 时,相对于全估计器,简化估计器式(4-40)和式(4-41)的性能损耗并不明显。因此,当观察窗口为 2 个符号且 p=2 时,配置简化估计器式(4-40)和式(4-41)的所提 MSD 方案足以满足 IEEE 802.15.4g O-QPSK 接收机的性能要求。

4.3.3.4 能耗分析

本小节在 Atmel AT86RF215 硬件平台上评估当观察窗口长度 j=2 时,采用所提 MSD 方案的传输能耗[57,58]。特别地,接收器传输能耗为 $E=IVN_p/f_{tx}$。其中 I 是传输电流,电源电压 V 假定为 3 V,N_p 是 PPDU 的码片长度,码片传输速率 f_{tx} 为 2 M/chip。表 4-9 和表 4-10 分别是在纯 AWGN 和慢瑞利噪声信道下采用所提 MSD 方案时 O-QPSK 接收机的传输电源电流和能量增益。

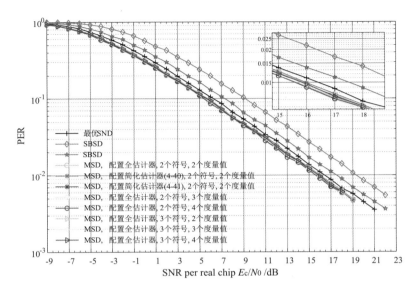

图 4-25 慢瑞利衰落信道下不同检测方案的检测性能比较

仅发送节点消耗的发送电流 I 取决于每个码片符号的分布式发送能量。如表 4-9 所示,在纯 AWGN 信道下,当 PER=$1×10^{-2}$ 时,与 SBSD 方案相比,配置全估计器所提 MSD 方案可以节省 $0.63 \sim 0.67$dB 的 SNR 增益和 $2.71\% \sim 2.88\%$ 的传输能量,而配置简化估计器式(4-14)所提 MSD 方案节省了 $2.40\% \sim 2.53\%$ 的传输能量。表 4-10 显示,在慢瑞利噪声信道下,当 PER=$1×10^{-2}$ 时,相对 SBSD 方案,所提 MSD 方案传输能量降低了 $0.45 \sim 0.83$ dB,节省 $1.94\% \sim 3.56\%$ 的传输能量。

表 4-9 在纯 AWGN 信道的汇聚节点上,当 PER=$1×10^{-2}$ 时所提 MSD 方案所需供电电流和能量增益

所提 MSD 方案,j=2 时	SNR 增益 (dB)	供电 电流 I (mA)	消耗能量 (μJ)	增益 (μJ)	节约能量 (%)
全估计器,4 个度量值	0.67	25.12	62.69	1.86	2.88
全估计器,3 个度量值	0.66	25.13	62.72	1.83	2.84
全估计器,2 个度量值	0.63	25.16	62.80	1.75	2.71
简化估计器(4-14),4 个度量值	0.59	25.21	62.92	1.63	2.53
简化估计器(4-14),3 个度量值	0.58	25.22	62.95	1.60	2.48
简化估计器(4-14),2 个度量值	0.56	25.24	63.00	1.55	2.40

表 4-10　在归一化慢瑞利衰落信道的汇聚节点上,当 PER=1×10^{-2} 时所提 MSD 方案所需供电电流和能量增益

所提 MSD 方案,j=2 时	SNR 增益(dB)	供电电流 I(mA)	消耗能量(μJ)	增益(μJ)	节约能量(%)
全估计器,4 个度量值	0.83	24.94	62.25	2.30	3.56
全估计器,3 个度量值	0.82	24.95	62.27	2.28	3.53
全估计器,2 个度量值	0.78	24.99	62.38	2.17	3.36
简化估计器(4-14),2 个度量值	0.61	25.18	62.85	1.70	2.63
简化估计器(4-13),2 个度量值	0.45	25.36	63.30	1.25	1.94

4.3.3.5 可靠性分析

本小节从频偏鲁棒性和相偏鲁棒性两个方面研究了所提出的低复杂度多符号检测方案的可靠性。

为了研究所提方案的频偏鲁棒性,我们仿真分析了其在动态频偏信道下的检测性能。图 4-26 评估了纯 AWGN 信道下,观察窗口长度 j 和局部度量因子 p 均设为 2 时,配置不同估计器时所提 MSD 方案在动态 CFO 条件下的 PER 性能。特别地,全估计器提供了性能比较的基准。从图 4-26 可知,当 CFOE 在 (−20,20)ppm 的范围内时,两种简化估计器均性能表现良好;当 CFOE 接近 ± 30 ppm 和 ± 50 ppm 时,由于存在绝对估计误差,简化估计器呈现一定程度的性能损耗,且这种损耗随着 SNR 的增加而逐渐严重。而且,在动态 CFO 条件下,简化估计器式(4-41)的鲁棒性优于式(4-40)。换言之,配置简化估计器式(4-41)的所提 MSD 方案对 CFO 不敏感,符合 IEEE 802.15.4g O-QPSK 接收机设计需求。

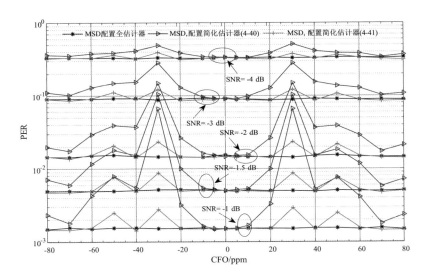

图 4-26　纯 AWGN 信道下，所提方案配置不同估计器时在动态 CFO 条件下的
PER 性能比较

本小节从相偏鲁棒性的角度研究了所提方案的可靠性。具体而言，在纯 AWDN 信道下观察窗口长度 $j=2$ 时，我们评估了所提 MSD 方案在动态 CPO 下的 PER 性能。相位 θ 的分布遵循维纳过程 $\theta_{m+1} = \theta_m + \Delta m$，其中 Δm 是均值为零、方差为 σ_m^2 的平均高斯随机变量，初始相位 θ_1 服从 $(-\pi, \pi)$ 上的均匀分布。如图 4-27 所示，所提 MSD 方案对相位抖动具有鲁棒性，且当相位抖动标准偏差 σ_m 增大到 3 度时性能并未显著下降。

图 4-28 评估了在动态 CPO 下配置不同估计器所提 MSD 方案的 PER 性能。如图 4-28 所示，在动态 CPO 下，配置全估计器的所提 MSD 方案性能表现良好，而配置简化估计器式（4-40）和式（4-41）的所提方案均表现出可接受的性能下降。特别地，随着标准偏差 σ_m 的减小，e^{jm} 对 $Y[i]$ 的影响逐渐减小，这主要是由于输出 $Y[i]$ 中产生的随机相位增量 e^{jm}。

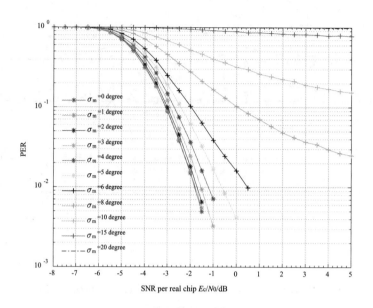

配置全估计器时的 PER 性能

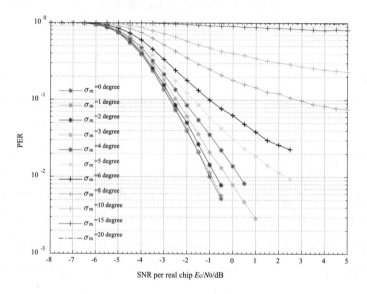

配置简化估计器式（4-40）时的 PER 性能

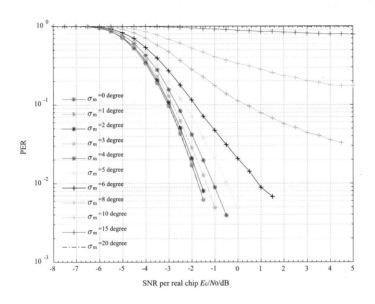

配置简化估计器式（4-41）时的 PER 性能

图 4-27 纯 AWGN 信道下，不同 CPO 时所提方案的检测性能

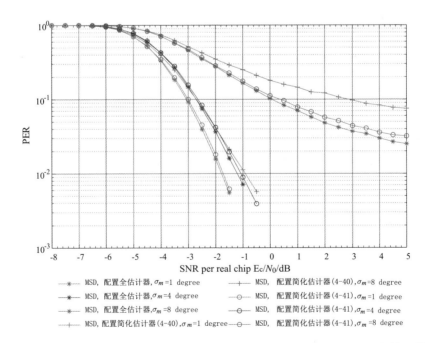

图 4-28 纯 AWGN 信道下，所提方案配置不同估计器时在不同 CPO 条件下的

PER 性能

4.3.3.6 复杂度分析

本小节对比了所提 MSD 方案与完全形式 MSD 方案之间的算法复杂度。表 4-11 显示,对于所提 MSD 方案,每个观察块中 Y 被搜索的次数为 8,而完全形式 MSD 方案中则为 256 次。特别地,当观察窗口长度 j 设置为 2 时,我们提出的方案的搜索数量 $Y[i]$ 减少了 64 倍;当 j 设置为 3 时,它将减少 512 倍。显然地,我们所提方案的算法复杂度得到了大幅度的降低,这与理论分析一致。

表 4-11　复杂性比较

数量	完全形式 MSD 方案 $Y[i]$ 的被搜索数(16^j)	所提 MSD 方案 $Y[i]$ 的被搜索数(2^j)	衰减系数(8^j)
观察窗口长度 $j=2$	256	4	64
观察窗口长度 $j=3$	4 096	8	512

图 4-29 从包平均运行时间的角度分析了检测方案的复杂性。具体而言,当观察窗口的长度和局部度量因子 p 均设置为 2 时,仿真分析了不同检测方案的运行 10^5 个数据包的平均运行时间。由图 4-29 可知,当 SNR=-2 dB 时,配置全估计器所提 MSD 方案的包平均数据包运行时间为 1.383×10^{-2} s,SBSD 方案为 3.278×10^{-2} s,是前者的 2.37 倍。通常情况下,完全形式 MSD 方案的实现复杂度远高于 SBSD 方案。我们所提简化 MSD 方案的实现复杂度可以与 SBSD 方案相媲美,甚至更优,这同时也是超低功耗无线通信系统中设计所期望的。

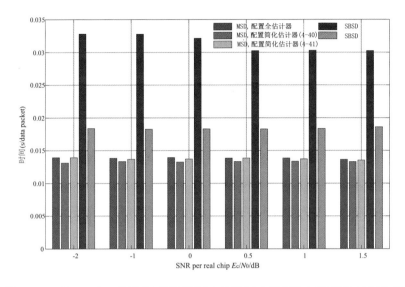

图 4-29 纯 AWGN 信道下,不同检测方案下每个数据包平均运行时间比较

4.4 基于卷积编码的逐符号迭代非相干检测

UPIoT 的应用通常面向一些大规模的监测领域,需要收集大量的监测数据。因此,降低节点能耗对实现 UPIoT 感知层数据的有效采集显得尤为重要。针对 UPIoT 中覆盖面积较大的室外型用电信息采集终端、高清视频监控、移动作业等一些难以获取准确相位的电力业务场景,考虑采用差错编码和译码的方式来进一步提高信号的传输可靠性。

编码系统的信号检测显然优于未编码系统,这主要是由于译码系统中软判决策略。近年来,关于信道编译码的研究层出不穷。本章引入了一种基于卷积编码的逐符号迭代非相干检测方案。采用卷积编码和 SISO 译码算法,构造了一种适用于 IEEE 802.15.4g O-QPSK 接收器的迭代检测系统。然后基于贝塞尔函数和对数函数的近似,提出了一种无需完美 CSI 的低复杂度 LLR 提取方案。

4.4.1 系统模型

根据 IEEE 802.15.4g 标准,基于卷积码的 O-QPSK 串行级联编码调制系统可采用如图 4-30 所示的方案。卷积码编码器码率为 K/N ,每一时刻输入 K 个二进制信息比特的序列 $U=(u_1,u_2,\cdots,u_K)$,输出序列为 $C=(c_1,c_2,\cdots,c_N)$,其中 $c_k=(c_{k,a},c_{k,b})$,然后经串并转换操作后送入比特交织器。本章采用码率为 1/2,约束长度为 3,生成多项式为(5,7)的卷积码编码器,其结构如图 4-31 所示,所对应的网格编码图如图 4-32 所示。

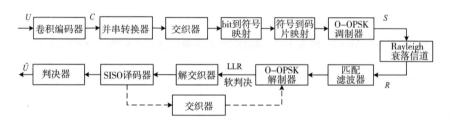

图 4-30　基于卷积码的 O-QPSK 迭代检测系统

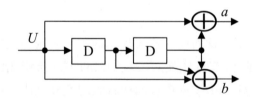

图 4-31　卷积编码器

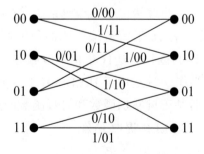

图 4-32　卷积编码器的网格图

IEEE 802.15.4g 标准定义 O-QPSK 物理层采用 16 进制标准正交调制技术。本章采用 $(32,4)$-DSSS 的扩频方式,在每个符号周期内,每 4 个比特信息构成一个符号,经调制映射后的符号序列为 $S = \left(s_1, s_2, \cdots, s_{N/4}\right)$。$S$ 经具有随机相位和瑞利衰落的信道传输,输出为 R。在第 $mT \leqslant t \leqslant (m+1)T$ 时刻,离散复基带等效接收信号可表示为,

$$r_m = s_m F_m \mathrm{e}^{\mathrm{j}\Theta_m} + \boldsymbol{n}_m \qquad (4\text{-}42)$$

这里,$F_m = |F_m| \mathrm{e}^{\mathrm{j}\theta_m}$ 代表乘性衰落,是一个均值为 $\overline{F}_m$ 和方差为 σ_F^2 的归一化复高斯过程,其中的 $|F_m|$ 和 θ_m 分别代表衰落 F_m 的幅值和相位。s_m 为第 m 个 O-QPSK 调制符号。Θ_m 是信道引入的任意相位,在 $(-\pi, \pi)$ 上服从均匀分布。n_m 是均值为零方差为 σ^2 的复高斯噪声。

假设 F_m,θ_m,$\boldsymbol{\Theta}_m$ 和 n_m 在接收端是随机的、未知的、独立的。特别地,$F_m = \{F_{m,1}, F_{m,2}, ..., F_{m,16}\}$,$\theta_m = \{\theta_{m,1}, \theta_{m,2}, ..., \theta_{m,16}\}$,$\boldsymbol{\Theta}_m = \{\Theta_{m,1}, \Theta_{m,2}, ..., \Theta_{m,16}\}$,$n_m = \{n_{m,1}, n_{m,2}, ..., n_{m,16}\}$,且在传输过程的每个数据包中 $F_{m,k} = F$,$\theta_{m,k} = \theta$,$\Theta_{m,k} = \Theta$,$n_{m,k} = n$,则第 m 个符号周期中的第 k 个接收码片可表示为

$$r_{m,k} = F s_{m,k} \mathrm{e}^{\mathrm{j}\Theta} + n \qquad (4\text{-}43)$$

其中,$F = |F| \mathrm{e}^{\mathrm{j}\theta}$。

4.4.2 SISO 译码

SISO 算法是一种典型的处理软判决输入并生成软判决输出的译码算法 [48]。最著名的 SISO 算法就是 MAP 算法,该算法是由 Bahl,Cocke,Jelinek,Raviv 等人于 1974 年所提出的,又称为 BCJR 算法。该算法是一种适用于卷积码和线性分组码最大后验概率译码算法。BCJR 算法的复杂度虽比 Viterbi 算法高,但是当采用迭代译码时,基于 BCJR 算法的 MAP 译码器呈现出更优的性能。

本节以如图 4-30 所示的 O-QPSK 迭代检测系统为例来描述卷积译码中的 MAP 译码算法。在译码过程中,MAP 算法通过计算 LLR 信息对传输码字 c_i 估计,其后验概率 LLR 信息定义为

$$\mathrm{LLR}_i = \ln \frac{p\left(c_i = 0 \,\middle|\, r_m\right)}{p\left(c_i = 1 \,\middle|\, r_m\right)} \qquad (4\text{-}44)$$

其中，$p\left(c_i\middle|r_m\right)$ 代表在给定的接收序列 r_m 的前提下 c_i 的后验概率。估计的码字 c_i 可由对应的 LLR 函数给出。

$$c_i = \begin{cases} 0, & \text{若 } LLR_i > 0 \\ 1 \text{若} & LLR_i \leqslant 0 \end{cases} \qquad (4\text{-}45)$$

根据 BCJR 算法，对式（4-44）推导可得

$$\begin{aligned} LLR_i &= \ln\frac{\sum_{(s',s)\in\Omega_l^+} p\left(s_l = m', s_{l+1} = m, \text{r}\right)}{\sum_{(s',s)\in\Omega_l^-} p\left(s_l = m', s_{l+1} = m, \text{r}\right)} \\ &= \ln\frac{\sum_{(s',s)\in\Omega_l^+} \alpha_l\left(m'\right)\gamma_l\left(m',m\right)\beta_l\left(m\right)}{\sum_{(s',s)\in\Omega_l^-} \alpha_l\left(m'\right)\gamma_l\left(m',m\right)\beta_l\left(m\right)} \end{aligned} \qquad (4\text{-}46)$$

其中，s_l 和 s_{l+1} 分别为 l 和 $l+1$ 时刻卷积编码器的状态，Ω_l^+ 和 Ω_l^- 分别代表 l 时刻输入比特 $u_k=0$ 和 $u_k=1$ 时的所有状态转移的集合。$\alpha_l(m')$ 代表前向递推概率，$\beta_l(m)$ 代表后向递推概率，$\gamma_l(m',m)$ 代表状态 s' 和 s 之间的分支转移概率：

$$\alpha_l\left(m'\right) = p\left(m', r_{t<l}\right) \qquad (4\text{-}47)$$

$$\beta_l\left(m\right) = p\left(r_{t>l}\middle|m'\right) \qquad (4\text{-}48)$$

$$\gamma_l\left(m',m\right) = p\left(m', r_l\middle|m'\right) \qquad (4\text{-}49)$$

三者的关系为

$$\alpha_{l+1}\left(m\right) = \sum_{m'\in\xi_l} \gamma_l\left(m,m'\right)\alpha_l\left(m'\right) \qquad (4\text{-}50)$$

$$\beta_l\left(m'\right) = \sum_{m'\in\xi_{l+1}} \gamma_l\left(m',m\right)\beta_{l+1}\left(m\right) \qquad (4\text{-}51)$$

4.4.3 比特对数似然比信息提取

4.4.3.1 完美 CSI 时 LLR 提取方法

在完美 CSI 下，即假设状态信息乘性衰落 F、衰落相位 θ 和信道相位 Θ 均已知时，在给定 $s_{m,k}$ 的条件下 $r_{m,k}$ 的概率密度函数（Probability Density Function，PDF）$p\left(r_{m,k}\middle|s_{m,k}\right)$ 可表示为

$$p\left(r_{m,k}\middle|s_{m,k}\right)=\frac{1}{\sqrt{2\pi}\sigma}\exp\left(-\frac{\left|r_{m,k}-Fs_{m,k}\mathrm{e}^{\mathrm{j}\Theta}\right|^2}{2\sigma^2}\right) \qquad (4\text{-}52)$$

由于 $\{r_{m,k}\}$ 是统计独立的,在给定 $\boldsymbol{s}_m$ 的条件下 $\boldsymbol{r}_m$ 的 PDF $p\left(\boldsymbol{r}_m\middle|\boldsymbol{s}_m\right)$ 为

$$p\left(\mathrm{r}_m\middle|\mathrm{s}_m\right)=\prod_{k=1}^{16}p\left(r_{m,k}\middle|s_{m,k}\right)=\left(\frac{1}{\sqrt{2\pi}\sigma}\right)^{16}\exp\left(-\frac{\left\|\mathrm{r}_m-\boldsymbol{F}_m\mathrm{s}_m e^{\mathrm{j}\dot{\boldsymbol{E}}_m}\right\|^2}{2\sigma^2}\right) \quad (4\text{-}53)$$

其中, $\|\cdot\|^2$ 表示平方欧几里德距离。

O-QPSK 解调器可从 $\boldsymbol{r}_m$ 中获取 N 个 LLR 信息,第 i 个比特数据的 LLR 为

$$
\begin{aligned}
\mathrm{LLR}_i &= \ln\frac{P\left(c_i=0\middle|\boldsymbol{r}_m\right)}{P\left(c_i=1\middle|\boldsymbol{r}_m\right)} \\
&= \ln\frac{\displaystyle\sum_{s_m\in\Omega_i^0}p\left(s_m\middle|\boldsymbol{r}_m\right)}{\displaystyle\sum_{s_m\in\Omega_i^1}p\left(s_m\middle|\boldsymbol{r}_m\right)} \\
&= \ln\frac{\displaystyle\sum_{s_m\in\Omega_i^0}p\left(\boldsymbol{r}_m\middle|s_m\right)p\left(s_m\right)}{\displaystyle\sum_{s_m\in\Omega_i^1}p\left(\boldsymbol{r}_m\middle|s_m\right)p\left(s_m\right)}
\end{aligned}
\qquad (4\text{-}54)
$$

这里, $p\left(s_m\right)$ 表示 s_m 的先验概率。 $\Omega_i^w, w\in\{0,1\}$ 是取自 w 的第 i 个比特的集合。

将 $p\left(r_m/s_m\right)$ 代入式(4-54)得

$$
\begin{aligned}
\mathrm{LLR}_i &= \ln\frac{\displaystyle\sum_{s_m\in\Omega_i^0}p\left(r_m\middle|s_m\right)}{\displaystyle\sum_{s_m\in\Omega_i^1}p\left(r_m\middle|s_m\right)} = \ln\frac{\displaystyle\sum_{s_m\in\Omega_i^0}\left(\frac{1}{\sqrt{2\pi}\sigma}\right)^{16}\exp\left(-\frac{\left\|r_m-\boldsymbol{F}_m s_m \mathrm{e}^{\mathrm{j}\Theta_m}\right\|^2}{2\sigma^2}\right)}{\displaystyle\sum_{s_m\in\Omega_i^1}\left(\frac{1}{\sqrt{2\pi}\sigma}\right)^{16}\exp\left(-\frac{\left\|r_m-\boldsymbol{F}_m s_m \mathrm{e}^{\mathrm{j}\Theta_m}\right\|^2}{2\sigma^2}\right)} \\
&= \ln\frac{\displaystyle\sum_{s_m\in\Omega_i^0}\exp\left(-\frac{\displaystyle\sum_{k=1}^{16}\left|r_{m,k}-Fs_{m,k}\mathrm{e}^{\mathrm{j}\Theta}\right|^2}{2\sigma^2}\right)}{\displaystyle\sum_{s_m\in\Omega_i^1}\exp\left(-\frac{\displaystyle\sum_{k=1}^{16}\left|r_{m,k}-Fs_{m,k}\mathrm{e}^{\mathrm{j}\Theta}\right|^2}{2\sigma^2}\right)}
\end{aligned}
$$

$$(4\text{-}55)$$

在基于式（4-55），可对接收信号样本进行软判决。在执行解交织和译码操作之后，判决器将输出最终比特检测信息 $\widetilde{U}$ 。

显然地，采用此方案获得 LLR 时，需要准确的 CSI（即 F, Θ 和 σ）。然而，在实际的信号传输过程中通常难以获得完美的 CSI。

4.4.3.2 全复杂度 LLR 提取方法

本节介绍一种适用于非相干信道的位 LLR 提取方案。我们假设 F_m 的幅度 $|F_m|$ 是已知的，但衰落相位 θ 和信道 CPO Θ 未知，即 CSI 是不完全已知的。

首先，可以获取给定 s_m 的 θ 和 Θ 条件下 r_m 的 PDF $p\left(r_m \middle| s_m, \theta, \Theta\right)$,

$$
\begin{aligned}
p\left(r_m \middle| s_m, \theta, \Theta\right) &= \prod_{k=1}^{16} p\left(r_{m,k} \middle| s_{m,k}, \theta, \Theta\right) = \left(\frac{1}{\sqrt{2\pi}\sigma}\right)^{16} \exp\left(-\frac{1}{2\sigma^2}\left\|r_m - F_m s_m \mathrm{e}^{\dot{E}_m}\right\|^2\right) \\
&= \left(\frac{1}{\sqrt{2\pi}\sigma}\right)^{16} \exp\left(-\frac{1}{2\sigma^2}\sum_{k=1}^{16}\left|r_{m,k} - F s_{m,k}\mathrm{e}^{\mathrm{j}\Theta}\right|^2\right) \\
&= \left(\frac{1}{\sqrt{2\pi}\sigma}\right)^{16} \exp\left\{-\frac{1}{2\sigma^2}\sum_{k=1}^{16}\left[\left|r_{m,k}\right|^2 + |F|^2\left|s_{m,k}\right|^2 - 2|F|\mathrm{Re}\left\{r_{m,k}^T s_{m,k}^* \mathrm{e}^{\mathrm{j}(\Theta-\theta)}\right\}\right]\right\} \\
&= \left(\frac{1}{\sqrt{2\pi}\sigma}\right)^{16} \exp\left\{-\frac{1}{2\sigma^2}\sum_{k=1}^{16}\left[\left|r_{m,k}\right|^2 + |F|^2\left|s_{m,k}\right|^2 - 2|F|\left|r_{m,k}^T s_{m,k}^*\right|\cos(\Theta-\theta-\alpha)\right]\right\}
\end{aligned}
\tag{4-56}
$$

其中，

$$
\alpha = \tan^{-1}\frac{\mathrm{Im}\left\{r_m^T s_m^*\right\}}{\mathrm{Re}\left\{r_m^T s_m^*\right\}}
\tag{4-57}
$$

由于相位 θ 和 Θ 服从均匀分布，则 s_m 条件下 r_m 的 PDF $p\left(r_m \middle| s_m\right)$ 可简化为

$$p\left(r_m \mid s_m\right) = \int_{-\pi}^{\pi} p(\theta) \mathrm{d}\theta \int_{-\pi}^{\pi} p\left(r_m \mid s_m, \theta, \Theta\right) p(\Theta) \mathrm{d}\Theta$$

$$= \left(\frac{1}{\sqrt{2\pi}\sigma}\right)^{16} \int_{-\pi}^{\pi} p(\theta) \mathrm{d}\theta \exp\left\{-\frac{1}{2\sigma^2}\left[\left|r_m\right|^2 + \left|F_m\right|^2 \left|s_m\right|^2\right]\right\}$$

$$\cdot \frac{1}{2\pi} \int_{-\pi}^{\pi} \exp\left\{-\left|F_m\right| \sigma^{-2} \left|r_m^T s_m^*\right| \cos(\Theta - \theta - \alpha)\right\} \mathrm{d}\Theta$$

$$= \left(\frac{1}{\sqrt{2\pi}\sigma}\right)^{16} \int_{-\pi}^{\pi} p(\theta) \mathrm{d}\theta \exp\left\{-\frac{1}{2\sigma^2}\left[\left|r_m\right|^2 + \left|F_m\right|^2 \left|s_m\right|^2\right]\right\} I_0\left(\left|F_m\right| \sigma^{-2} \left|r_m^T s_m^*\right|\right)$$

$$= \left(\frac{1}{\sqrt{2\pi}\sigma}\right)^{16} \exp\left\{-\frac{1}{2\sigma^2}\left[\left|r_m\right|^2 + \left|F_m\right|^2 \left|s_m\right|^2\right]\right\} I_0\left(\left|F_m\right| \sigma^{-2} \left|r_m^T s_m^*\right|\right)$$

$$\left(\text{4-58}\right)$$

这里, $I_0(\bullet)$ 为第一类零阶修正 Bessel 函数, 且自然对数 $\exp(\bullet)$ 和 $I_0(\bullet)$ 均为单调递增函数。

然后, 在该信道条件下, 第 i 个比特数据的 LLR 信息可表示为 [27]

$$\mathrm{LLR}_i = \ln \frac{P\left(c_i = 0 \mid r_m\right)}{P\left(c_i = 1 \mid r_m\right)}$$

$$= \ln \frac{\sum_{s_m \in \Omega_i^0} p\left(s_m \mid r_m\right)}{\sum_{s_m \in \Omega_i^1} p\left(s_m \mid r_m\right)} = \ln \frac{\sum_{s_m \in \Omega_i^0} p\left(r_m \mid s_m\right) p\left(s_m\right)}{\sum_{s_m \in \Omega_i^1} p\left(r_m \mid s_m\right) p\left(s_m\right)} \qquad \left(\text{4-59}\right)$$

$$= \ln \frac{\sum_{s_m \in \Omega_i^0} p\left(r_m \mid s_m\right)}{\sum_{s_m \in \Omega_i^1} p\left(r_m \mid s_m\right)} = \ln \frac{\sum_{s_m \in \Omega_i^0} I_0\left(\left|F_m\right| \sigma^{-2} \left|r_m^T s_m^*\right|\right)}{\sum_{s_m \in \Omega_i^1} I_0\left(\left|F_m\right| \sigma^{-2} \left|r_m^T s_m^*\right|\right)}$$

随后, 对接收到的信号样本进行软判决、解交织操作以及 SISO 译码操作。最终由判决器输出比特检测信息 $\widetilde{U}$ 。

尽管该方案消除了相位 θ 对 LLR 的影响, 但是其中的 Bessel 函数 $I_0(\bullet)$ 与和积算法仍是高复杂的, 这将导致严重的资源损失。而且, LLR 直接受噪声方差 σ^2 的影响, 即 σ^2 的估计精度会直接影响 SISO 解码结果和信号检测性能。此外, CSI 的准确估计也需要大量资源。因此, 我们将进一步关注无需完美 CSI 的低复杂度 LLR 提取方案的开发。

4.4.3.3 低复杂度 LLR 提取方法

本节介绍一种低复杂度的 LLR 提取方案。对于高 SNR 的贝塞尔函数，采用近似算法 $\ln I_0(x) \approx x$ 来简化 LLR，这是不需要完美 CSI 的。具体步骤如下。

首先，第 i 个比特信息的 LLR 可展开为

$$
\begin{aligned}
\text{LLR}_i &= \ln \frac{P(c_i = 0 | r_m)}{P(c_i = 1 | r_m)} = \ln \frac{\displaystyle\sum_{s_m \in \Omega_i^0} I_0\left(|F_m|\sigma^{-2}\left|r_m^T s_m^*\right|\right)}{\displaystyle\sum_{s_m \in \Omega_i^1} I_0\left(|F_m|\sigma^{-2}\left|r_m^T s_m^*\right|\right)} \\
&= \ln \frac{\displaystyle\sum_{s_m \in \Omega_i^0} I_0\left(|F_m|\sigma^{-2}\left|\sum_{k=1}^{16} r_{m,k} s_{m,k}^*\right|\right)}{\displaystyle\sum_{s_m \in \Omega_i^1} I_0\left(|F_m|\sigma^{-2}\left|\sum_{k=1}^{16} r_{m,k} s_{m,k}^*\right|\right)}
\end{aligned}
\tag{4-60}
$$

由于 $I_0(x)$ 是单调且快速递增函数，则对 $\sum_m I_0(x_m)$ 起主要影响作用的是 $I_0\left[\underset{m}{\arg\max}(x_m)\right]$，也就是说，$\sum_m I_0(x_m) \approx I_0\left[\underset{m}{\arg\max}(x_m)\right]$。故式（4-60）可以简化为，

$$
\text{LLR}_i \approx \ln \frac{I_0\left[\underset{s_m \in \Omega_i^0}{\arg\max}\left(|F_m|\sigma^{-2}\left|\sum_{k=1}^{16} r_{m,k} s_{m,k}^*\right|\right)\right]}{I_0\left[\underset{s_m \in \Omega_i^1}{\arg\max}\left(|F_m|\sigma^{-2}\left|\sum_{k=1}^{16} r_{m,k} s_{m,k}^*\right|\right)\right]}
\tag{4-61}
$$

接下来，考虑到当 x 的值较大时 $\ln I_0(x) \approx x$。在假设高信噪比时第 i 个比特信息的 LLR 可表示为

$$
\begin{aligned}
\text{LLR}_i &\approx \ln \frac{I_0\left[\underset{s_m \in \Omega_i^0}{\arg\max}\left(|F_m|\sigma^{-2}\left|\sum_{k=1}^{16} r_{m,k} s_{m,k}^*\right|\right)\right]}{I_0\left[\underset{s_m \in \Omega_i^1}{\arg\max}\left(|F_m|\sigma^{-2}\left|\sum_{k=1}^{16} r_{m,k} s_{m,k}^*\right|\right)\right]} \\
&= \ln I_0\left[\underset{s_m \in \Omega_i^0}{\arg\max}\left(|F_m|\sigma^{-2}\left|\sum_{k=1}^{16} r_{m,k} s_{m,k}^*\right|\right)\right] - \ln I_0\left[\underset{s_m \in \Omega_i^1}{\arg\max}\left(|F_m|\sigma^{-2}\left|\sum_{k=1}^{16} r_{m,k} s_{m,k}^*\right|\right)\right] \\
&\approx \underset{s_m \in \Omega_i^0}{\arg\max}\left(|F_m|\sigma^{-2}\left|\sum_{k=1}^{16} r_{m,k} s_{m,k}^*\right|\right) - \underset{s_m \in \Omega_i^1}{\arg\max}\left(|F_m|\sigma^{-2}\left|\sum_{k=1}^{16} r_{m,k} s_{m,k}^*\right|\right) \\
&= |F_m|\sigma^{-2}\left[\underset{s_m \in \Omega_i^0}{\arg\max}\left(\left|\sum_{k=1}^{16} r_{m,k} s_{m,k}^*\right|\right) - \underset{s_m \in \Omega_i^1}{\arg\max}\left(\left|\sum_{k=1}^{16} r_{m,k} s_{m,k}^*\right|\right)\right]
\end{aligned}
\tag{4-62}
$$

显然地,式(4-62)中的$|F_m|\sigma^{-2}$是一个常数。对于卷积码的软输出 Viterbi 算法而言,去掉$|F_m|\sigma^{-2}$并不会影响解码结果。因此,可以得到没有 CSI 的 LLR

$$LLR_i = \arg\max_{s_m \in \Omega_i^0}\left(\left|\sum_{k=1}^{16} r_{m,k}s_{m,k}^*\right|\right) - \arg\max_{s_m \in \Omega_i^1}\left(\left|\sum_{k=1}^{16} r_{m,k}s_{m,k}^*\right|\right) \quad (4-63)$$

式(4-63)所得的 LLR 无需 CSI 信息,且不含有高复杂度贝塞尔函数,这对 SISO 解码和信号检测意义重大。而且,在实际信号检测过程中也需要这种低复杂度和低能耗的 LLR 提取方案。

4.4.4 性能仿真与分析

4.4.4.1 仿真参数

在本章节的仿真中,PPDU 均被设置为 128 个字节,编码方式为码率$R=1/2$、生成多项为(5,7)的卷积码,译码方式为 SISO 译码。表4-12 为本章仿真工作中的详细参数。

表 4-12　仿真参数

参数	类型
检测方案	逐符号迭代非相干
编码器	卷积编码器
译码器	SISO 译码器
信道条件	纯高斯白噪声和慢瑞利衰落
时间同步	完美
符号	16 进制准正交
扩频方式	(32,4)-DSSS
PSDU 的有效载荷长度(bits)	1 024
码片速率(Mchip/s)	2
载波频率(MHz)	2 480
衰落相位θ和信道相位Θ(rads)	在$(-\pi,\pi)$区间内均匀分布
计算机版本	Win10_64 bit
计算机中央处理器(CPU)	Intel Core i5-4210U 2.40GHz

4.4.4.2 迭代次数对性能影响

图 4-33 对比了外部迭代次数对所提接收机配置简化 LLR 提取方法式（4-63）时的检测性能。如图 4-33 所示，随着外迭代次数的增加，配置简化 LLR 提取方法式（4-63）时的检测性能逐渐接近配置全复杂度 LLR 提取方法式（4-59）时的检测性能。当 PER $= 1\times10^{-2}$ 时，相对于未迭代时配置 LLR 提取方法式（4-63）的接收机，迭代 1 次可获得 0.72 dB 性能增益，迭代 2 次可获得 1.23 dB 性能增益。迭代次数越大，性能改善效果逐渐减小。当迭代次数增至 5 次时，可以获得 1.55 dB 的性能增益，此时的检测效果已经高度接近于配置全复杂度 LLR 的检测方案。当迭代次数由 5 次增至 8 次时，性能增益不明显。同时，相对于配置全复杂度 LLR 提取方法式（4-59）的接收机，配置简化 LLR 提取方法式（4-63）的接收机迭代 5 次时仅有 0.14 dB 性能损耗。显然地，配置简化 LLR 提取方法式（4-63）接收机迭代 5 次时的性能得到明显改善，符合低功耗终端节点设计需求。

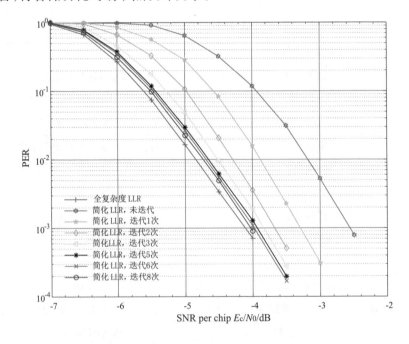

图 4-33　外迭代次数对检测性能的影响

4.4.4.3 检测性能分析

本小节对比了在纯 AWGN 信道下和慢 Rayleigh 衰落信道下，所提方案在配置不同 LLR 提取方法时的检测性能。假设相偏、噪声方差等信道信息均已知时，可得到完美 CSI 信道条件下卷积编码时的 LLR 提取方法式（4-55）。配置 LLR 提取方法式（4-55）的检测性能如图 4-34 和图 4-35 中所示，该线条为接收机检测性能的下限。未编码时的最优单符号非相干检测性能如图 4-34 和图 4-35 所示，该线条为接收机检测性能的上限。

如图 4-34 所示，在纯 AWGN 信道下，配置简化 LLR 提取方法式（4-63）的接收机迭代 5 次时略差于配置 LLR 式（4-55）和配置 LLR 式（4-59）的接收机。当 PER=1×10^{-2} 时，配置简化 LLR 提取方法式（4-63）的接收机迭代 5 次时，相对于配置 LLR 提取方法式（4-61）和配置 LLR 提取方法式（4-59）的接收机，仅有 0.11 dB 和 0.15 dB 性能损耗。显然，配置简化 LLR 提取方法式（4-63）且迭代 5 次时接收机性能表现良好，且实现复杂度低，符合 IEEE 802.15.4g 接收机设计需求。

图 4-35 对比了慢 Rayleigh 衰落信道下，所提方案在配置不同 LLR 提取方法时的检测性能。如图 4-35 所示，对于配置 LLR 提取方法式（4-63）的接收机，增加迭代次数可以带来显著的性能增益；同时，当迭代次数为 5 次时，配置简化 LLR 提取方法式（4-63）的接收机检测性能略差于配置 LLR 提取方法式（4-61）和配置 LLR 提取方法式（4-59）。显然地，这与在纯 AWGN 信道下的性能分析结果相同。在慢 Rayleigh 衰落信道下，配置简化 LLR 提取方法式（4-63）迭代 5 次时的检测性能即可满足 IEEE 802.15.4g O-QPSK 接收机设计需求，且大幅度降低了实现复杂度。

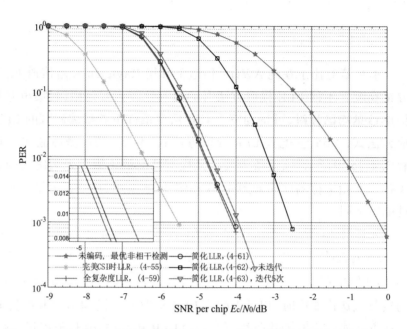

图 4-34 纯 AWGN 信道下,配置不同 LLR 提取方法时的检测性能对比

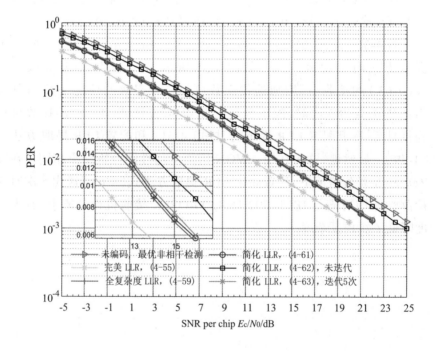

图 4-35 慢瑞利衰落信道下,配置不同 LLR 提取方法时的检测性能对比

4.4.4.4 能耗分析

本小节在 Atmel AT86RF215 硬件平台上评估了所提方案配置不同 LLR 提取方法时的传输能耗。如表 4-13 所示,我们比较了在纯 AWGN 下 O-QPSK 接收机采用所提方案配置不同 LLR 提取方法时的传输电源电流和能量增益。特别地,接收器传输能耗为 $E = IV N_p / f_{tx}$。其中 I 是传输电流,电源电压 V 假定为 3 V,N_p 是 PSDU 的码片长度,码片传输速率 f_{tx} 为 2 M/chip。

表 4-13　在纯 AWGN 信道的汇聚节点上,当 PER=1×10⁻² 时

所提方案配置不同 LLR 提取方法时所需供电电流和能量增益

所提方案配置 不同 LLR 提取方法	SNR 增益(dB)	供电电流 I(mA)	消耗能量(μJ)	增益(μJ)	节约能量(%)
经典 LLR(4-55)	6.11	17.58	216.02	101.75	32.02
低复杂度 LLR(4-59)	4.36	20.35	250.06	67.71	21.31
简化 LLR(4-61)	4.34	20.41	250.80	66.97	21.07
简化 LLR(4-63)	2.67	21.67	266.28	51.49	16.20

由表 4-13 可以观察到,与未编码时最优非相干检测方案相比,基于卷积编码的所提方案得到一定程度的性能增益。具体而言,在 PER=1×10⁻² 处,配置经典 LLR 提取方法式(4-55)的所提方案可以节省 32.02% 的传输能量,配置全复杂度 LLR 提取方法式(4-59)的所提方案节省了 21.31% 的传输能量,而配置简化 LLR 提取方法式(4-63)的所提方案可以节省 16.20% 的传输能量。因此,配置 LLR 提取方法式(4-63)的所提方案符合低功耗、低成本的 SUNs 仅传输节点的设计需求。

4.4.4.5 可靠性分析

为了研究所提方案的可靠性,我们仿真分析了其相偏鲁棒性。特别地,本小节评估了在纯 AWGN 信道下,配置低复杂度 LLR 提取方法式(4-63)时所提接收机在动态 CPO 下的检测性能。相位 θ 的分布遵循维纳过程 $\theta_{m+1} = \theta_m + \Delta m$,其中 Δm 是均值为零、方差为 σ_m^2 的平均高斯随

机变量,初始相位 θ_1 服从 $(-\pi,\pi)$ 上的均匀分布。如图 4-36 所示,当 PER 为 1×10^{-2} 时,当相位抖动标准偏差 σ_m 从 0 度增大到 7 度时,性能损耗仅为 0.36 dB;当 σ_m 从 7 度增大到 10 度时,性能损耗为 0.47 dB。显然地,当 σ_m 在 10 度以内时,并未呈现出显著的性能损耗,即所提方案配置 LLR 提取方式式(4-63)时对于相位抖动具有鲁棒性,符合 IEEE 802.15.4g O-QPSK 接收机的性能设计需求。

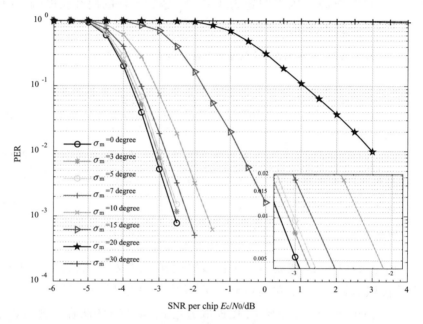

图 4-36   纯 AWGN 信道下所提方案配置 LLR 提取方法式(4-63)时在不同 CPO
条件下的检测性能

4.4.4.6 复杂度分析

本小节从运行时间的角度对比了不同检测方案的复杂度。具体而言,仿真了所提方案配置不同 LLR 提取方法时运行 10_4 个数据包的时间,并得到如图 4-37 所示的数据包平均运行时间对比图。如图 5-8 所示,当 PER=-6 dB 时,所提方案配置 LLR 式(4-55)时的包平均运行时间为 0.26 s,配置 LLR 提取方法式(4-59)时为 0.32 s,配置 LLR 提取方法式(4-61)时为 0.19 s,配置 LLR 提取方法式(4-63)时为 0.18 s。显然地,我们所提检测方案配置简化 LLR 提取方法式(4-63)时相对于配置 LLR 提取方法式（4-55）时的包平均运行时间降低了 1.44 倍，相对于配置 LLR 提取方法式（4-59）时降低了 1.78 倍。较低的数据包运行时间意味着较低的实现复杂度，而这种低复杂度的 LLR 提取方法式（4-63）正是低功耗、低成本 UPIoT 节点设计所期望的。

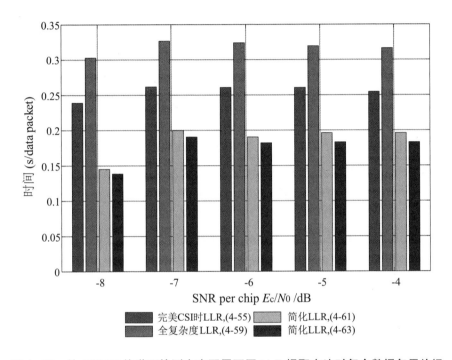

图 4-37　纯 AWGN 信道下检测方案配置不同 LLR 提取方法时每个数据包平均运行时间比较

参考文献

[1] S. M. Kay. Fundamentals of statistical signal processing, volume II：detection theory[M]. Prentice-Hall PTR，Upper Saddle River，NJ，USA，1998：125-162.

[2] Marvin K. Simon，Mohamed-Slim Alouini. Digital communication over fading channels[M]. Hoboken，New Jersey，John Wiley & Sons，Inc.，2004：68-75.

[3] J. H. Do，J. S. Han，H. J. Choi，et al. A coherent detection-

based symbol detector algorithm for 2.45 GHz LR-WPAN receiver[C]. Proceedings of IEEE Region 10 Annual International Conference, Melbourne, Qld., Australia, 2005, 1-6.

[4] D. Divsalar, M. K. Simon. Maximum-likelihood differential detection of uncoded and trellis coded amplitude phase modulation over AWGN and fading channels-metrics and performance[J]. IEEE Transactions on Communications, 1994, 42（1）: 76-89.

[5] G. Y. Zhang, D. Wang, L. Song, et al. Simple non-coherent detection scheme for IEEE 802.15.4 BPSK receivers[J]. Electronics Letters, 2017, 53（9）: 628-636.

[6] Wetz M, Teich W G, Robust transmission over fast fading channels on the basis of OFDM-MFSK[J]. Wireless Personal Communications, 2008, 47（1）: 113-123.

[7] ISO/IEC/IEEE 802.15.4-2018 Standard, Information Technology-Telecommunications and Information Exchange between Systems-Local and Metropolitan area Networks-Specific Requirements-Part 15-4: Wireless Medium Access Control（MAC）and Physical Layer（PHY）Specifications for Low-Rate Wireless Personal area Networks（WPANs）[S]. IEEE Press, New York, NY, USA, 2018.

[8] IEEE Standard for Local and Metropolitan area Networks–Part 15.4: Low-Rate Wireless Personal area Networks（LR-WPANs）Amendment 3: Physical Layer（PHY）Specifications for Low-Data-Rate, Wireless, Smart Metering Utility Networks in IEEE Std 802.15.4g-2012（Amendment to IEEE Std 802.15.4-2011）[S]. IEEE Press, New York, NY, USA, 2012.

[9] 刘旭. 基于IEEE802.15.4g的无线通信系统开发与研究 [D]. 济南: 山东大学, 2013: 1-51.

[10] S. Lin. Error control coding[M]. Hawaii: Fundamentals and Applications, 1983: 68-87.

[11] P. Elias. Coding for Noisy Channel[M]. New York: IRE Communications Record, 1955: 68-95.

[12] A. Viterbi. Error bounds for convolutioal codes and an

asymptotically optimum decoding algorithm[J]. IEEE Transactions on Information Theory，1967，13（2）：260-269.

[13] K. Larsen. Comments on, An efficient algorithm for computing free distance[J]. IEEE Transactions on Information Theory，1973，19（4）：577-579.

[14] 刘健. 信道编码的盲识别技术研究 [D]. 西安：西安电子科技大学，2010：1-98.

[15] 刘磊. 基于 ZigBee 技术的无线通信终端设计 [D]. 西安：西安电子科技大学，2011.

[16] 张高远，师聪雨，韩璁琤，等. 一种用于泛在电力物联网的 QPSK 调制非相干检测方法. 中国，发明专利，CN111245758A[P]，2020-06-05.

[17] M. P. Fitz. Further results in the fast estimation of a single frequency[J]. IEEE Transactions on Communications，1994，42(234)：862-864.

[18] G. Y. Zhang，H. Wen，L Wang，et al. Simple and robust near-optimal single differential detection scheme for IEEE 802.15.4 BPSK receivers[J]. IET Communications，2019，13（2）：186-197.

[19] Low Power，700/800/900 MHz Transceiver for ZigBee，IEEE 802.15.4，6LoWPAN，and ISM ApplicationsDatasheet[EB/OL]. Available online：https：//www.mouser.cn/pdfdocs/doc7911. pdf.

[20] Sub-1GHz/2.4 GHz Transceiver and I/Q Radio for IEEE Std 802.15.4-2015 Datasheet，IEEE Std 802.15.4g-2012，and AT86RF215/AT86RF215IQ/AT86RF215M Datasheet[EB/OL]. Available online：http：//ww1.microchip.com/downloads/en/devicedoc/atmel-42415-wireless-at86rf215_datasheet.pdf.

[21] R. G. Maunder，A. S. Weddell，G. V. Merrett，et al. Iterative decoding for redistributing energy consumption in wireless sensor networks[C]. Proceedings of the 17th International Conference on Computer Communications and Networks，St. Thomas，USA，2008：1-6.

[22] D. Divsalar，M. K. Simon. Multiple-symbol differential

detection of MPSK[J]. IEEE Transactions Communication 1990，38（3）：300-308.

[23] D. Divsalar, M. K. Simon. Maximum-likelihood differential detection of uncoded and trellis coded amplitude phase modulation over AWGN and fading channels-metrics and performance[J]. IEEE Transactions Communication, 1994, 42（1）：76-89.

[24] D. Raphaeli. Decoding algorithms for noncoherent trellis coded modulation[J]. IEEE Transactions Communication, 1996, 44,（3）：312-323.

[25] 张高远，文红，宋欢欢，等 . 改善 SCCRFQPSK 迭代检测收敛性的简单方法 [J]. 计算机应用，2014，34（9）：2486-2490.

[26] L. R. Bahl, J. Cocke, F. Jelinek, et al. Optimal decoding of linear codes for minimizing symbol error rate[J]. IEEE Transactions Information Theory, 1974, IT（20）：284-87.

[27] 毛京丽，石方文 . 数字通信原理 [M]. 北京：人民邮电出版社，2011：43-62.

第 5 章

物联网通信中的 MPSK 调制

本章首先介绍了 IEEE 802.15.4c 标准的频段、速率及物理层协议数据单元,同时描述了多进制相移键控物理层的调制、扩频、预处理及相移键控调制。然后介绍多进制相移键控物理层未编码多符号非相干检测。还针对编码多进制相移键控调制系统中引入的信道状态信息误差,提出几种次佳比特对数似然比提取算法,可有效降低检测过程中软判决译码的复杂度。最后考虑多符号检测的随机量量化问题,提出基于随机参量量化的简化广义似然比检测算法。

5.1 IEEE802.15.4c MPSK 物理层概述

5.1.1 IEEE 802.15.4c 协议

IEEE 802.15 是 IEEE 802 国际标准委员会的一个制定 WPAN 标准的工作组,其定义了 PHY 和媒体访问控制层。IEEE 802.15 工作组现有 4 个,分别是: IEEE 802.15.1 工作组、IEEE 802.15.2 工作组、IEEE 802.15.3 工作组和 IEEE 802.15.4 工作组。其中, IEEE 802.15.4 工作组是针对较低传输速率 WPAN 而提出的新规范,专为数据速率相对较低、电池寿命要求高、复杂性较低以及硬件成本低的设备使用而设计。IEEE 802.15.4 标准的首个版本在 2003 年被推出。较新的版本的发布是为了扩展 IEEE 802.15.4 标准的市场适用性,消除歧义并包括从以前的实现中开发的改进。IEEE 802.15.4 标准还对调制方案和不同的数据速率进行了多次修证。其典型应用包括环境监测及监视、家庭自动化系统。IEEE 802.15.4 标准应用十分广泛,是 WPAN 设计的重要依据。

IEEE 802.15.4 标准涵盖三个不同的频段。第一个频段为 863~870 MHz,有一个信道,使用 BPSK 调制方案,速率为 20 kb/s,仅在欧洲受支持。第二个频段为 902~928 MHz,有 10 个信道,每个信道均采用 BPSK 调制方案,速率为 40 kb/s,仅在北美、澳大利亚、新西兰和南美的一些国家受支持。第三个频段位于 2 400~2 483.5 MHz,有 16 个信道,每个信道采用 OQPSK 调制方案,速率为 250 kb/s,几乎在全球范围内得到支持。PHY 的选择取决于各个国家和地区的规则和要求,IEEE 802.15.4 标准需要制定符合各个国家和地区无线应用市场的兼容标准。而中国使用 780 MHz 频段,IEEE 于 2009 年以支持中国 780MHz 频段制定了 IEEE 802.15.4c 标准。

5.1.2 频段及速率

IEEE 802.14.5c 标准在 780 MHz 物理层上采用 O-QPSK 及 MPKS 调制方式,其工作频段及速率如表 5-1 所示。在 780 MHz 频段上,比特速率为 250 kb/s,符号速率为 62.5 符号 /s,码片速率为 1 Mchips/s。在 780 MHz 频段上为提高接收端在给定信噪比下的误码率采用直接序列扩频(Direct Sequence Spread Spectrum, DSSS)调制。

表 5-1　频段及速率

物理层	频率范围	扩频参数		数据参数	
		码片速率	调制方式	比特速率	符号速率
780 MHz	779 ~ 787 MHz	1 Mchip/s	MPSK	250 kb/s	62.5 符号 /s
780 MHz	779 ~ 787 MHz	1 Mchip/s	OQPSK	250 kb/s	62.5 符号 /s

在 780 MHz 频段上分布了 8 个信道,将其依次编号为 0 至 7,这些信道的中心频率可表示为

$$F_c=780+2k, k=0,1,2,3$$
$$F_c=780+2(k-4), k=4,5,6,7$$

（5-1）

其中,k 表示信道序号。图 5-1 更为直观地显示了 8 个信道的分配情况。

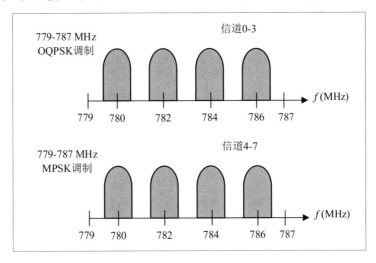

图 5-1　780 MHz 频段的信道

5.1.3 PPDU 格式

PHY 协议数据单元（PHY Protocol Data Unit, PPDU）包含同步头（synchronization header, SHR）、PHY 帧头及 PHY 负载三部分,详细信息如表 5-2 所示。具体而言,SHR 由 8 个 "0000" 比特的前导符和帧起始定界符（Start Frame Delimiter, SFD）组成,许可接收机同步和冻结比特流；PHY 帧头的最低七位数表示 PHY 服务数据单元（PHY Service Data Unit, PSDU）的长度,最高一位数为保留位,故其负载宽度不能大于 127 字节；PSDU 的字段长度是非固定的,适用于承载媒体访问控制层的帧。

表 5-2 PHY 帧结构

4 字节	1 字节（0xA7）	1 字节		≤ 127 字节
前导符	帧起始定界符	帧长度（7 位）	保留位（1 位）	物理层服务数据单元
同步头		PHY 帧头		PHY 负载

表 5-3 显示了 780 MHz 物理层发射功率谱密度（Power Spectral Density，PSD）限制。f 表示发射信号频率，f_c 表示载波频率，当两者相距大于 1.2 MHz，其相对限制需小于 –20 dB，绝对限制需小于 –20 dBm，应使用 100 kHz 分辨率带宽执行所有测量。对于相对限制，所相对频谱应为载波频率在 ± 600 KHzfalse 范围内测量的最高频谱功率。

表 5-3 780MHz 物理层发射 PSD 限制

频率	相对限制	绝对限制
$\mid f\!-\!f_c \mid >1.2\text{MHz}$	–20 dB	–20 dBm

表 5-4 给出 IEEE 802.15.4 标准兼容的接收器应该能够达到 -85 dBm 或更好的灵敏度，接收端误包率（Packet Error Rate，PER）应小于 1%。

表 5-4 接收灵敏度定义

术语	术语定义	测试条件
PER	没有正确接收的数据包的百分比	随机 PSDU 数据的平均值
接收灵敏度	在保证 PER 的条件下输入信号的最小阈值	PSDU 长度 =20 个字节
		PER<1%
		天线终端测量的功率
		没有干扰信号

接收机抗干扰能力是指接收机在与信道相邻的大阻值共存的情况下实现所需 PER 的能力。表 5-5 显示 780 MHz PHY 的最低接收器抗干扰要求。为了测量临近或次临近信道的抑制，所期望的信号应适用于 780 MHz IEEE 802.15.4c 标准。在同一时间临近信道和次临近信道只允许存在一个。其中，临近信道是所需信道两侧紧密相邻的信道，其频率最接近所需信道；次临近信道定义为与所需信道之间相间隔着一个信道。

表 5-5　780 MHz PHY 的最低接收器抗干扰要求

临近信道抑制	次临近信道抑制
0 dB	30 dB

IEEE 802.15.4c 标准为适应中国 WPAN 市场,在 780 MHz 物理层上补充了 OQPSK 及 MPKS 调制方式。本节着重于 780 MHz MPSK 物理层数字基带的研究,接下来,将重点阐述与本标准相关的 780 MHz MPSK 物理层规范。

5.1.4 MPSK 物理层

在 780MHz 频段工作时,MPSK 物理层使用 16 进制正交调制技术。在每个符号周期,用 4 个比特信息选取 16 个伪随机噪声(Pseudo-random Noise,PN)序列中的 1 个,并采用相移键控(Phase Shift Keying,PSK)将码片相位依次调制至载波。经过 PSK 调制后,得到码片级基带信号。

5.1.4.1 调制和扩频

图 5-2 给出 MPSK 物理层数据调制过程。PPDU 中八个比特组成一个字节,依次经过扩频、预处理和调制功能进行处理。对于每个字节,先处理低四位,后处理高四位。

图 5-2　MPSK PHY 数据调制过程

每个字节的低四位(b_0, b_1, b_2, b_3)和高四位 (b_4, b_5, b_6, b_7) 依次被映射后,得到其对应的 2 个符号。

每个符号映射成表 5-6 中相位序列之一。容易观察到,16 个相位序列之间可通过循环移位得到。

表 5-6 MPSK 符号 – 码片映射

扩频序列 s_y	$b_0b_1b_2b_3$ （二进制）	码片相位 $\mathbf{s}_y=(s_{y,1},s_{y,2},...,s_{y,15},s_{y,16})$
s_1	0000	$0,\frac{\pi}{16},\frac{\pi}{4},\frac{9\pi}{16},\pi,-\frac{7\pi}{16},\frac{\pi}{4},-\frac{15\pi}{16},0,-\frac{15\pi}{16},\frac{\pi}{4},-\frac{7\pi}{16},\pi,\frac{9\pi}{16},\frac{\pi}{4},\frac{\pi}{16}$
s_2	1000	$\frac{\pi}{16},0,\frac{\pi}{16},\frac{\pi}{4},\frac{9\pi}{16},\pi,-\frac{7\pi}{16},\frac{\pi}{4},-\frac{15\pi}{16},0,-\frac{15\pi}{16},\frac{\pi}{4},-\frac{7\pi}{16},\pi,\frac{9\pi}{16},\frac{\pi}{4}$
s_3	0100	$\frac{\pi}{4},\frac{\pi}{16},0,\frac{\pi}{16},\frac{\pi}{4},\frac{9\pi}{16},\pi,-\frac{7\pi}{16},\frac{\pi}{4},-\frac{15\pi}{16},0,-\frac{15\pi}{16},\frac{\pi}{4},-\frac{7\pi}{16},\pi,\frac{9\pi}{16}$
s_4	1100	$\frac{9\pi}{16},\frac{\pi}{4},\frac{\pi}{16},0,\frac{\pi}{16},\frac{\pi}{4},\frac{9\pi}{16},\pi,-\frac{7\pi}{16},\frac{\pi}{4},-\frac{15\pi}{16},0,-\frac{15\pi}{16},\frac{\pi}{4},-\frac{7\pi}{16},\pi$
s_5	0010	$\pi,\frac{9\pi}{16},\frac{\pi}{4},\frac{\pi}{16},0,\frac{\pi}{16},\frac{\pi}{4},\frac{9\pi}{16},\pi,-\frac{7\pi}{16},\frac{\pi}{4},-\frac{15\pi}{16},0,-\frac{15\pi}{16},\frac{\pi}{4},-\frac{7\pi}{16}$
s_6	1010	$-\frac{7\pi}{16},\pi,\frac{9\pi}{16},\frac{\pi}{4},\frac{\pi}{16},0,\frac{\pi}{16},\frac{\pi}{4},\frac{9\pi}{16},\pi,-\frac{7\pi}{16},\frac{\pi}{4},-\frac{15\pi}{16},0,-\frac{15\pi}{16},\frac{\pi}{4}$
s_7	0110	$\frac{\pi}{4},-\frac{7\pi}{16},\pi,\frac{9\pi}{16},\frac{\pi}{4},\frac{\pi}{16},0,\frac{\pi}{16},\frac{\pi}{4},\frac{9\pi}{16},\pi,-\frac{7\pi}{16},\frac{\pi}{4},-\frac{15\pi}{16},0,-\frac{15\pi}{16}$
s_8	1110	$-\frac{15\pi}{16},\frac{\pi}{4},-\frac{7\pi}{16},\pi,\frac{9\pi}{16},\frac{\pi}{4},\frac{\pi}{16},0,\frac{\pi}{16},\frac{\pi}{4},\frac{9\pi}{16},\pi,-\frac{7\pi}{16},\frac{\pi}{4},-\frac{15\pi}{16},0$
s_9	0001	$0,-\frac{15\pi}{16},\frac{\pi}{4},-\frac{7\pi}{16},\pi,\frac{9\pi}{16},\frac{\pi}{4},\frac{\pi}{16},0,\frac{\pi}{16},\frac{\pi}{4},\frac{9\pi}{16},\pi,-\frac{7\pi}{16},\frac{\pi}{4},-\frac{15\pi}{16}$
s_{10}	1001	$-\frac{15\pi}{16},0,-\frac{15\pi}{16},\frac{\pi}{4},-\frac{7\pi}{16},\pi,\frac{9\pi}{16},\frac{\pi}{4},\frac{\pi}{16},0,\frac{\pi}{16},\frac{\pi}{4},\frac{9\pi}{16},\pi,-\frac{7\pi}{16},\frac{\pi}{4}$
s_{11}	0101	$\frac{\pi}{4},-\frac{15\pi}{16},0,-\frac{15\pi}{16},\frac{\pi}{4},-\frac{7\pi}{16},\pi,\frac{9\pi}{16},\frac{\pi}{4},\frac{\pi}{16},0,\frac{\pi}{16},\frac{\pi}{4},\frac{9\pi}{16},\pi,-\frac{7\pi}{16}$
s_{12}	1101	$-\frac{7\pi}{16},\frac{\pi}{4},-\frac{15\pi}{16},0,-\frac{15\pi}{16},\frac{\pi}{4},-\frac{7\pi}{16},\pi,\frac{9\pi}{16},\frac{\pi}{4},\frac{\pi}{16},0,\frac{\pi}{16},\frac{\pi}{4},\frac{9\pi}{16},\pi$
s_{13}	0011	$\pi,-\frac{7\pi}{16},\frac{\pi}{4},-\frac{15\pi}{16},0,-\frac{15\pi}{16},\frac{\pi}{4},-\frac{7\pi}{16},\pi,\frac{9\pi}{16},\frac{\pi}{4},\frac{\pi}{16},0,\frac{\pi}{16},\frac{\pi}{4},\frac{9\pi}{16}$
s_{14}	1011	$\frac{9\pi}{16},\pi,-\frac{7\pi}{16},\frac{\pi}{4},-\frac{15\pi}{16},0,-\frac{15\pi}{16},\frac{\pi}{4},-\frac{7\pi}{16},\pi,\frac{9\pi}{16},\frac{\pi}{4},\frac{\pi}{16},0,\frac{\pi}{16},\frac{\pi}{4}$
s_{15}	0111	$\frac{\pi}{4},\frac{9\pi}{16},\pi,-\frac{7\pi}{16},\frac{\pi}{4},-\frac{15\pi}{16},0,-\frac{15\pi}{16},\frac{\pi}{4},-\frac{7\pi}{16},\pi,\frac{9\pi}{16},\frac{\pi}{4},\frac{\pi}{16},0,\frac{\pi}{16}$
s_{16}	1111	$\frac{\pi}{16},\frac{\pi}{4},\frac{9\pi}{16},\pi,-\frac{7\pi}{16},\frac{\pi}{4},-\frac{15\pi}{16},0,-\frac{15\pi}{16},\frac{\pi}{4},-\frac{7\pi}{16},\pi,\frac{9\pi}{16},\frac{\pi}{4},\frac{\pi}{16},0$

5.1.4.2 预处理和 PSK 调制

预处理时每个码片均需减去常数 A_{DC}，A_{DC} 可表示为

$$A_{DC} = \frac{1}{4} \exp\left(\frac{j\pi}{4}\right) \qquad (5-2)$$

IEEE 802.15.4c 标准选取升余弦脉冲成型，将经过预处理后的码片序列执行成型滤波操作。使用具有升余弦脉冲成型的 PSK 将扩频后的码片相位调制到载波上。每个符号扩频后对应为 16 码片序列，故码片速率是符号速率的 16 倍。

5.2 未编码多符号非相干检测

鉴于感知层数据可靠传输在智慧城市中的重要性，IEEE 802.15.4c 协议给出了 780MHz 频段 MPSK 调制方式的 PHY 标准。MPSK 信号具有良好的频谱效率和恒定包络特性，故基于低复杂度多符号非相干检测方案是以 MPSK 信号为 PHY 技术的 WSNs 检测的有效手段，它不仅利用了 MPSK 信号强大的抗干扰能力，并且还适用于为低数据速率无线传输量身定制的 IEEE 802.15.4c 协议；不仅引发了工业领域广泛关注，还引起学术界的热烈讨论研究。

完全形式的 MSD 方案引发了广泛深入的讨论。非相干检测通常采用共轭运算器和相关器计算出非相干度量值，将度量集合固定为检测区间进行搜索，然后在这个区间内将相关器输出值做比较，进一步确定最大非相干度量值。非相干结构下完全形式的 MSD 方案检测性能较好，但其实现复杂度非常高，会随着观察窗口长度的增加呈指数增长，不利于应用于工程。

针对上述问题，本节为 IEEE 802.15.4c MPSK 接收机提出了一种低复杂度 MSD 方案。首先，在每个符号周期，计算每个符号的最大度量值和次大度量值。然后，冻结与最可靠的符号位置相对应的决策结果，这是通过搜索所有局部最大度量来实现的。对于剩余的符号位置，

要搜索的符号数将被截断。也就是说,仅将与局部最大度量和次大度量
对应的扩频序列视为候选,搜索空间变小,大大减低了度量值的比较次
数。仿真结果表明,本章所提方案在保证检测性能良好的基础下,可有
效降低检测的判决统计量计算次数,易于实现。

5.2.1 系统模型

根据 IEEE 802.15.4c 标准, MPSK 物理层数据传输过程如图 5-3
所示。来自 PPDU 的二进制数据,在每个符号周期内,使用 4 个比特信
息选取 16 个 PN 序列中的 1 个,码片序列通过 MPSK 调制到载波上。
有关映射规则的更多详细信息,请参阅表 5-6。

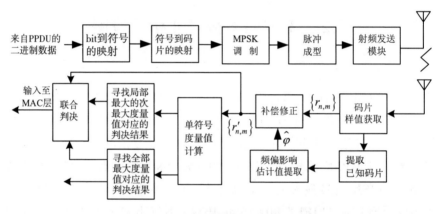

图 5-3　低复杂度 MSD 方案的系统模型

假设在接收端载波完美同步,在 N 个符号周期内,采样的复基带接
收信号为 $R = (r_1, r_2, \cdots, r_n, \cdots, r_N)$。具体来说,第 n 个符号周期对应的接
收信号可表示为

$$\mathbf{r}_n = \left(r_{n,1}, r_{n,2}, \cdots, r_{n,16} \right), 1 \leqslant n \leqslant N$$
$$r_{n,m} = h_{n,m} s_{y,m} \mathrm{e}^{\mathrm{j}\left(\omega_{n,m} m T_c + \theta_{n,m} \right)} + \eta_{n,m}, 1 \leqslant m \leqslant M \tag{5-2}$$

其中, $h_{n,m}$ 表示乘性衰落。 $s_{y,m}$ 表示第 y 个 PN 序列 s_y 的第 m 个码片值,
16 种伪随机序列 $\{s_y, 1 \leqslant y \leqslant 16\}$ 如表 5-6 所示。 j 为虚数单位。
$\omega_{n,m} = 2\pi f_{n,m}$ 表示以弧度为单位的载波频率偏移, $f_{n,m}$ 表示以 Hz 为单位
的残余 CFO。 $\theta_{n,m}$ 表示以弧度为单位的载波相位偏移, T_c 表示扩频码片

周期。$\eta_{n,m}$ 是离散、循环对称、均值为零且方差为 $\sigma_{n,m}^2$ 的复高斯随机变量。$M=16$ 表示 PN 序列长度。

假设乘性衰落、CFO、CPO 和噪声项在接收器处是未知且随机的，并对其进行分段常数近似，即 $h_{n,m}=h$，$\omega_{n,m}=\omega$，$\theta_{n,m}=\theta$。此外，θ 在区间 $(-\pi,\pi)$ 中服从均匀分布，归一化复高斯过程 h 服从瑞利分布，即均值 $\bar{h}=0$，CFO f 服从对称的三角形分布。

5.2.2 完全形式多符号检测

基于 MLD 的 IEEE 802.15.4c MPSK 接收机开发完全形式的 MSD 方案实现复杂度非常高重，限制其在新型智慧城市的应用。本节采用启发式的研究思路对该结果做了扩展，具体检测过程如下。

首先将经过载波频偏效应（Carrier Frequency Offset Effect，CFOE）补偿后的基带码片采样序列表示为

$$r'_{n,m} = r_{n,m}\mathrm{e}^{-jm\hat{\varphi}} \qquad (5\text{-}3)$$

其中，$\hat{\varphi}=\widehat{\omega T_c}$ 表示频偏影响 ωT_c 的估计值。这里假设补偿后完全消除了冗余参数 ωT_c 对 $r_{n,m}$ 的影响。此外，由于信息是嵌入在载波相位中，而不是嵌入到载波幅度中，因此接收信号即使表现出严重衰落，也无需估计和补偿乘性衰落 h。

在 N 个符号区间内，度量值可表示为

$$u_i = \left| \sum_{n=1}^{N}\sum_{m=1}^{16} r'_{n,m}s^*_{y,m} \right|^2, \quad 1 \leqslant i \leqslant 16^N \qquad (5\text{-}4)$$

其中，* 表示复共轭运算。请注意，当 $N=1$ 时式（5-4）等效为 SBSD 方案。从式（5-4）中也可以看出乘性衰落 h 对最终决策没有影响，不须要估计补偿衰落系数 h。

最后，决策规则可表示为

$$\hat{u} = \arg\max_{1 \leqslant i \leqslant 16^N}\left(u_i\right) \qquad (5\text{-}5)$$

解映射后，可得到检测结果。

传统完全形式的 MSD 方案的信号模型只考虑相位偏移。这里，进一步考虑了 CPO、扩频和慢瑞利衰落的影响。

如式（5-4）所示，基于穷举搜索，即使将观察窗口长度 N 设置为 2，完全形式 MSD 方案也需要计算 256 个检测指标，这显然是复杂的。为了使 MSD 易于硬件实现，我们考虑了两种简单的策略。首先，使用由式（5-4）表征的标准 SBSD 步骤在每个符号位置找到最佳和次佳决策，并冻结全局最佳决策。其次，对于剩余的符号位置，通过标准 MSD 步骤仅搜索最佳和次佳符号决策，而不是所有候选。在此，对该配置的定性说明如下，显然式（5-4）中给出的检测度量可以部分反映每个符号位置决策结果的可靠性。因此，具有式（5-4）特征的标准 SBSD 步骤的全局最佳决策是最可靠的并且可以被冻结是合理的，特别是对于高信噪比。此外，在高信噪比下，仅搜索剩余符号位置的最佳和次佳符号决策也是可行的。

5.2.3 低复杂度多符号检测

对于每个符号位置，使用由式（5-4）表征的标准 SBSD 步骤，可以轻松获得两个局部度量——最佳度量和次佳度量。然后，通过搜索所有局部最佳度量，冻结与最可靠符号位置对应的决策结果。对于剩余的符号位置，要搜索的符号数被截断。也就是说，只有对应于局部最佳和次佳度量的符号才被视为候选。在这种情况下，对于观察窗口长度 $N=2$，将式（5-4）给出的度量值的计算数量从 256 个减少到 2 个。

5.2.3.1 算法原理

在 N 个连续的符号周期内，首先计算每个符号的判决度量值，

$$V_{n,y} = \left| r_n \left(s_y \right)^H \right|^2, 1 \leqslant y \leqslant 16, 1 \leqslant n \leqslant N \qquad (5\text{-}6)$$

这里 $(\bullet)^H$ 表示共轭转置。

然后，第 k 个符号的最大度量值和次大度量值可分别记为

$$V_{k,\hat{y}_1} = \arg\max_{1 \leqslant y \leqslant 16} \left\{ V_{k,y} \right\}, k = 1, 2, \cdots, N \qquad (5\text{-}7)$$

$$V_{k,\hat{y}_2} = \arg\max_{1 \leqslant y \leqslant 16, y \neq \hat{y}_1} \left\{ V_{k,y} \right\}, k = 1, 2, \cdots, N \qquad (5\text{-}8)$$

其中，$\hat{y}_1$ 和 $\hat{y}_2$ 分别代表第 k 个符号周期的最大和次最大度量对应的 PN 序列的索引估计值。例如从图 5-4 可以看出，补偿后的基带码片序列

$r'_{1,m}$ 通过决策块 1 生成决策集 $\{V_{1,1},V_{1,2},\cdots,V_{1,16}\}$，决策集中最大判决度量值记为 $V_{1,\hat{y}_1}$。

再者，获取单符号全局最大度量值：

$$\left(\hat{k},\boldsymbol{s}_{\hat{y}_1}\right)=\arg\max_{1\leq k\leq N}\left\{V_{k,y_1}\right\} \tag{5-9}$$

并冻结判决结果，即令第 $\hat{k}$ 个符号的判决结果为 $\boldsymbol{s}_{\hat{y}_1}$。

最后，利用下式对剩余 $N-1$ 个符号周期内的数据进行联合判决，

$$\left\{\boldsymbol{s}_{\hat{y}_l}\right\}=\arg\max\left\{\left|w_{\hat{k},\hat{y}_1}+\sum_{k\neq\hat{k}}w_{k,y_l}\right|^2,l\in\{1,2\}\right\} \tag{5-10}$$

其中，$w_{k,\hat{y}_l}=\sum_{m=1}^{16}r'_{k,m}s^*_{y_l,m}$，$\hat{k}$ 和 $\hat{y}_1$ 由式（5-9）计算给出。

注意：这里只选了最大值和次大值，当然，也可选取更多的度量值。本质上讲，当选取 16 个度量值时，所提 MSD 方案就等同于完全形式的 MSD 方案。

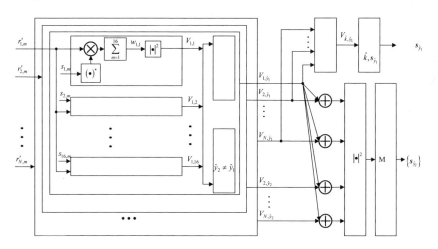

图 5-4　低复杂度 MSD 方案接收机结构，其中 $\hat{k}=1$

5.2.3.2 简化估计算法

令不受发送码片影响的样值序列为 $Gr_{n,m}$，式（5-2）显示接收码片 $r_{n,m}$ 依赖于发送码片 $s_{n,m}$，如果遵循属性 $s_{n,m}s^*_{n,m}=1$，则可消除这种依赖性：

$$Gr_{n,m} \triangleq r_{n,m} s_{n,m}^* = h e^{j(m\omega T_c + \theta)} + \eta_{n,m} s_{n,m}^*, 1 \leqslant n \leqslant P_1, 1 \leqslant m \leqslant M \quad （5\text{-}11）$$

其中，P_1 表示前导符长度，且 $1 \leqslant P_1 \leqslant P$，$P=8$ 是前导符最大长度。$M=16$ 表示 PN 序列长度。$\{s_{1,m}\}$ 是表 5-6 中对应于前导符 "0000" 的复数形式扩频序列。$\eta_{n,m} s_{n,m}^*$ 在统计特性上等价于 $\eta_{n,m}$。在这种情况下，我们的目的是根据式（5-11）中给出的样本观察估计参数 ωT_c。

生成用于估计残余载波频偏的观测值：

$$z(m_1) = \frac{1}{(P_1 - m_1)L} \sum_{n=1}^{P_1} \sum_{m=2}^{L} \left(Gr_{n,m} Gr_{n,m-m_1}^* \right) = |h|^2 e^{j\omega m_1 T_c} + \eta_{m_1} \quad （5\text{-}12）$$

其中，L 表示前导码的第 n 个符号的码片样本编号最大值，且 $2 \leqslant L \leqslant M$。$\eta_{m_1}$ 表示综合噪声，m_1 代表码片延迟个数，$1 \leqslant m_1 \leqslant K$，$K$ 表示最大码片延迟个数。

没有相位展开的简单估计方案可以表示如下：

$$\hat{\varphi} = \widehat{\omega Tc} = g(\Phi) \quad （5\text{-}13）$$

这里的量化函数 $g(\Phi)$ 为

$$g(\Phi) = \frac{2}{K+1} \arg(\Phi) \quad （5\text{-}14）$$

其中，$\Phi = \sum_{m_1=1}^{K} Z(m_1)$，$\arg(\bullet)$ 表示一个取角度运算且是在主值周期内。

一般情况下，取角度运算 $\arg(\bullet)$ 涉及复杂的反正切运算，此时，完全形式的频偏估计可表示为

$$\hat{\varphi} = \begin{cases} \dfrac{2}{K+1} \tan^{-1}\left(\dfrac{\mathrm{Im}(\Phi)}{\mathrm{Re}(\Phi)} \right), & 若 \mathrm{Re}(\Phi) > 0, \ 且 \left| \mathrm{Re}(\Phi) \right| \geqslant \left| \mathrm{Im}(\Phi) \right| \\[3mm] \dfrac{2}{K+1} \left(\dfrac{\pi}{2} - \tan^{-1}\left(\dfrac{\mathrm{Re}(\Phi)}{\mathrm{Im}(\Phi)} \right) \right), & 若 \mathrm{Im}(\Phi) > 0, \ 且 \left| \mathrm{Re}(\Phi) \right| < \left| \mathrm{Im}(\Phi) \right| \\[3mm] \dfrac{2}{K+1} \left(-\pi + \tan^{-1}\left(\dfrac{\mathrm{Im}(\Phi)}{\mathrm{Re}(\Phi)} \right) \right), & 若 \mathrm{Re}(\Phi) < 0, \ 且 \left| \mathrm{Re}(\Phi) \right| \geqslant \left| \mathrm{Im}(\Phi) \right| \\[3mm] \dfrac{2}{K+1} \left(-\dfrac{\pi}{2} - \tan^{-1}\left(\dfrac{\mathrm{Re}(\Phi)}{\mathrm{Im}(\Phi)} \right) \right), & 若 \mathrm{Im}(\Phi) < 0, \ 且 \left| \mathrm{Re}(\Phi) \right| < \left| \mathrm{Im}(\Phi) \right| \end{cases}$$

$$（5\text{-}15）$$

根据我们之前的工作,可得到两个简化方案,

$$\hat{\varphi} \approx \begin{cases} \dfrac{2}{K+1}\dfrac{\mathrm{Im}(\Phi)}{\mathrm{Re}(\Phi)}, & \text{若}\mathrm{Re}(\Phi)>0,\text{且}\left|\mathrm{Re}(\Phi)\right|\geqslant\left|\mathrm{Im}(\Phi)\right| \\[3mm] \dfrac{2}{K+1}\left(\dfrac{\pi}{2}-\dfrac{\mathrm{Re}(\Phi)}{\mathrm{Im}(\Phi)}\right), & \text{若}\mathrm{Im}(\Phi)>0,\text{且}\left|\mathrm{Re}(\Phi)\right|<\left|\mathrm{Im}(\Phi)\right| \\[3mm] \dfrac{2}{K+1}\left(-\pi+\dfrac{\mathrm{Im}(\Phi)}{\mathrm{Re}(\Phi)}\right), & \text{若}\mathrm{Re}(\Phi)<0,\text{且}\left|\mathrm{Re}(\Phi)\right|\geqslant\left|\mathrm{Im}(\Phi)\right| \\[3mm] \dfrac{2}{K+1}\left(-\dfrac{\pi}{2}-\dfrac{\mathrm{Re}(\Phi)}{\mathrm{Im}(\Phi)}\right), & \text{若}\mathrm{Im}(\Phi)<0,\text{且}\left|\mathrm{Re}(\Phi)\right|<\left|\mathrm{Im}(\Phi)\right| \end{cases}$$

$$(5\text{-}16)$$

$$\hat{\varphi} \approx \begin{cases} \dfrac{2}{K+1}\dfrac{\mathrm{Im}(\Phi)}{\left|\Phi\right|}, & \text{若}\mathrm{Re}(\Phi)>0,\text{且}\left|\mathrm{Re}(\Phi)\right|\geqslant\left|\mathrm{Im}(\Phi)\right| \\[3mm] \dfrac{2}{K+1}\left(\dfrac{\pi}{2}-\dfrac{\mathrm{Re}(\Phi)}{\left|\Phi\right|}\right), & \text{若}\mathrm{Im}(\Phi)>0,\text{且}\left|\mathrm{Re}(\Phi)\right|<\left|\mathrm{Im}(\Phi)\right| \\[3mm] \dfrac{2}{K+1}\left(-\pi-\dfrac{\mathrm{Im}(\Phi)}{\left|\Phi\right|}\right), & \text{若}\mathrm{Re}(\Phi)<0,\text{且}\left|\mathrm{Re}(\Phi)\right|\geqslant\left|\mathrm{Im}(\Phi)\right| \\[3mm] \dfrac{2}{K+1}\left(-\dfrac{\pi}{2}+\dfrac{\mathrm{Re}(\Phi)}{\left|\Phi\right|}\right), & \text{若}\mathrm{Im}(\Phi)<0,\text{且}\left|\mathrm{Re}(\Phi)\right|<\left|\mathrm{Im}(\Phi)\right| \end{cases}$$

$$(5\text{-}17)$$

与式(5-15)相比,式(5-16)和式(5-17)进一步消除了复杂的反正切运算,大大降低频偏估计的复杂度。频偏估计的结构如图 5-5 所示。

5.2.4 仿真结果与分析

在上述理论分析的基础上,最后给出完全形式 MSD 方案和低复杂度 MSD 方案的仿真结果。检测时,信噪比固定,发送器通过重复向检测器发送随机数据包,实时检测实验数据,错误数据包不断积累,直到超过预设阈值为止。注意,误比特率(Bit Error Rate,BER)、误符号率(Symbol Error Rate,SER)和 PER 是衡量 PHY 数据通信质量的通用性能指标。

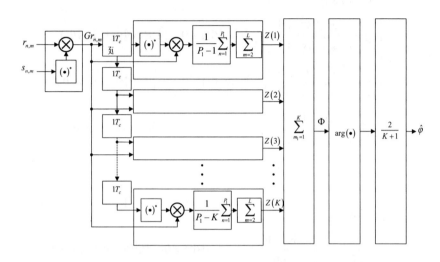

图 5–5 频偏估计器的结构图

5.2.4.1 仿真参数

仿真中使用 IEEE 802.15.4c 协议给出的 780 MHz 频段 MPSK 信号通信模型。具体参数如表 5-7 所示。每个仿真情景 PPDU 负载长度都使用 22 字节。

表 5–7 仿真参数

参数	类型
信道条件	纯 AWGN 和慢瑞利衰落
复噪声能量	1/SNR
瑞利衰落信道的能量	归一化
检测方案	多符号非相干检测
补偿方案	预补偿
时间同步	完美
调制方式	MPSK
符号	16 进制正交

续表

参数	类型
PPDU 的有效载荷长度(bits)	176
扩频因子	16
码片速率(Mchip/s)	1
二进制数据速率(kb/s)	250
载波频率(MHz)	786
CFOf(ppm)	在(-80,80)区间内三角对称分布
CPOθ(rads)	在(-π,π)区间内均匀分布
PN 长度 M	16
前导符长度 P_1	8
样品编号 L	16

5.2.4.2 码片延迟对性能影响

图 5-6 和图 5-7 分别表示在纯 AWGN 信道中,配置由式(5-15)给出的全估计器和式(5-17)给出的简化估计器时,最大码片延迟数 K 与检测性能之间的关系。从图 5-6 (c)可以看出,当 PER=1×10^{-3} 时,当参数 K 从 1 增加到 2,检测性能增益约为 2.2 dB;当参数 K 从 2 增加到 3 时,检测性能增益约为 0.6 dB;当参数 K 从 3 增加到 4 时,检测性能增益约为 0.09 dB;当参数 K 从 4 增加到 5 时,检测性能增益约为 0.01 dB。故最大码片延迟数 K 数值选取是影响 IEEE 802.15.4c MPSK 接收器性能的一个重要因素。当参数 K 较大时讨论最大码片延迟数对检测性能的影响没有显著意义,所以本节剩余仿真情景最大码片延迟数都设置为 4 次。此外,正如预期的那样,配置简化估计器方案也产生了与配置全估计器方案相似的结论。

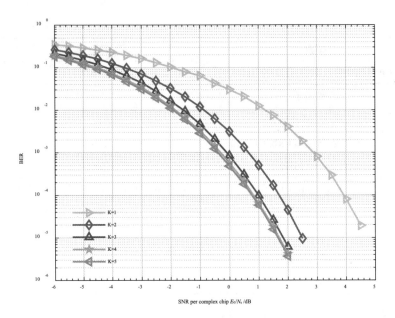

（a）BER 性能

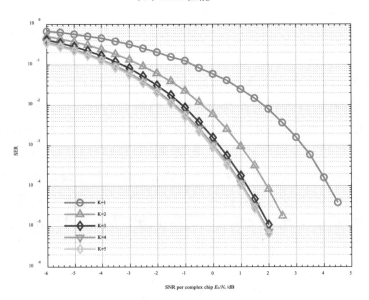

（b）SER 性能

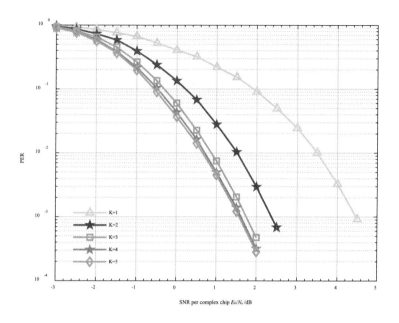

（c）PER 性能

图 5-6 在纯 AWGN 信道中，配置全估计器式（5-15）时参数 K 对性能的影响，
其中 $N = 2$

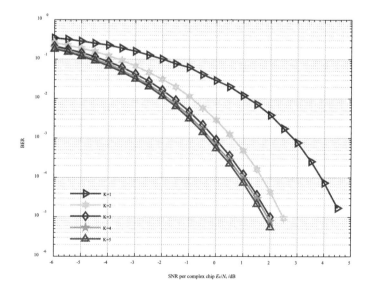

（a）BER 性能

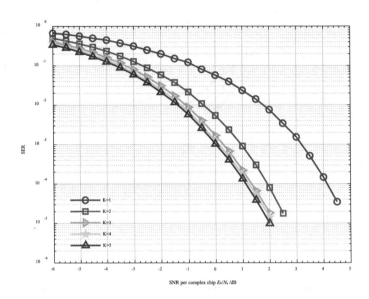

（b）SER 性能

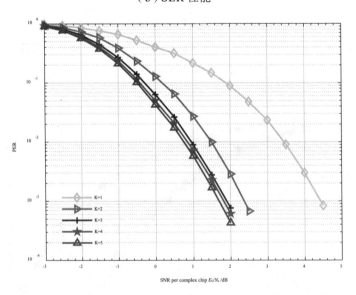

（c）PER 性能

图 5-7　在纯 AWGN 信道中,配置简化估计器式(5-17)时参数 K 对检测性能的
影响,其中 $N = 2$

5.2.4.3 检测性能分析

图 5-8 和图 5-9 分别表示纯 AWGN 信道和慢瑞利衰落信道下,本章提出的低复杂度 MSD 算法同 SBSD 算法和完全形式的 MSD 算法配置全估计器和简化估计器的曲线比较。理论上,随着观察窗长度 N 的增加,完全形式 MSD 方案检测性能逐渐接近最佳相干。由于完全形式 MSD 方案的仿真过于复杂,为方便比较,我们用最佳相干检测代替完全形式 MSD 方案的仿真曲线,且将最佳非相干检测作为最低界限。

从图 5-8 中可以看出,在观察窗口 $N=2$ 时,配置式(5-16)给出的简化估计器会导致检测出现严重错误平层。这主要是因为频偏估计方案引起的误差在式(5-4)中大量累积,致使估计器和检测器之间不匹配。但是当配置由式(5-15)和式(5-17)给出的估计器时,所提检测方案的仿真曲线平滑未出现错误平层,且与最佳相干检测曲线之间几乎没有差距。此外,在 PER 为 1×10^{-3} 时,与 SBSD 方法相比,所提检测方案可以实现约 1.6 dB 的增益。另一方面,在观察窗口 N 从 2 增加到 3 时,在配备不同估计器下,所提检测方案的检测性能均下降。这是因为在 $N=3$ 时,数据处理量大幅度增加,同时式(5-4)中累积了较多频偏估计误差,这些造成误差范围增大。但是当 $N=2$ 时,在配备不同估计器时所提检测方案与最佳相干检测方案性能相当,几乎没有更多的改进空间。因此,本节的估计算法特别适用于 N 设置为 2 的检测方案,本章后续的仿真中设置 N 为 2。此外,如图 5-9 所示,在慢衰落瑞利信道下也可得出类似的性能趋势,在此不作赘述。

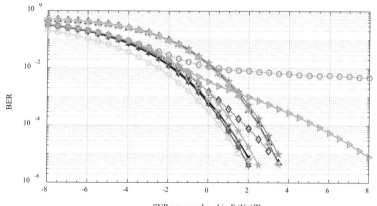

SNR per complex chip E_c/N_0/dB

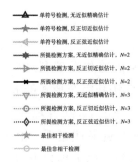

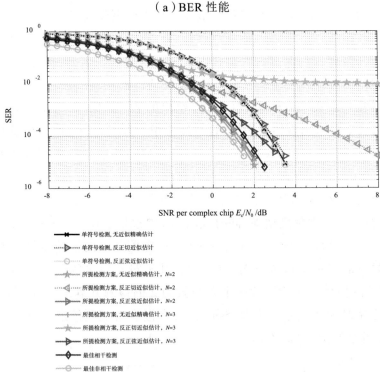

（a）BER 性能

（b）SER 性能

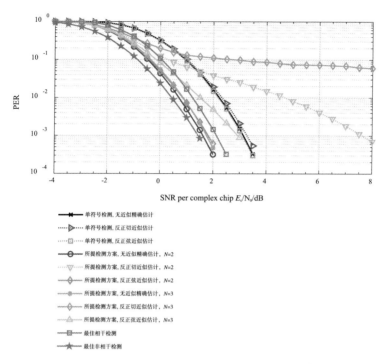

（c）PER 性能

图 5-8 纯 AWGN 信道下，不同接收机检测性能对比

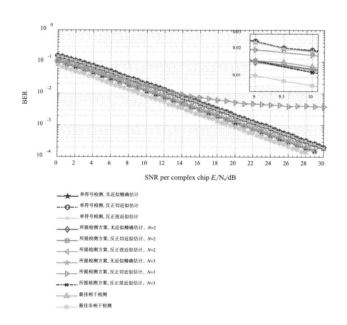

（a）BER 性能

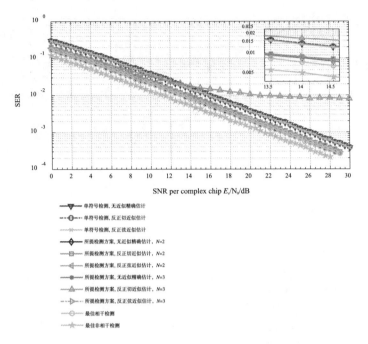

（b）SER 性能

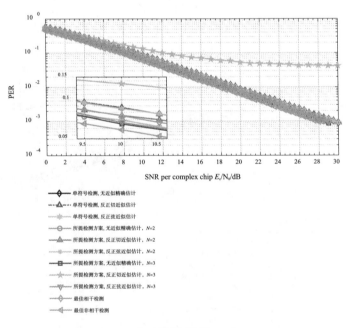

（c）PER 性能

图 5-9　慢瑞利衰落信道下，不同接收机检测性能比较

5.2.4.4 鲁棒性分析

本小节从频偏鲁棒性和相偏鲁棒性两个方面研究了所提出的低复杂度多符号非相干检测方案的可靠性。

图 5-10 反映在动态 CFO 条件下,纯 AWGN 信道中所提检测方案配置式(5-15)和式(5-17)中给出的估计器时的 BER、SER 和 PER 性能,其中 $N=2$。CFO f 在 $(-80,80)$ ppm 服从对称三角形分布。图中紧邻两类仿真曲线的 SNR 由上至下分别为 –4 dB,–2 dB,0 dB,0.5 dB 和 1.5 dB。

从仿真结果可知,配置简化估计器不易受频率波动的影响,具有较强的频偏鲁棒性。具体而言,从图 5-9(a)中可以看出,当 CFO 在 +60 ppm 和 –60 ppm 之间时,配置式(5-17)给出的简化估计器的检测性能良好;当 CFO 大于 +60 ppm 或小于 –60 ppm 时,检测性能会波动,且波动随着 SNR 增大而增大。但是,根据 CFO 概率分布特征,CFO 绝对值超过 60 ppm 的概率为 0.062 5 非常低,故所提检测方案对频率偏移不敏感。

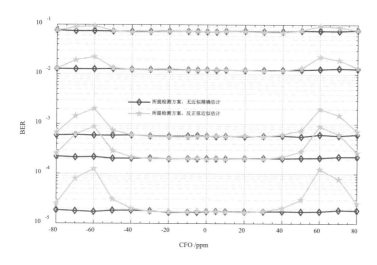

(a) SNR=-4 dB,-2 dB,0 dB,0.5 dB,1.5 dB

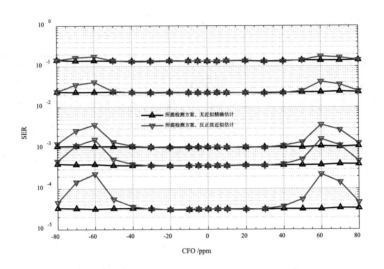

（b）SNR=-4 dB，-2 dB，0 dB，0.5 dB，1.5 dB

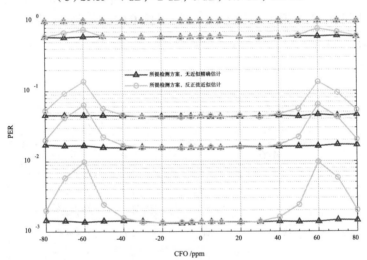

（c）SNR=-4 dB，-2 dB，0 dB，0.5 dB，1.5 dB

图 5-10　纯 AWGN 信道中，配置不同估计器时，动态 CFO 对性能的影响，其中

$N=2$

图 5-11 和图 5-12 表示动态 CPO 条件下，在纯 AWGN 信道中所提检测方案分别配置由式（5-15）给出的全估计器和式（5-17）给出的简化估计器时的 BER、SER 和 PER 性能，其中 $N=2$。传输信号相位服从维纳过程 $\theta_{n+1}=\theta_n+\Delta_n$，$\Delta_n$ 是一个均值为零方差为 σ_n^2 的高斯随机变量，

初始相位在 $(-\pi, \pi)$ 之间服从均匀分布,将标准差为 0 度的检测性能作为基准线。

从图 5-11 可知,当标准差小于 3 度时,抖动不会显著降低配置所提检测方案在配置式(5-15)给出的全估计器的检测性能;当标准差大于 3 度后,相位误差太大,所提检测方案在配置式(5-15)给出的全估计器的检测性能将出现不可降低的误差。对于图 5-12 而言,可以观测到同图 5-11 类似的性能趋势,在此不做赘述。

从上述仿真可知,对于所提低复杂度 MSD 方案当标准偏差在 0 至 3 度时,不会显着降低其 BER、SER 和 PER 性能,故所提方案对相位具有较强鲁棒性。此外,随着信噪比的增大,匹配两种估计器的检测方案性能均出现错误平层。

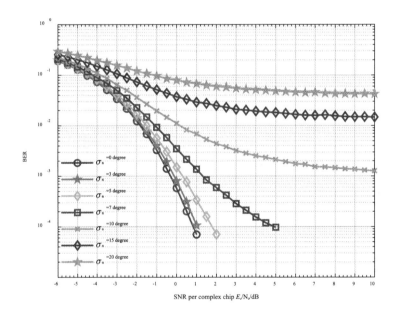

（a）BER 性能

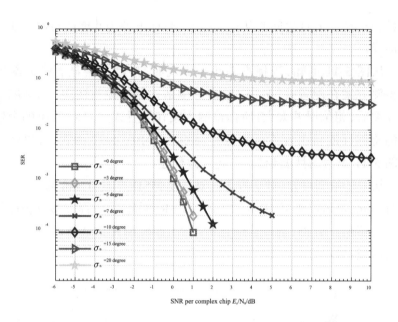

（b）SER 性能

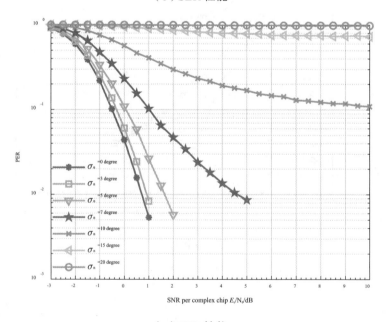

（c）PER 性能

图 5-11　纯 AWGN 信道中配置全估计器式（5-15）时动态 CPO 下的检测性能，

其中 N=2

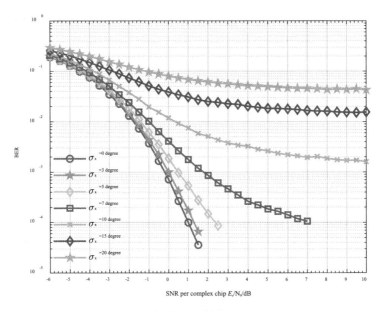

（a）BER 性能

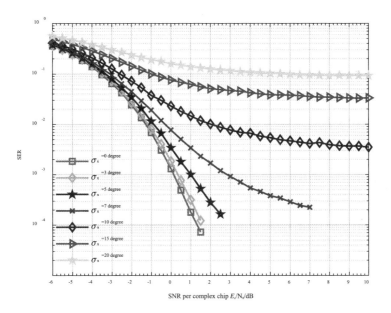

（b）SER 性能

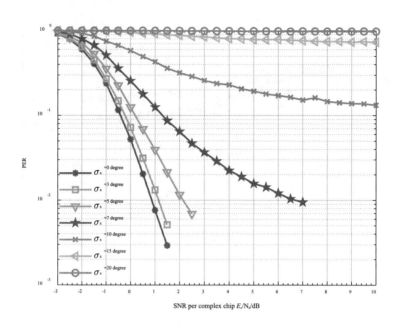

（c）PER 性能

图5–12　纯 AWGN 信道中配置简化估计器式(5–17)时动态 CPO 下的检测性能，
其中 $N=2$

5.2.4.5 复杂度分析

图 5-13 对比了纯 AWGN 信道中，不同检测方案时间维度复杂度。将数据包平均运行时间定义为运行 10^5 个相同数据包所需时间。从图中可以看出，在 SNR=-4 dB 时，所提 MSD 方案用时 6.15×10^{-3} s，基于相干的检测方案用时 1.98×10^{-2} s，传统非相干检测方案用时 1.53×10^{-2} s。传统非相干检测的平均运行时间是所提 MSD 方案的 4 倍；基于相干检测平均运行时间是所提 MSD 方案的 5.5 倍。显然地，所提 MSD 方案的包平均运行时间获得了较大幅度的下降，能够满足 IEEE 802.15.4c 协议对 MPSK 接收机设计的要求。

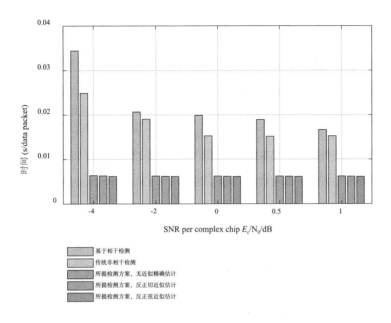

图 5-13 纯 AWGN 信道中, 不同检测方案时间维度复杂度比较

5.3 编码多符号非相干检测

因为 MPSK 信号抗干扰能力强, 编码 MPSK 信号检测技术吸引了研究人员的广泛兴趣。同时, 又因为功率低, 编码 MPSK 信号检测与低速率 WPAN 的联合有着天然的优势。与传统的 SBSD 方案和未编码的 MSD 方案相比, 编码 MPSK 信号检测技术可以提供更高的精度和鲁棒性, 这可更好的满足感知层数据可靠传输的需要。尽管编码 MPSK 信号检测技术有着潜在的优势, 但 CSI 误差仍会严重影响检测性能。在编码 MPSK 信号检测中, CSI 误差消除算法, 通常伴之以 CSI 精确估计。与这些研究不同, 本节将注意力转向开发一种适用于 IEEE 802.15.4c 协议编码 MPSK 信号无 CSI 的 LLR。

本节提出三种次佳比特 LLR 提取方案, 适用于编码 MPSK 信号检测。相干信道条件下, 最佳 LLR 提取方案可提供出色的性能, 作为可实现的基准,本章采用对数函数的近似式简化 LLR 提取过程,将 CSI 转化为公共项,可以选择不需要信道信息的解码算法;在相位非相干信道条件下,首先取最佳 LLR 分子和分母的最大项,然后使用贝塞尔函数的泰勒展开式进行近似,最后执行对数函数近似,至此,CSI 通过三步逼近运算转化为公共项;在瑞利衰落信道条件下,本章采用对数函数的近似式和贝塞尔函数的近似式简化 LLR 提取过程,将 CSI 转化为公共项,从而消除 CSI 的影响。仿真结果表明,本章所提次佳 LLR 提取算法可有效降低检测过程中软判决译码的复杂度。

5.3.1 系统模型

如图 5-14 所示,系统的工作过程为,编码器将比特序列 $\boldsymbol{a}$ 进行编码,生成编码比特序列 $\boldsymbol{c}$。编码序列顺序通过比特数据到符号的映射和符号到码片的映射,接下来经由 MPSK 调制后生成发送信号 $\boldsymbol{S}$。在 N 个符号间隔内,经过信道后得到复基带接收信号 $\boldsymbol{R} = (\ r_1, r_2, \cdots, r_n, \cdots, r_N\ )$。

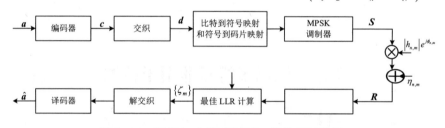

图 5-14　WSNs 中编码 MPSK 的非相干检测

具体来说,第 n 个接收信号可表示为

$$r_n = (r_{n,1}, r_{n,2}, \cdots, r_{n,16}), 1 \leqslant n \leqslant N$$
$$r_{n,m} = |h_{n,m}| s_{y,m} e^{j\phi_{n,m}} + \eta_{n,m}, 1 \leqslant m \leqslant 16 \tag{5-18}$$

其中,$\{s_{y,m}, 1 \leqslant m \leqslant 16\}$ 表示伪随机序列 $\boldsymbol{s}_y$,$\boldsymbol{s}_y$ 从 16 种伪随机序列 $\{\boldsymbol{s}_y, 1 \leqslant y \leqslant 16\}$ 中随机选取的一种,如表 5-6 所示。$|h_{n,m}|$ 和 $\phi_{n,m}$ 分别表示衰落的幅度和相位。$\eta_{n,m}$ 是离散、循环对称、均值为零且方差为 $\sigma_{n,m}^2$ 的复高斯随机变量。

假设乘性衰落和噪声项在接收器处是未知且随机的,并对其进行分段常数近似,即 $|h_{n,m}| = |h|$,$\phi_{n,m} = \phi$。此外,$|h|$ 服从瑞利分布,ϕ 在区间

$(-\pi,\pi)$ 中服从均匀分布。最后，可以认为 ϕ 和 $\eta_{n,m}$ 统计独立。

5.3.2 相干信道下 LLR 提取

本节介绍了相干信道下，需完美 CSI 的最佳 LLR 提取方案和无 CSI 次佳 LLR 提取方案。详细推导如下。

5.3.2.1 最佳 LLR

假设在接收器处对 AWGN 信道和慢瑞利衰落信道的 CSI 可完美估计获取，即衰落幅度 $|h|$ 和方差 σ^2 可完美获取。在为解码器启动 LLR 计算之前，首先指出未编码时的检测是有指导意义的。在相干信道下，接收端第 n 个接收信号可表示为

$$r_{n,m} = |h|s_{y,m}\mathrm{e}^{\mathrm{j}\phi} + \eta_{n,m} \qquad (5\text{-}19)$$

那么给定 $s_{y,m}$ 的 $r_{n,m}$ 的概率密度函数，即码片似然概率可表示为

$$p\left(r_{n,m}\big|s_{y,m}\right) = \frac{1}{\sqrt{2\pi}\sigma}\exp\left(-\frac{\left|r_{n,m}-|h|s_{y,m}\mathrm{e}^{\mathrm{j}\phi}\right|^2}{2\sigma^2}\right) \qquad (5\text{-}20)$$

假设接收码片序列 $\{r_{n,m}\}$ 是统计独立的，则每个符号周期内的码片似然概率可进一步表示为

$$
\begin{aligned}
p\left(\boldsymbol{r}_n\big|\boldsymbol{s}_y\right) &= \prod_{m=1}^{16} p\left(r_{n,m}\big|s_{y,m}\right) = \left(\frac{1}{\sqrt{2\pi}\sigma}\right)^{16}\exp\left(-\frac{\|\,\boldsymbol{r}_n-|h|\boldsymbol{s}_y\mathrm{e}^{\mathrm{j}\phi}\,\|^2}{2\sigma^2}\right) \\
&\sim -\|\,\boldsymbol{r}_n-|h|\boldsymbol{s}_y\mathrm{e}^{\mathrm{j}\phi}\,\|^2 \\
&\sim 2\mathrm{Re}\left\{\left\langle \boldsymbol{r}_n,\left(|h|\boldsymbol{s}_y\mathrm{e}^{\mathrm{j}\phi}\right)^*\right\rangle\right\} - \|\,\boldsymbol{r}_n\,\|^2 - |h|^2\,\|\,\boldsymbol{s}_y\,\|^2 \\
&\sim 2\mathrm{Re}\left\{\left\langle \boldsymbol{r}_n,\left(|h|\boldsymbol{s}_y\mathrm{e}^{\mathrm{j}\phi}\right)^*\right\rangle\right\} \\
&\sim \mathrm{Re}\left\{\left\langle \boldsymbol{r}_n,\left(\boldsymbol{s}_y\mathrm{e}^{\mathrm{j}\phi}\right)^*\right\rangle\right\}
\end{aligned}
\qquad (5\text{-}21)
$$

其中，$(\bullet)^*$ 表示共轭运算，$\langle\bullet,\bullet\rangle$ 表示相关运算。

如式（5-21）所示，当不考虑编码时，相干决策度量中没有观察到衰落幅度 $|h|$ 和方差 σ^2，接收器处只需要完美估计衰落相位 ϕ。接下来，将聚焦于加入编码时如何提取最佳 LLR。

假设编码后的比特信息先验等概,可将 LLR 表示为

$$\xi_i = \ln \frac{p(c_i=0|\boldsymbol{r}_n)}{p(c_i=1|\boldsymbol{r}_n)} = \ln \frac{\sum\limits_{s_y:c_i=0} p(\boldsymbol{r}_n|\boldsymbol{s}_y)}{\sum\limits_{s_y:c_i=1} p(\boldsymbol{r}_n|\boldsymbol{s}_y)}$$

$$= \ln \frac{\left(\frac{1}{\sqrt{2\pi}\sigma}\right)^{16} \sum\limits_{s_y:c_i=0} \prod\limits_{m=1}^{16} \exp\left(-\frac{\left|r_{n,m}-|h|s_{y,m}\mathrm{e}^{\mathrm{j}\phi}\right|^2}{2\sigma^2}\right)}{\left(\frac{1}{\sqrt{2\pi}\sigma}\right)^{16} \sum\limits_{s_y:c_i=1} \prod\limits_{m=1}^{16} \exp\left(-\frac{\left|r_{n,m}-|h|s_{y,m}\mathrm{e}^{\mathrm{j}\phi}\right|^2}{2\sigma^2}\right)} \quad (5\text{-}22)$$

$$= \ln \frac{\sum\limits_{s_y:c_i=0} \exp\left(-\frac{\sum\limits_{m=1}^{16}\left|r_{n,m}-|h|s_{y,i}\mathrm{e}^{\mathrm{j}\phi}\right|^2}{2\sigma^2}\right)}{\sum\limits_{s_y:c_i=1} \exp\left(-\frac{\sum\limits_{m=1}^{16}\left|r_{n,m}-|h|s_{y,i}\mathrm{e}^{\mathrm{j}\phi}\right|^2}{2\sigma^2}\right)}$$

$$= \ln \frac{\sum\limits_{s_y:c_i=0} \exp\left(-\frac{\|\boldsymbol{r}_n-|h|\boldsymbol{s}_y\mathrm{e}^{\mathrm{j}\phi}\|^2}{2\sigma^2}\right)}{\sum\limits_{s_y:c_i=1} \exp\left(-\frac{\|\boldsymbol{r}_n-|h|\boldsymbol{s}_y\mathrm{e}^{\mathrm{j}\phi}\|^2}{2\sigma^2}\right)}, i \in \{0,1,2,3\}$$

由式(5-22)可知,最佳 LLR 计算方法中涉及多次指数运算和取模运算,且需完美估计衰落幅度 $|h|$ 和方差 σ^2。实现复杂度较高,不适用于在以低复杂度和低成本为特征的 IEEE 802.15.4c 协议中应用。

5.3.2.2 次佳 LLR

本节重点研究消除 CSI 对检测性能的影响,均衡复杂度和良好性能间的关系。具体研究过程如下。

利用近似式:

$$\ln\big[\exp(\delta_1)+\cdots+\exp(\delta_J)\big] \approx \ln\big\{\max\big[\exp(\delta_1),\cdots,\exp(\delta_J)\big]\big\}$$
$$= \max\big[\ln\exp(\delta_1),\cdots,\ln\exp(\delta_J)\big] \quad (5\text{-}23)$$
$$= \max(\delta_1,\cdots,\delta_J)$$

可将式（5-22）简化为

$$
\xi_i \approx \ln\frac{\displaystyle\max_{\mathbf{s}_y:c_i=0}\exp\left(-\frac{\big\|\mathbf{r}_n-|h|\mathbf{s}_y\mathrm{e}^{\mathrm{j}\phi}\big\|^2}{2\sigma^2}\right)}{\displaystyle\max_{\mathbf{s}_y:c_i=1}\exp\left(-\frac{\big\|\mathbf{r}_n-|h|\mathbf{s}_y\mathrm{e}^{\mathrm{j}\phi}\big\|^2}{2\sigma^2}\right)}
$$

$$
= \ln\max_{\mathbf{s}_y:c_i=0}\left[\exp\left(-\frac{\sum\limits_{m=1}^{16}\big|r_{n,m}-|h|s_{y,m}\mathrm{e}^{\mathrm{j}\phi}\big|^2}{2\sigma^2}\right)\right] - \ln\max_{\mathbf{s}_y:c_i=1}\left[\exp\left(-\frac{\sum\limits_{m=1}^{16}\big|r_{n,m}-|h|s_{y,m}\mathrm{e}^{\mathrm{j}\phi}\big|^2}{2\sigma^2}\right)\right]
$$

$$
= \max_{\mathbf{s}_y:c_i=0}\left[-\frac{\sum\limits_{m=1}^{16}\big|r_{n,m}-|h|s_{y,m}\mathrm{e}^{\mathrm{j}\phi}\big|^2}{2\sigma^2}\right] - \max_{\mathbf{s}_y:c_i=1}\left[-\frac{\sum\limits_{m=1}^{16}\big|r_{n,m}-|h|s_{y,m}\mathrm{e}^{\mathrm{j}\phi}\big|^2}{2\sigma^2}\right]
$$

$$
= \frac{1}{2\sigma^2}\left[\min_{\mathbf{s}_y:c_i=1}\left(\sum\limits_{m=1}^{16}\big|r_{n,m}-|h|s_{y,m}\mathrm{e}^{\mathrm{j}\phi}\big|^2\right) - \min_{\mathbf{s}_y:c_i=0}\left(\sum\limits_{m=1}^{16}\big|r_{n,m}-|h|s_{y,m}\mathrm{e}^{\mathrm{j}\phi}\big|^2\right)\right]
$$

$$
= \frac{1}{2\sigma^2}\left\{\min_{\mathbf{s}_y:c_i=1}\left\{\sum\limits_{m=1}^{16}\left\{\big|r_{n,m}\big|^2+\big\||h|s_{y,m}\mathrm{e}^{\mathrm{j}\phi}\big|^2-2\mathrm{Re}\left[r_{n,m}\big(|h|s_{y,m}\mathrm{e}^{\mathrm{j}\phi}\big)^*\right]\right\}\right\}\right\}
$$

$$
- \frac{1}{2\sigma^2}\left\{\min_{\mathbf{s}_y:c_i=0}\left\{\sum\limits_{m=1}^{16}\left\{\big|r_{n,m}\big|^2+\big\||h|s_{y,m}\mathrm{e}^{\mathrm{j}\phi}\big|^2-2\mathrm{Re}\left[r_{n,m}\big(|h|s_{y,m}\mathrm{e}^{\mathrm{j}\phi}\big)^*\right]\right\}\right\}\right\}
$$

$$
= \frac{|h|}{\sigma^2}\left\{\min_{\mathbf{s}_y:c_i=0}\left\{\sum\limits_{m=1}^{16}\mathrm{Re}\left[r_{n,m}\big(s_{y,m}\mathrm{e}^{\mathrm{j}\phi}\big)^*\right]\right\} - \min_{\mathbf{s}_y:c_i=1}\left\{\sum\limits_{m=1}^{16}\mathrm{Re}\left[r_{n,m}\big(s_{y,m}\mathrm{e}^{\mathrm{j}\phi}\big)^*\right]\right\}\right\}
$$

$$
= \frac{|h|}{\sigma^2}\left\{\min_{\mathbf{s}_y:c_i=0}\left\{\mathrm{Re}\big\langle\mathbf{r}_n,\big(\mathbf{s}_y\mathrm{e}^{\mathrm{j}\phi}\big)^*\big\rangle\right\} - \min_{\mathbf{s}_y:c_i=1}\left\{\mathrm{Re}\big\langle\mathbf{r}_n,\big(\mathbf{s}_y\mathrm{e}^{\mathrm{j}\phi}\big)^*\big\rangle\right\}\right\},\ i\in\{0,1,2,3\}
$$

$$(5\text{-}24)$$

式（5-24）中已经不涉及复杂的指数运算和取模运算，仅仅包含简单的共轭乘法，取实部与取最小运算。$|h|/\sigma^2$ 为常数项，对于 LDPC 码的最小和（Minimum Sum，MS）算法，或卷积码的软输出维特比算法（Soft Output Viterbi Algorithm，SOVA），去除 LLR 中的 $|h|/\sigma^2$，不会影

响译码结果。故将式（5-24）中的 $|h|/\sigma^2$ 消除后 LLR 可表示为

$$\xi_i = \min_{\mathbf{s}_y:c_i=0}\left\{\sum_{m=1}^{16}\text{Re}\left[r_{n,m}\left(s_{y,m}\text{e}^{\text{j}\phi}\right)^*\right]\right\} - \min_{\mathbf{s}_y:c_i=1}\left\{\sum_{m=1}^{16}\text{Re}\left[r_{n,m}\left(s_{y,m}\text{e}^{\text{j}\phi}\right)^*\right]\right\} \quad （5\text{-}25）$$

$$= \min_{\mathbf{s}_y:c_i=0}\left\{\text{Re}\left\langle r_n,\left(\mathbf{s}_y\text{e}^{\text{j}\phi}\right)^*\right\rangle\right\} - \min_{\mathbf{s}_y:c_i=1}\left\{\text{Re}\left\langle r_n,\left(\mathbf{s}_y\text{e}^{\text{j}\phi}\right)^*\right\rangle\right\}, i\in\{0,1,2,3\}$$

由式（5-25）可知，与最佳 LLR 式（5-22）相比，次佳 LLR 仅含有简单的四则运算，不涉及复杂的指数运算，且无 CSI。极大地降低了 LLR 提取的复杂度。

5.3.3 相位非相干信道下 LLR 提取

上一节研究了衰落相位已知的相干信道下 LLR 提取方法，进一步的，我们在本节讨论衰落相位 ϕ 未知时，LLR 提取方法。

5.3.3.1 最佳 LLR

假设衰落幅度 $|h|$ 和方差 σ^2 可完美估计，N 个符号周期的似然概率表示为

$$p(\boldsymbol{R}|\boldsymbol{S},\phi)=\prod_{n=1}^{N}\prod_{m=1}^{16}p\left(r_{n,m}|s_{y,m},\phi\right)$$

$$= \frac{1}{\left(\sqrt{2\pi}\sigma\right)^{16N}}\exp\left(-\frac{\|\boldsymbol{R}-|h|\boldsymbol{S}\text{e}^{\text{j}\phi}\|^2}{2\sigma^2}\right), 1\leqslant y\leqslant 16 \quad （5\text{-}26）$$

其中，

$$\|\boldsymbol{R}-|h|\boldsymbol{S}\text{e}^{\text{j}\phi}\|^2=\sum_{n=1}^{N}\sum_{m=1}^{16}\left|r_{n,m}-|h|s_{y,m}\text{e}^{\text{j}\phi}\right|^2 \quad （5\text{-}27）$$

式（5-27）可等价表示为

$$\|\boldsymbol{R}-|h|\boldsymbol{S}\text{e}^{\text{j}\phi}\|^2=\|\boldsymbol{R}\|^2+|h|^2\|\boldsymbol{S}\|^2-2|h|\text{Re}\left\{\boldsymbol{R}^T\boldsymbol{S}^*\right\}\text{e}^{\text{j}(\phi-\beta)}$$

$$=\sum_{n=1}^{N}\sum_{m=1}^{16}\left[\left|r_{n,m}\right|^2+|h|^2\left|s_{y,m}\right|^2\right]-2|h|\text{Re}\left\{\sum_{n=1}^{N}\sum_{m=1}^{16}r_{n,m}s_{y,m}^*\right\}\cos\phi$$

$$-2|h|\text{Im}\left\{\sum_{n=1}^{N}\sum_{m=1}^{16}r_{n,m}s_{y,m}^*\right\}\sin\phi$$

$$=\sum_{n=1}^{N}\sum_{m=1}^{16}\left[\left|r_{n,m}\right|^2+|h|^2\left|s_{y,m}\right|^2\right]-2|h|\left|\sum_{n=1}^{N}\sum_{m=1}^{16}r_{n,m}s_{y,m}^*\right|\cos(\phi-\beta)$$

$$（5\text{-}28）$$

其中,

$$\beta = \tan^{-1} \frac{\text{Im}\left\{ \boldsymbol{R}^T \boldsymbol{S}^* \right\}}{\text{Re}\left\{ \boldsymbol{R}^T \boldsymbol{S}^* \right\}} \tag{5-29}$$

由于 ϕ 服从均匀分布,那么给定传输符号序列 $\boldsymbol{S}$ 时 $\boldsymbol{R}$ 的概率密度函数表示为

$$
\begin{aligned}
p(\boldsymbol{R}|\boldsymbol{S}) &= \int_{-\pi}^{\pi} p(\boldsymbol{R}|\boldsymbol{S}, \phi) p(\phi) \mathrm{d}\phi \\
&= \frac{1}{\left(\sqrt{2\pi}\sigma\right)^{16N}} \exp\left[-\frac{1}{2\sigma^2} \sum_{n=1}^{N} \sum_{m=1}^{16} \left[\left| r_{n,m} \right|^2 + |h|^2 \left| s_{y,m} \right|^2 \right] \right] \\
&\quad \times I_0\left(\frac{|h|}{\sigma^2} \left| \sum_{n=1}^{N} \sum_{m=1}^{16} r_{n,m} s_{y,m}^* \right| \right) \\
&= \frac{1}{\left(\sqrt{2\pi}\sigma\right)^{16N}} \exp\left[-\frac{1}{2\sigma^2} \sum_{n=1}^{N} \sum_{m=1}^{16} \left| r_{n,m} \right|^2 \right] \exp\left[-\frac{|h|^2}{2\sigma^2} \sum_{n=1}^{N} \sum_{m=1}^{16} \left| s_{y,m} \right|^2 \right] \\
&\quad \times I_0\left(\frac{|h|}{\sigma^2} \left| \sum_{n=1}^{N} \sum_{m=1}^{16} r_{n,m} s_{y,m}^* \right| \right) \\
&= \frac{1}{\left(\sqrt{2\pi}\sigma\right)^{16N}} \exp\left[-\frac{\langle \boldsymbol{R}, \boldsymbol{R}^* \rangle}{2\sigma^2} \right] \exp\left[-\frac{\langle \boldsymbol{S}, \boldsymbol{S}^* \rangle}{2\sigma^2} |h|^2 \right] I_0\left(\frac{\left| \langle \boldsymbol{R}, \boldsymbol{S}^* \rangle \right|}{\sigma^2} |h| \right) \\
&\sim I_0\left(\frac{\left| \langle \boldsymbol{R}, \boldsymbol{S}^* \rangle \right|}{\sigma^2} |h| \right) \\
&\sim \left| \langle \boldsymbol{R}, \boldsymbol{S}^* \rangle \right|
\end{aligned}
\tag{5-30}
$$

其中, $I_0(\cdot)$ 是第一类零阶贝塞尔函数。

如式(5-30)所示,当不考虑编码时,非相干决策度量中没有观察到衰落幅度 $|h|$,衰落相位 ϕ 和方差 σ^2 。尽管假设可以完美获取 CSI,但是接收器处不需要完美估计 CSI。接下来,将重点介绍涉及编码的 LLR 计算。

根据式(5-30),LLR 可以表示为

$$\zeta_i = \ln \frac{p\left(c_i = 0 \middle| \boldsymbol{R}\right)}{p\left(c_i = 1 \middle| \boldsymbol{R}\right)} = \ln \frac{\sum_{\boldsymbol{S}':c_i=0} p\left(\boldsymbol{R} \middle| \boldsymbol{S}\right)}{\sum_{\boldsymbol{S}':c_i=1} p\left(\boldsymbol{R} \middle| \boldsymbol{S}\right)} \tag{5-31}$$

$$= \ln \frac{\sum_{\boldsymbol{S}':c_i=0} I_0 \left(\frac{|h|}{\sigma^2} \left| \sum_{n=1}^{N} \sum_{m=1}^{16} r_{n,m} s_{y,m}^* \right| \right)}{\sum_{\boldsymbol{S}':c_i=1} I_0 \left(\frac{|h|}{\sigma^2} \left| \sum_{n=1}^{N} \sum_{m=1}^{16} r_{n,m} s_{y,m}^* \right| \right)}$$

$$= \ln \frac{\sum_{\boldsymbol{S}':c_i=0} I_0 \left(\frac{|h|}{\sigma^2} \left| \langle \boldsymbol{R}, \boldsymbol{S}^* \rangle \right| \right)}{\sum_{\boldsymbol{S}':c_i=1} I_0 \left(\frac{|h|}{\sigma^2} \left| \langle \boldsymbol{R}, \boldsymbol{S}^* \rangle \right| \right)}, i \in \{0, 1, \cdots, 4N-1\}$$

在这里,我们介绍了一种相位非相干信道下最佳 LLR 提取方法,然后使用软判决解码来提高接收器性能。但是该方案仍然存在不足:首先,最佳 LLR 提取方法涉及零阶贝塞尔函数,资源消耗(实现复杂度、能耗和时延)比较大。其次,软判决译码采用和积算法,和积算法涉及大量的指数和对数运算,所以资源消耗也较大。第三,最佳 LLR 计算方法需要事先知道衰落幅度 $|h|$ 和方差 σ^2。σ^2 的不准确估计会导致后续软判决解码性能急剧恶化,导致信道质量严重不足,即对 CSI 缺乏鲁棒性,无法准确估计信道也消耗了大量资源。因此,接下来,进一步将注意力转向开发一种低复杂度和无 CSI 的比特 LLR 提取方案。

5.3.3.2 初步简化下次佳 LLR

本小节我们致力于降低最佳 LLR 分子和分母的求和项数。每个符号有 16 个度量值,现选取第 n 个符号的前三个相对最大的度量值分别记为

$$V_{n,\hat{y}_1} = \max_{1 \leqslant y \leqslant 16} \left\{ V_{n,y} \right\} \tag{5-32}$$

$$V_{n,\hat{y}_2} = \max_{1 \leqslant y \leqslant 16, y \neq \hat{y}_1} \left\{ V_{n,y} \right\} \tag{5-33}$$

$$V_{n,\hat{y}_3} = \max_{1 \leqslant y \leqslant 16, y \neq \{\hat{y}_1, \hat{y}_2\}} \left\{ V_{n,y} \right\} \tag{5-34}$$

其中,$V_{n,y} = \left| \sum_{m=1}^{16} r_{n,m} s_{y,m}^* \right|^2$,$1 \leqslant y \leqslant 16, 1 \leqslant n \leqslant N$ 表示每个符号的决策度量。故式

（5-31）可化简为

$$\zeta_i = \ln \frac{\displaystyle\sum_{\mathbf{s}':c_i=0,l} I_0\left(\frac{|h|}{\sigma^2}\left|\sum_{n=1}^{N} w_{n,\hat{y}_l}\right|\right)}{\displaystyle\sum_{\mathbf{s}':c_i=1,l} I_0\left(\frac{|h|}{\sigma^2}\left|\sum_{n=1}^{N} w_{n,\hat{y}_l}\right|\right)} \qquad (5-35)$$

其中 $w_{n,\hat{y}_l} = \sum_{m=1}^{16} r_{n,m} s^*_{y_l,m}, y \in \{1,2,3\}$ ，$\hat{y}_l$ 由 式（5-32）至 式（5-34）计 算 给 出。

如图 5-15 所示，第一类零阶贝塞尔函数 $I_0(x)$ 随着 x 的增加而迅速 增加，$\sum_{\mathbf{s}'} I_0\left(\frac{|h|}{\sigma^2}\left|\sum_{n=1}^{N} w_{n,\hat{y}_l}\right|\right)$ 可以由主要影响 $I_0\left(\max_{\mathbf{s}'}\left[\frac{|h|}{\sigma^2}\left|\sum_{n=1}^{N} w_{n,\hat{y}_l}\right|\right]\right)$ 代替。 因此，可以将式（4-18）修改为

$$\zeta_i \approx \ln \frac{I_0\left(\max_{\mathbf{s}':c_i=0,l}\left[\frac{|h|}{\sigma^2}\left|\sum_{n=1}^{N} w_{n,\hat{y}_l}\right|\right]\right)}{I_0\left(\max_{\mathbf{s}':c_i=1,l}\left[\frac{|h|}{\sigma^2}\left|\sum_{n=1}^{N} w_{n,\hat{y}_l}\right|\right]\right)}, l \in \{1,2,3\}, i \in \{0,1,\cdots,4N-1\} \quad (5-36)$$

由式（5-36）可知，对比最佳 LLR 式（5-31），初步简化下次佳 LLR 中分子和分母的项数大大减少了。但初步简化下次佳 LLR 中仍涉及多 次贝塞尔函数运算和对数运算，且需完美 CSI，复杂度仍较高。

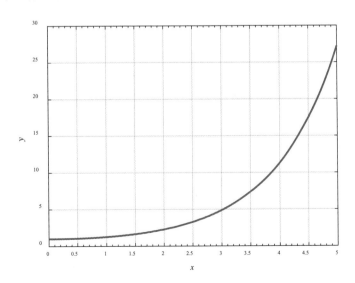

图 5-15　贝塞尔函数 I_0

5.3.3.3 低信噪比下次佳 LLR

在低信噪比下,本小节致力于消除初步简化下次佳 LLR 中的贝塞尔函数运算、对数运算和 CSI 的影响。利用 $I_0(\bullet)$ 的泰勒级数,取其展开式前两项,式(5-36)可以化简为

$$\zeta_i \approx \ln \frac{1+\dfrac{\rho^2}{4\sigma^4}\left[\max\limits_{\mathbf{S}':c_i=0,l}\left(\left|\sum\limits_{n=1}^{N}w_{n,\hat{y}_l}\right|\right)\right]^2}{1+\dfrac{\rho^2}{4\sigma^4}\left[\max\limits_{\mathbf{S}':c_i=1,l}\left(\left|\sum\limits_{n=1}^{N}w_{n,\hat{y}_l}\right|\right)\right]^2} \qquad (5\text{-}37)$$

注意,当 $x \to 0$, $\ln(1+x) \approx x$, $\ln\left[(1+x_1)/(1+x_2)\right] \approx x_1\text{-}x_2$,式(5-37)可进一步化简为

$$\zeta_i \approx \frac{|h|^2}{4\sigma^4}\left\{\left[\max\limits_{\mathbf{S}':c_i=0,l}\left(\left|\sum\limits_{n=1}^{N}w_{n,\hat{y}_l}\right|\right)\right]^2 - \left[\max\limits_{\mathbf{S}':c_i=1,l}\left(\left|\sum\limits_{n=1}^{N}w_{n,y_l}\right|\right)\right]^2\right\} \qquad (5\text{-}38)$$

式(5-38)中已经不涉及复杂的贝塞尔函数运算和对数运算,仅仅包含简单的共轭乘法,取模的平方与取最大运算。且 $|h|/4\sigma^4$ 为常数项去除后,不会影响译码结果。故将式(5-38)中的 $|h|/4\sigma^4$ 消除后 LLR 可表示为

$$\zeta_i \approx \left[\max\limits_{\mathbf{S}':c_i=0,l}\left(\left|\sum\limits_{n=1}^{N}w_{n,\hat{y}_l}\right|\right)\right]^2 - \left[\max\limits_{\mathbf{S}':c_i=1,l}\left(\left|\sum\limits_{n=1}^{N}w_{n,y_l}\right|\right)\right]^2 \qquad (5\text{-}39)$$

$$l \in \{1,2,3\}, i \in \{0,1,\cdots,4N-1\}$$

由式(5-39)可知,对比最佳 LLR 式(5-31),低信噪比下次佳 LLR 中分子和分母的项数大大减少了,不涉及贝塞尔函数和对数函数,且无 CSI,即无须精确估计 CSI,故低信噪比下次佳 LLR 计算复杂度大大降低。

5.3.3.4 高信噪比下次佳 LLR

在高信噪比下,本小节致力于消除初步简化下的次佳 LLR 的实现复杂度。利用 $\ln I_0(x) \approx x$,将式(5-36)化简为

$$\zeta_i = \ln I_0 \left(\max_{\mathbf{S}':c_i=0,l} \left[\frac{|h|}{\sigma^2} \left| \sum_{n=1}^{N} w_{n,\hat{y}_l} \right| \right] \right) - \ln I_0 \left(\max_{\mathbf{S}':c_i=1,l} \left[\frac{|h|}{\sigma^2} \left| \sum_{n=1}^{N} w_{n,y_l} \right| \right] \right) \quad (5\text{-}40)$$

$$\approx \frac{|h|}{\sigma^2} \left\{ \max_{\mathbf{S}':c_i=0,l} \left[\left| \sum_{n=1}^{N} w_{n,\hat{y}_l} \right| \right] - \max_{\mathbf{S}':c_i=1,l} \left[\left| \sum_{n=1}^{N} w_{n,y_l} \right| \right] \right\}$$

$$l \in \{1,2,3\}, i \in \{0,1,\cdots,4N-1\}$$

同样,将式(5-40)中的常数项 $|h|/\sigma^2$ 消去后,LLR 可表示为

$$\zeta_i = \max_{\mathbf{S}':c_i=0,l} \left[\left| \sum_{n=1}^{N} w_{n,\hat{y}_l} \right| \right] - \max_{\mathbf{S}':c_i=1,l} \left[\left| \sum_{n=1}^{N} w_{n,y_l} \right| \right] \quad (5\text{-}41)$$

$$l \in \{1,2,3\}, i \in \{0,1,\cdots,4N-1\}$$

由式(5-41)可知,对比最佳 LLR 方案式(5-31),高信噪比下次佳 LLR 的分子和分母的项数大大减少了,不涉及贝塞尔函数和对数函数,且无 CSI,即无须精确估计 CSI,故高信噪比下次佳 LLR 计算复杂度大大降低。

5.3.4 瑞利衰落信道下 LLR 提取

在本章的前面两节分别研究了衰落相位已知的相干信道下 LLR 提取方法和衰落相位未知的非相干信道 LLR 提取方法。进一步,在本节我们将讨论衰落相位和衰落幅度均未知时 LLR 的提取方法。具体研究过程如下。

5.3.4.1 最佳 LLR

假设只有衰落幅度 $|h|$ 的统计特性已知。请注意,接收器的主要问题现在变成了如何利用此统计信息优化设计。由于衰落幅度 $|h|$ 服从瑞利分布,其概率密度函数可表示为

$$p(|h|) = \frac{|h|}{\sigma_{|h|}^2} \exp\left(-\frac{|h|^2}{2\sigma_{|h|}^2} \right) \quad (5\text{-}42)$$

则似然函数 $p(\mathbf{R}|\mathbf{S})$ 可表示为

$$p(\boldsymbol{R}|\boldsymbol{S}) = \int_0^\infty p(\boldsymbol{R}|\boldsymbol{S},|h|) p(|h|) \mathrm{d}|h|$$

$$= \frac{1}{\sigma_{|h|}^2 (\sqrt{2\pi}\sigma)^{16N}} \exp\left[-\frac{\sum_{n=1}^{N}\sum_{m=1}^{16}|r_{n,m}|^2}{2\sigma^2}\right]$$

$$\times \int_0^\infty |h| \exp\left[-\frac{\sigma_{|h|}^2 \sum_{n=1}^{N}\sum_{m=1}^{16}|s_{y,m}|^2 + \sigma^2}{2\sigma^2 \sigma_{|h|}^2}|h|^2\right] I_0\left(\frac{\left|\sum_{n=1}^{N}\sum_{m=1}^{16}r_{n,m}s_{y,m}^*\right|}{\sigma^2}|h|\right) \mathrm{d}|h|$$

$$= \frac{1}{\sigma_{|h|}^2 (\sqrt{2\pi}\sigma)^{16N}} \exp\left[-\frac{\langle \boldsymbol{R}, \boldsymbol{R}^* \rangle}{2\sigma^2}\right]$$

$$\times \int_0^\infty |h| \exp\left[-\frac{\sigma_{|h|}^2 \langle \boldsymbol{S}, \boldsymbol{S}^* \rangle + \sigma^2}{2\sigma^2 \sigma_{|h|}^2}|h|^2\right] I_0\left(\frac{\left|\langle \boldsymbol{R}, \boldsymbol{S}^* \rangle\right|}{\sigma^2}|h|\right) \mathrm{d}|h|$$

（5-43）

注意式（5-43）中使用了统计平均值来消除衰落幅度 $|h|$ 的随机性，其中 $p(\boldsymbol{R}|\boldsymbol{S},|h|)$ 由式（5-26）给出。此外，利用公式：

$$\int_0^\infty u \exp\left[-bu^2\right] I_0(cu) \mathrm{d}u = \frac{1}{2b} \exp\left(\frac{c^2}{4b}\right) \qquad （5-44）$$

开发似然函数 $p(\boldsymbol{R}|\boldsymbol{S})$ 后可表示为

$$p(\boldsymbol{R}|\boldsymbol{S}) = \frac{\sigma^2}{(\sqrt{2\pi}\sigma)^{16N}\left(\sigma_{|h|}^2 \sum\limits_{n=1}^{N}\sum\limits_{m=1}^{16}\left|s_{y,m}\right|^2 + \sigma^2\right)} \exp\left[-\frac{\sum\limits_{n=1}^{N}\sum\limits_{m=1}^{16}\left|r_{n,m}\right|^2}{2\sigma^2}\right]$$

$$\times \exp\left(\frac{\left|\sum\limits_{n=1}^{N}\sum\limits_{m=1}^{16} r_{n,m} s_{y,m}^*\right|^2 \sigma_{|h|}^2}{2\sigma^2\left(\sigma_{|h|}^2 \sum\limits_{n=1}^{N}\sum\limits_{m=1}^{16}\left|s_{y,m}\right|^2 + \sigma^2\right)}\right) \qquad (5\text{-}45)$$

$$= \frac{\sigma^2 \exp\left[-\dfrac{\left\langle \boldsymbol{R},\boldsymbol{R}^*\right\rangle}{2\sigma^2}\right]}{(\sqrt{2\pi}\sigma)^{16N}\left(\sigma_{|h|}^2 \left\langle \boldsymbol{S},\boldsymbol{S}^*\right\rangle + \sigma^2\right)} \exp\left(\frac{\left|\left\langle \boldsymbol{R},\boldsymbol{S}^*\right\rangle\right|^2 \sigma_{|h|}^2}{2\sigma^2\left(\sigma_{|h|}^2 \left\langle \boldsymbol{S},\boldsymbol{S}^*\right\rangle + \sigma^2\right)}\right)$$

$$\sim \exp\left(\frac{\left|\left\langle \boldsymbol{R},\boldsymbol{S}^*\right\rangle\right|^2 \sigma_{|h|}^2}{2\sigma^2\left(\sigma_{|h|}^2 \left\langle \boldsymbol{S},\boldsymbol{S}^*\right\rangle + \sigma^2\right)}\right)$$

$$\sim \left|\left\langle \boldsymbol{R},\boldsymbol{S}^*\right\rangle\right|^2$$

则 LLR 可表示为

$$\varsigma_i = \ln\frac{p(c_i=0|\boldsymbol{R})}{p(c_i=1|\boldsymbol{R})} = \ln\frac{\sum\limits_{\boldsymbol{S}':c_i=0} p(\boldsymbol{R}|\boldsymbol{S})}{\sum\limits_{\boldsymbol{S}':c_i=1} p(\boldsymbol{R}|\boldsymbol{S})}$$

$$= \ln\frac{\sum\limits_{\boldsymbol{S}':c_i=0} \exp\left(\dfrac{\left|\sum\limits_{n=1}^{N}\sum\limits_{m=1}^{16} r_{n,m} s_{y,m}^*\right|^2 \sigma_{|h|}^2}{2\sigma^2\left(\sigma_{|h|}^2 \sum\limits_{n=1}^{N}\sum\limits_{m=1}^{16}\left|s_{y,m}\right|^2 + \sigma^2\right)}\right)}{\sum\limits_{\boldsymbol{S}':c_i=1} \exp\left(\dfrac{\left|\sum\limits_{k=1}^{N}\sum\limits_{i=1}^{16} r_{n,m} s_{y,m}^*\right|^2 \sigma_{|h|}^2}{2\sigma^2\left(\sigma_{|h|}^2 \sum\limits_{n=1}^{N}\sum\limits_{m=1}^{16}\left|s_{y,m}\right|^2 + \sigma^2\right)}\right)} \qquad (5\text{-}46)$$

$$= \ln\frac{\sum\limits_{\boldsymbol{S}':c_i=0} \exp\left(\dfrac{\left|\left\langle \boldsymbol{R},\boldsymbol{S}^*\right\rangle\right|^2 \sigma_{|h|}^2}{2\sigma^2\left(\sigma_{|h|}^2 \left\langle \boldsymbol{S},\boldsymbol{S}^*\right\rangle + \sigma^2\right)}\right)}{\sum\limits_{\boldsymbol{S}':c_i=1} \exp\left(\dfrac{\left|\left\langle \boldsymbol{R},\boldsymbol{S}^*\right\rangle\right|^2 \sigma_{|h|}^2}{2\sigma^2\left(\sigma_{|h|}^2 \left\langle \boldsymbol{S},\boldsymbol{S}^*\right\rangle + \sigma^2\right)}\right)}$$

$$i \in \{0,1,\cdots,4N-1\}$$

由式（5-46）可知，最佳 LLR 计算方法中涉及多次指数运算和取模运算，且需完美估计方差。实现复杂度较高。

5.3.4.2 次佳 LLR

本小节考虑瑞利衰落下低复杂度和稳健的次佳 LLR 提取，其不需要完美估计方差。利用式（5-32）至式（5-34），式（5-47）可化简为

$$
\varsigma_i \approx \ln \frac{\displaystyle\sum_{\mathbf{S'}:c_i=0,l} \exp\left(\dfrac{\left|\displaystyle\sum_{n=1}^{N} w_{n,\hat{y}_l}\right|^2 \sigma_{|h|}^2}{2\sigma^2\left(\sigma_{|h|}^2 \displaystyle\sum_{n=1}^{N}\sum_{m=1}^{16}\left|s_{y,m}\right|^2 + \sigma^2\right)}\right)}{\displaystyle\sum_{\mathbf{S'}:c_i=1,l} \exp\left(\dfrac{\left|\displaystyle\sum_{n=1}^{N} w_{n,\hat{y}_l}\right|^2 \sigma_{|h|}^2}{2\sigma^2\left(\sigma_{|h|}^2 \displaystyle\sum_{n=1}^{N}\sum_{m=1}^{16}\left|s_{y,m}\right|^2 + \sigma^2\right)}\right)}, \quad l \in \{1,2,3\} \tag{5-47}
$$

再利用式（5-23），式（5-48）可进一步化简为

$$
\varsigma_i \approx \frac{\sigma_{|h|}^2}{2\sigma^2\left(\sigma_{|h|}^2 \displaystyle\sum_{n=1}^{N}\sum_{m=1}^{16}\left|s_{y,i}\right|^2 + \sigma^2\right)}\left\{\max_{\mathbf{S'}:c_i=0,l}\left|\sum_{n=1}^{N} w_{n,\hat{y}_l}\right|^2 - \max_{\mathbf{S'}:c_i=1,l}\left|\sum_{n=1}^{N} w_{n,y_l}\right|^2\right\} \tag{5-48}
$$

$$
= \frac{\sigma_{|h|}^2}{2\sigma^2\left(\sigma_{|h|}^2 \langle \mathbf{S},\mathbf{S}^* \rangle + \sigma^2\right)}\left\{\max_{\mathbf{S'}:c_i=0,l}\left|\sum_{n=1}^{N} w_{n,\hat{y}_l}\right|^2 - \max_{\mathbf{S'}:c_i=1,l}\left|\sum_{n=1}^{N} w_{n,y_l}\right|^2\right\}
$$

消去常数项 $\sigma_{|h|}^2 \left/ \left[2\sigma^2\left(\sigma_{|h|}^2 \displaystyle\sum_{n=1}^{N}\sum_{m=1}^{16}\left|s_{y,m}\right|^2 + \sigma^2\right)\right]\right.$ 后，无 CSI 的 LLR 可表示为

$$
\varsigma_m = \max_{\mathbf{S'}:c_i=0,l}\left|\sum_{n=1}^{N} w_{n,\hat{y}_l}\right|^2 - \max_{\mathbf{S'}:c_i=1,l}\left|\sum_{n=1}^{N} w_{n,y_l}\right|^2 \tag{5-49}
$$

$$
l \in \{1,2,3\}, \quad i \in \{0,1,\cdots,4N-1\}
$$

比较式（5-46）与式（5-30）可知，当没有编码时，非相干度量为 $\arg\max |\langle \mathbf{R},\mathbf{S} \rangle|$ 和 $\arg\max |\langle \mathbf{R},\mathbf{S} \rangle|^2$ 是等价的。因此，对于未编码系统，非相干决策结果不受乘性衰落的影响。

5.3.5 仿真结果与分析

5.3.5.1 仿真参数

本节首先通过实验确定译码器最大迭代次数,然后模拟了检测性能和实现复杂度。此外,为了验证我们的方案对方差的鲁棒性和相位偏移的鲁棒性,还分析了动态 CSI 估计误差下的仿真和动态相位信道下的仿真。仿真中,编码方式为(1008,504)LDPC 码,码率为 $R=1/2$,最大迭代次数设置为 10 次,H 矩阵如图 5-16 所示。本节具体仿真参数如表 5-8 所示。

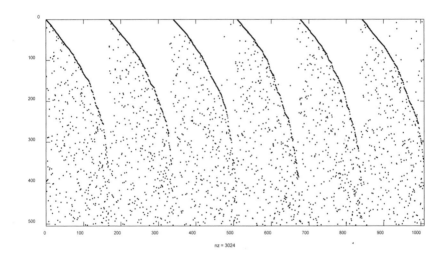

图 5-16　(1008,504)LDPC 码的 H 矩阵

表 5-8　仿真参数

参数	类型
信道条件	纯 AWGN 和慢瑞利衰落
复噪声能量	1/SNR
瑞利衰落信道的能量	归一化
检测方案	多符号非相干检测
时间同步	完美
LDPC 编码	PEGReg(1008,504)

续表

参数	类型
码率	1/2
度分布	（3，6）
调制方式	MPSK
符号	16进制正交
PSDU 的有效载荷长度（bits）	504
扩频因子	16
码片速率（Mchip/s）	1
二进制数据速率（kb/s）	250
载波频率（MHz）	786
衰落相位 ϕ（rads）	在 $(-\pi, \pi)$ 区间内均匀分布
PN 长度	16

5.3.5.2 迭代次数对性能影响

图 5-17 显示在相位非相干信道下，配置最佳 LLR 方案，LDPC 解码器的最大迭代次数对检测性能的影响，其中 $|h|=1$，$N=1$。从仿真结果不难发现，式（5-31）中给出的最佳 LLR 方案的检测性能随着最大迭代次数的增加而提升，但这种提升趋势逐渐趋于平稳。

具体而言，如图 5-17（a）所示，当 BER= 1×10^{-5} 时，随着最大迭代次数从 1 增加到 3，式（5-31）给出的最佳 LLR 方案检测性能增益约为 2 dB；当最大迭代次数从 3 增加到 5 时，该方案检测性能增益约为 0.6 dB；当最大迭代次数从 5 增加到 8 时，该方案检测性能增益约为 0.3 dB；当迭代次数从 8 增加到 10 时，该方案检测性能增益约为 0.04 dB；当最大迭代次数从 10 增加到 25 时，该方案检测性能增益较小。故最大迭代次数为 10 次足以提供良好的性能，因此本章剩余仿真最大迭代次数均选取 10 次。

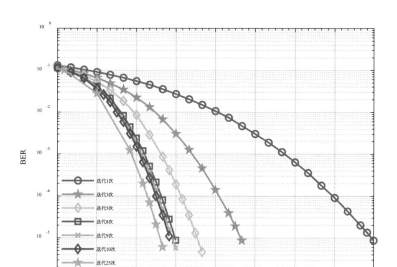

（a）BER 性能

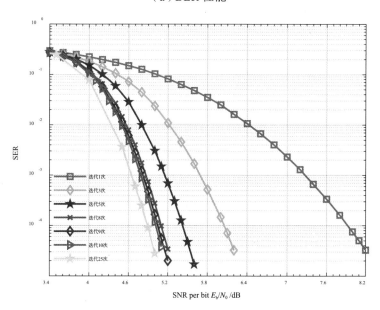

（b）SER 性能

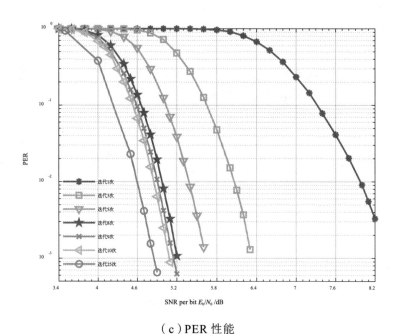

（c）PER 性能

图 5-17　相位非相干信道下，配置式（5-31）给出的最佳 LLR，LDPC 解码器的最大迭代次数对检测性能的影响，其中 $|h|=1$，$N=1$

5.3.5.3 相干信道下检测性能

图 5-18 表示在相干信道下，本节给出的基于 BP 译码的最佳 LLR 方案式（5-22）、基于 BP 译码的次佳 LLR 方案式（5-24）与基于 MS 译码的次佳 LLR 方案式（5-25）的检测性能比较，其中 $|h|=1$，$N=1$。从图中可以看出，基于 BP 译码的最佳 LLR 方案式（5-22）效果较好，具有很高的检测性能，且基于 BP 译码的次佳 LLR 方案式（5-24）性能与它相当；基于 MS 译码的次佳 LLR 方案式（5-25）检测误差最高，但与最佳 LLR 方案式（5-22）的仿真曲线差距相对较小。

具体而言，如图 5-18（c）所示，当 PER=1×10^{-2} 时，与基于 BP 译码的最佳 LLR 方案式（5-22）相比，基于 BP 译码的次佳 LLR 方案式（5-24）的性能损失仅为 0.07 dB，基于 MS 译码的次佳 LLR 方案式（5-25）的性能损失为 0.2 dB。因此，次佳 LLR 的性能非常接近于最佳 LLR 的性能。然而，次佳 LLR 方案具有较低的复杂性，特别是当使用

MS 译码方案时,不需要 CSI。此外,如图 5-19 所示,在 $|h| \neq 1$ 时进一步验证了所提次佳 LLR 方案平衡了检测性能和实现复杂度。

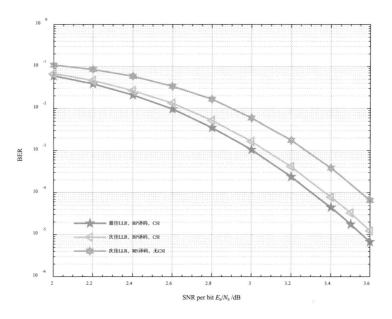

(a) BER 性能

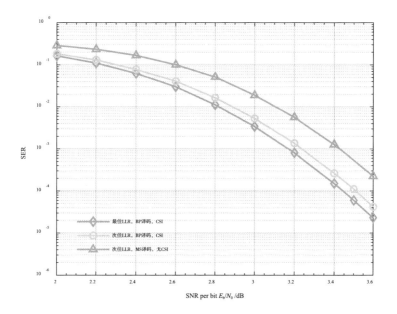

(b) SER 性能

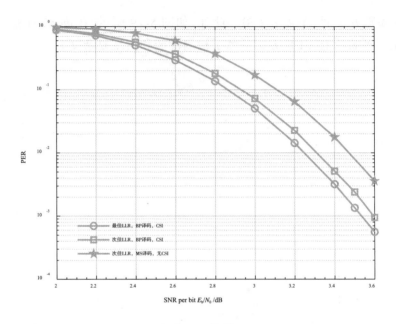

（c）PER 性能

图 5-18   相干信道下，采用不同 LLR 提取方案对检测性能的影响，其中$|h|=1$，

$N=1$

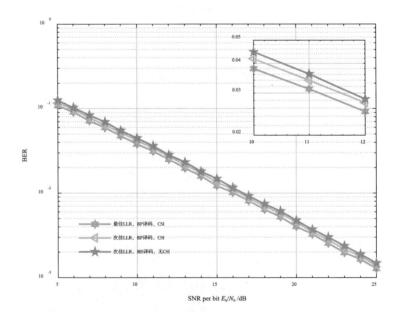

（a）BER 性能

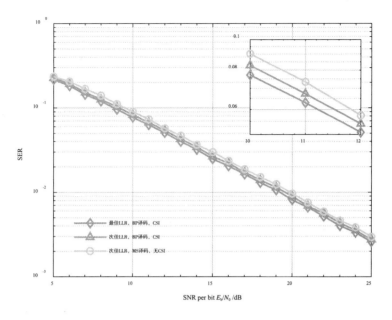

（b）SER 性能

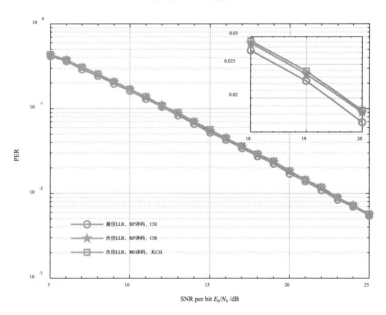

（c）PER 性能

图 5-19　相干信道下，不同 LLR 提取方案对检测性能的影响，其中 $|h| \neq 1$，$N = 1$

5.3.5.4 相位非相干信道下检测性能

图 5-20 表示相位非相干信道下,最佳 LLR 方案、所提多种次佳 LLR 方案和未编码方案的仿真曲线比较,其中 $|h|=1$。从图中可以看出,与未编码方案相比,加编码的方案的检测性能得到显著提高。当符号周期 N 从 1 增至 2 时,BER、SER、PER 性能均提升,且一系列次佳 LLR 方案的性能都非常接近于最佳 LLR 方案。

具体而言,如图 5-20(c)所示,在 PER= 1×10^{-3},当 $N=1$ 时,与未编码方案相比,所提编码方案获得增益约 5.7 dB;与最佳 LLR 方案相比,初步简化下的次佳 LLR 方案式(5-36)的性能损失仅为 0.04 dB,低信噪比下的次佳 LLR 方案式(5-38)、式(5-39)和高信噪比下的次佳 LLR 方案式(5-40)、式(5-41)的性能损失约为 0.16 dB。故次佳 LLR 的性能损失很小,复杂度较低,特别是基于 MS 译码的次佳 LLR 方案式(5-39)和式(5-41)检测时不需要 CSI。因此,在检测性能要求较低的复杂应用环境,基于 MS 译码的次佳 LLR 方案式(5-39)和式(5-41)是不错的选择。另一方面,当 N 从 1 增至 2 时,获得近 0.5 dB 的性能增益。此外,如图 5-21 所示,在 $|h| \neq 1$ 时进一步验证所提方案的性能,得出类似的结论,但在此不作赘述。

从上述仿真可知,在相位非相干信道下,相对于最佳 LLR 方案,一系列次佳 LLR 方案均呈现可接受性能损失。此外,当符号周期 N 从 1 增至 2 时,BER、SER、PER 性能均提升。

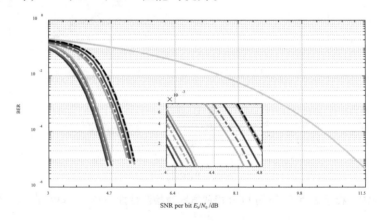

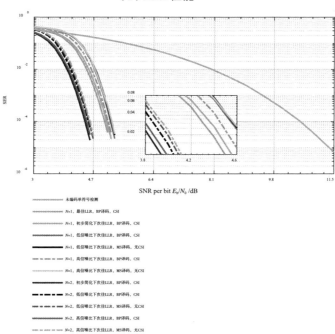

（a）BER 性能

（b）SER 性能

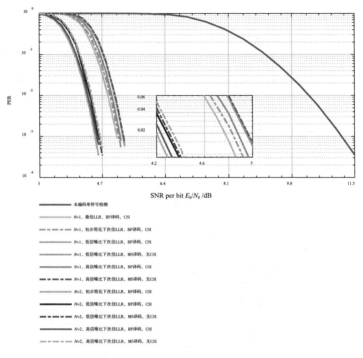

（c）PER 性能

图 5-20　相位非相干信道下，不同 LLR 提取方案对检测性能的影响，其中 $|h|=1$

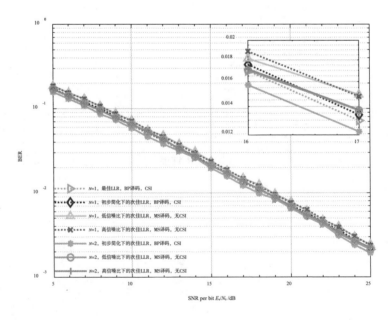

（a）BER 性能

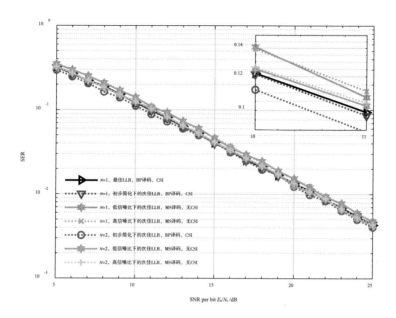

（b）SER 性能

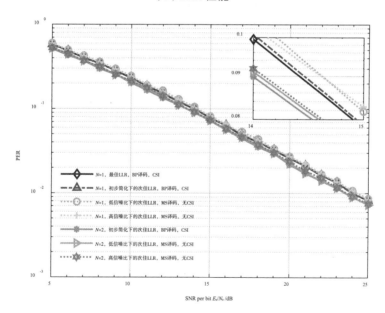

（c）PER 性能

图 5-21　相位非相干信道下，不同 LLR 提取方案对检测性能的影响，其中 $|h| \neq 1$

5.3.5.5 瑞利衰落信道下检测性能

图 5-22 表示瑞利衰落下，未编码方案、基于 BP 译码的最佳 LLR 方案式（5-29），基于 BP 译码的次佳 LLR 方案 [式（5-30）] 和基于 MS 译码的次佳 LLR 方案 [式（5-31）] 的检测性能比较，其中 $|h|=1$。通过观察可较为直观的看到，在瑞利衰落信道下，相对于最佳 LLR 方案，一系列次佳 LLR 方案均呈现可接受性能损失，且复杂度低。此外，当符号周期 N 从 1 增至 2 时，BER、SER、PER 性能均提升。

具体而言，如图 5-22（c）所示，在 PER=1×10^{-3}，当 N=1 时，与未编码方案相比，所提编码方案获得增益约 6.1 dB；与最佳 LLR 方案相比，基于 BP 译码的次佳 LLR 方案 [式（5-30）] 的性能损失仅为 0.02 dB，基于 MS 译码的次佳 LLR 方案 [式（5-31）] 的性能损失约为 0.1 dB。故次佳 LLR 的性能损失很小，复杂度较低，特别是基于 MS 译码的次佳 LLR 方案 [式（5-31）] 检测时不需要 CSI。因此，考虑 WSNs 节点低成本、低功耗的设计要求，基于 MS 译码的次佳 LLR 方案 [式（5-31）] 是不错的选择。另一方面，当 N 从 1 增至 2 时，获得近 0.5 dB 的性能增益。

如图 5-23 所示，可以在 $|h| \neq 1$ 时得出类似的结论，但在此不作说明。

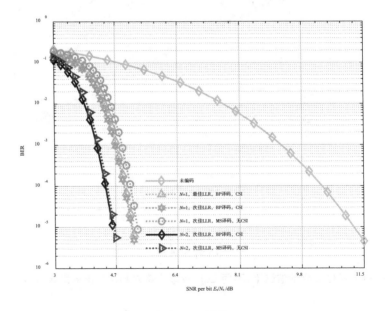

（a）BER 性能

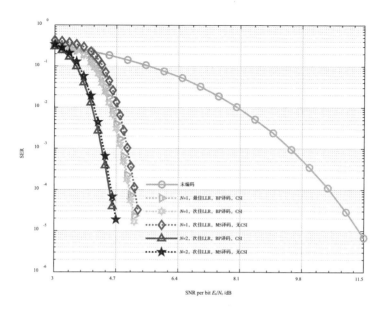

（b）SER 性能

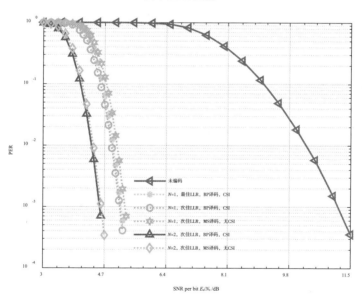

（c）PER 性能

图 5-22 瑞利衰落信道下，不同 LLR 提取方案对检测性能的影响，其中 $|h|=1$

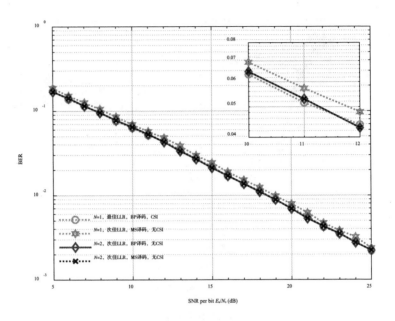

（a）BER 性能

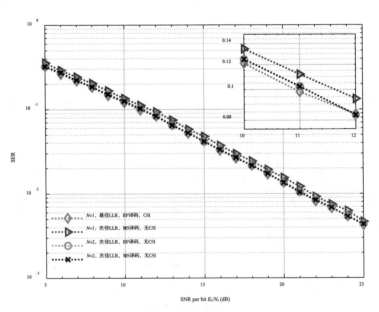

（b）SER 性能

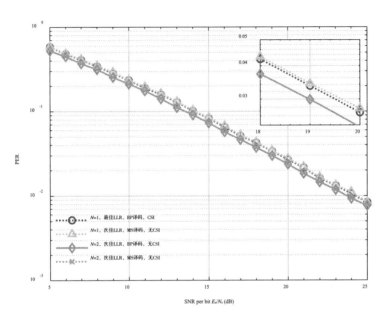

（c）PER 性能

图 5-23　瑞利衰落信道下,不同 LLR 提取方案对检测性能的影响,其中 $|h| \neq 1$

5.3.5.6 鲁棒性分析

本小节从方差鲁棒性和相偏鲁棒性两个方面研究了所提出的低复杂度多符号非相干检测方案的可靠性。

（1）方差鲁棒性

图 5-24 至图 5-26 分别显示了基于 BP 译码的最佳 LLR 方案 [式（5-22）、式（5-31）和式（5-46）] 在动态 CSI 估计误差下的性能,其中 $\Delta\sigma^2 = a\sigma^2$, $|h| = 1$, $N = 1$。在这里将方差系数 a 为 0 的仿真曲线作为基准线。

　　从仿真结果可知,基于 BP 译码的最佳 LLR 方案的一系列检测算法的性能随着方差系数的增加而降低。另一方面,所提基于 MS 译码的次佳 LLR 方案 [式(5-26)、式(5-31)和式(5-48)] 检测性能不受方差波动的影响。具体而言,从图 5-24 (a)中可以看出,当 BER $=1\times10^{-4}$ 时,方差系数 a 从 0 增加到 1,基于 BP 译码的最佳 LLR 方案 [式(5-22)] 的检测性能损失约为 0.4 dB;方差系数 a 从 1 增加到 2,CSI 估计误差较大,其检测性能损失约为 0.9 dB。但是,使用基于 MS 译码的次佳 LLR 方案 [式(5-26)] 仿真曲线不受方差波动的影响,因此具有更好的鲁棒性。对于图 5-25 和图 5-26 而言,我们可以观测到类似的性能趋势,在此不做赘述。

　　从图 5-24 至图 5-26 仿真结果可知,基于 MS 译码的次佳 LLR 方案比基于 BP 译码的最佳 LLR 方案鲁棒性好,这是由于基于 MS 译码的次佳 LLR 方案通过数学近似的思想消除 CSI 的影响。

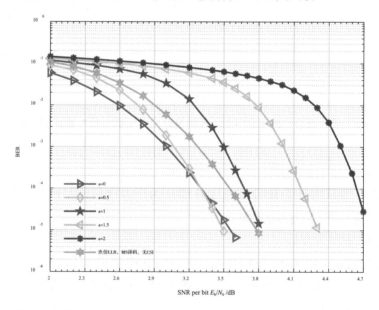

（ a ）BER 性能

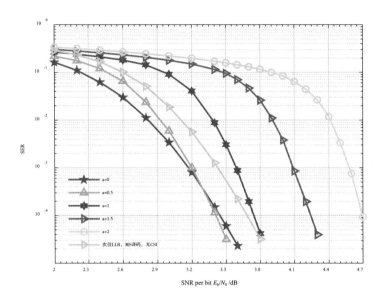

（b）SER 性能

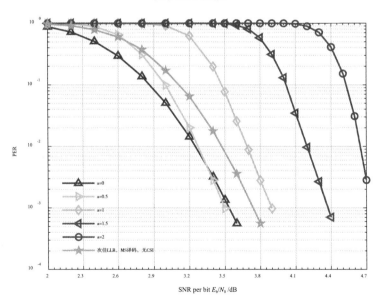

（c）PER 性能

图 5-24　相干信道下,配备最佳 LLR 式(5-22)时动态方差对检测性能的影响,

其中 $\Delta\sigma^2 = a\sigma^2$, $|h| = 1$, $N = 1$

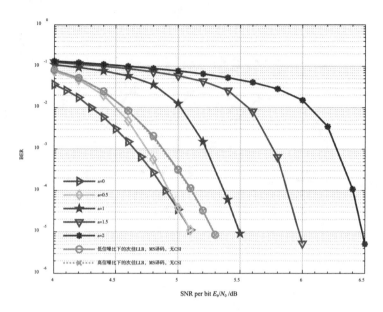

（a）BER 性能

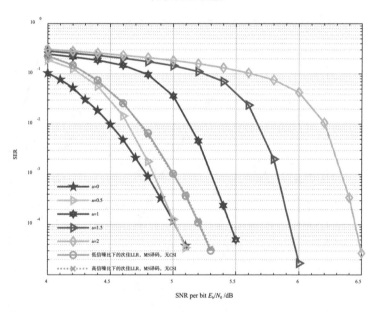

（b）SER 性能

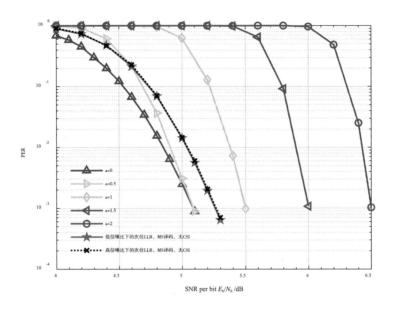

（c）PER 性能

图 5-25　相位非相干信道下,配备最佳 LLR 式(5-31)时动态方差对检测性能的

影响,其中 $\Delta\sigma^2=a\sigma^2$, $|h|=1$, $N=1$

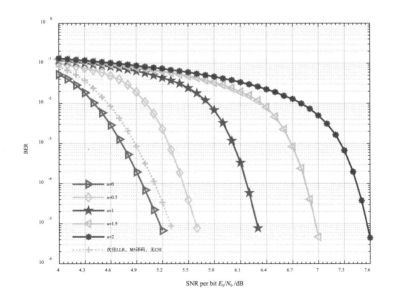

（a）BER 性能

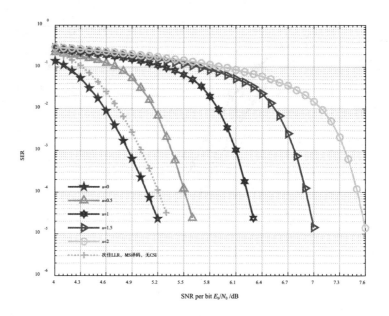

（b）SER 性能

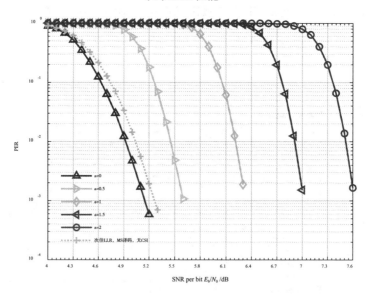

（c）PER 性能

图 5-26 瑞利衰落信道下，配备最佳 LLR 式（5-46）时动态方差对检测性能的影响，

其中 $\Delta\sigma^2 = a\sigma^2$，$|h| = 1$，$N = 1$

（2）相偏鲁棒性

图 5-27 至图 5-29 分别反映了在相位非相干信道下,配备最佳 LLR 方案 [式（5-31）],次佳 LLR 方案 [式（5-39）] 和次佳 LLR 方案 [式（5-41）] 时动态相位对检测性能的影响,其中 $|h|=1$, $N=1$ 。相位服从维纳过程 $\phi_{n+1} = \phi_n + \Delta_n$, Δ_n 是一个均值为零方差为 σ_n^2 的高斯随机变量,初始相位在 $(-\pi, \pi)$ 之间服从均匀分布,在这里的基准线是标准差为 0 度的曲线。

从图 5-27（a）可知,在 BER $=1 \times 10^{-4}$,当标准差从 0 度增加到 5 度时,基于 BP 译码的最佳 LLR 方案 [式（5-31）] 的检测性能损失约为 0.1 dB,此时抖动不会显着降低该方案检测性能;从 5 度增加到 20 度,该方案性能损失约为 2.9 dB;当标准差从 20 度增加到 30 度后,该方案检测性能大幅度下降,出现具有不可降低的误差,这主要是由于相位误差太大造成的。故标准差从 0 度增加到 5 度时,基于 BP 译码的最佳 LLR 方案 [式（5-31）] 具有相偏鲁棒性。从图 5-28 和图 5-29 中可以获得与图 5-27 类似的检测性能趋势。

从上述仿真可知,所提编码多符号非相干检测方案对相位抖动具有鲁棒性,并且将抖动的标准偏差增加到 5 度不会显着降低接收器的 BER、SER 和 PER 性能。此外,随着信噪比的增大,这一系列检测方案性能均出现具有不可降低的误差,这主要是由于相位误差太大造成的。

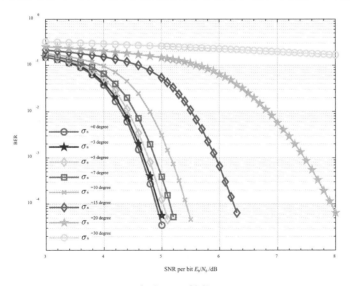

（a）BER 性能

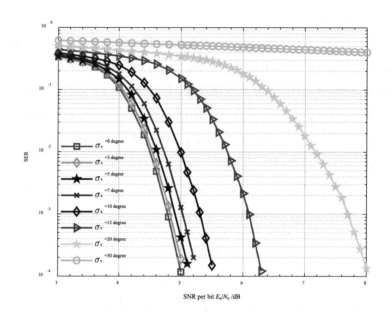

（b）SER 性能

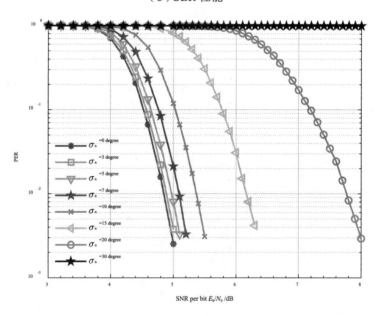

（c）PER 性能

图 5-27　相位非相干信道下，配备最佳 LLR 式（5-31）时动态相位对检测性能的

影响，其中 $|h|=1$，$N=1$

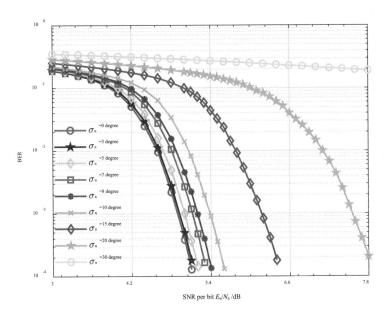

（a）BER 性能

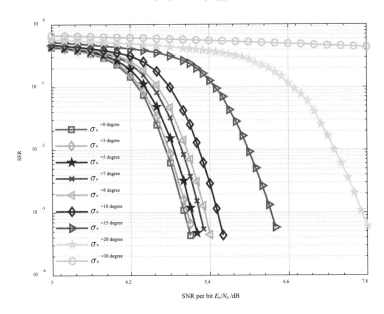

（b）SER 性能

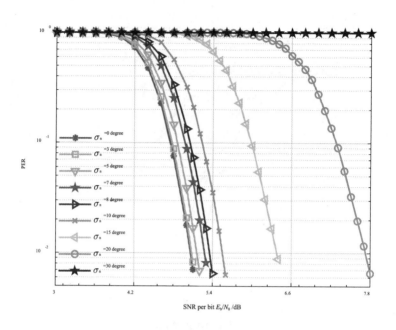

（c）PER 性能

图 5-28　相位非相干信道下,配备次佳 LLR 式(5-39)时动态相位对检测性能的

影响,其中 $|h| = 1$, $N = 1$

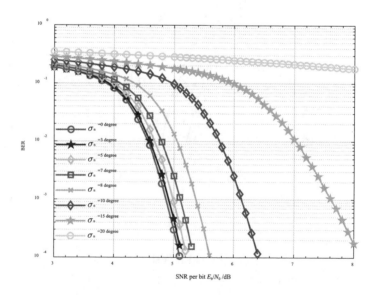

（a）BER 性能

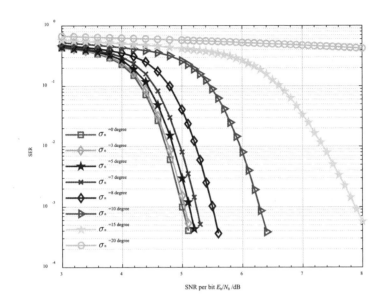

（b）SER 性能

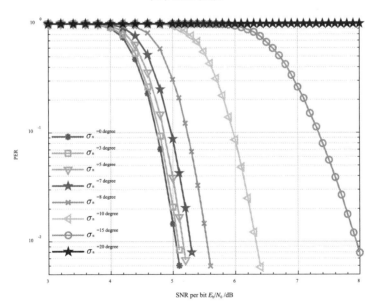

（c）PER 性能

图 5-29 相位非相干信道下,配备次佳 LLR 式（5-41）时动态相位对检测性能的
影响,其中 $|h|=1$, $N=1$

5.3.5.7 复杂度分析

本节比较了不同信道条件下,不同检测方案的硬件实现复杂度。其中,乘法运算和加法是两个复数的相乘和相加,假设比较运算等同于加法运算。观察表5-9至表5-11不难发现,不同的信道条件下,与最佳LLR方案相比,所提次佳LLR方案复杂度大大降低,且不需要CSI。

表5-9表示了相干信道下,式(5-22)给出的最佳LLR方案和式(5-25)给出的次佳LLR方案的硬件实现复杂度,其中 $|h|=1$,$N=1$。可以从表中看出,所提次佳LLR方案[式(5-25)]具有较低的运算复杂度,而最佳LLR方案[式(5-22)]具有较高的运算复杂度。所提次佳LLR方案[式(5-25)]不仅减少了运算器的个数,而且不需要CSI。具体而言,与最佳LLR方案[式(5-22)]相比,次佳LLR方案[式(5-25)]不需要计算取模运算、平方运算和指数函数,乘除运算减少了68次、加减运算减少了796次、指数函数减少了64次,且不需要CSI。

表5-9 相干信道下,比较不同LLR方案的运算数量,其中,$|h|=1$,$N=1$。

方案	$(\cdot)(\cdot)$ 或 $(\cdot)/(\cdot)$	$(\cdot)\pm(\cdot)$	$e^{(\cdot)}$	$(\cdot)^*$	$\mathrm{Re}(\cdot)$	$|\cdot|$	$(\cdot)^2$	$\ln(\cdot)$	CSI
最佳LLR (5-22)	2116	1984	1088	\	\	1024	1088	4	√
次佳LLR (5-25)	2048	1188	1024	1024	1024	\	\	\	\

表5-10反映了相位非相干信道下,最佳LLR方案[式(5-31)]和不同次佳LLR方案[式(5-36)、式(5-39)和式(5-41)]的硬件实现复杂度,其中 $|h|=1$,$N=1$。可以从表中看出,所提次佳LLR方案[式(5-36)、式(5-39)和式(5-41)]比最佳LLR方案[式(5-31)]复杂度低,且所提次佳LLR方案[式(5-39)和式(5-41)]不需要CSI。具体而言,次佳LLR方案[式(5-36)]与最佳LLR方案[式(5-31)]相比,乘除运算下降了2.89倍,加减运算、取模运算、共轭运算和平方运算约下降了2.7倍,贝塞尔函数下降了8倍;次佳LLR方案[式(5-39)]与最佳LLR方案[式(5-31)]相比,不需要对数函数和贝塞尔函数,乘除运算

下降了 3.1 倍,加减运算、取模运算、共轭运算和平方运算约下降了 2.7 倍,且不需要 SCI;次佳 LLR 方案 [式（5-41）] 与最佳 LLR 方案 [式（5-31）] 相比,不需要对数函数、贝塞尔函数和平方运算,乘除运算下降了 3.1 倍,加减运算、取模运算和共轭运算都下降了约 2.7 倍,且不需要 CSI。

表 5–10 相位非相干信道下,比较不同 LLR 方案的运算数量,其中,$|h|=1$,$N=1$

方案	$(\cdot)(\cdot)$ 或 $(\cdot)/(\cdot)$	$(\cdot)\pm(\cdot)$	$|\cdot|$	$(\cdot)^*$	$(\cdot)^2$	$\ln(\cdot)$	$I_0(\cdot)$	CSI
最佳 LLR（5-31）	1192	1016	64	1024	64	4	64	√
次佳 LLR（5-36）	412	376	24	384	24	4	8	√
次佳 LLR（5-39）	384	380	24	384	24	\	\	\
次佳 LLR（5-41）	384	380	24	384	\	\	\	\

表 5-11 显示了瑞利衰落信道下,最佳 LLR 方案 [式（5-46）] 和次佳 LLR 方案 [式（5-49）] 的硬件实现复杂度,其中 $|h|=1$,$N=1$。可以从表中看出,次佳 LLR[式（5-49）] 方案与最佳 LLR 方案 [式（5-46）] 相比,不需要对数函数和指数函数,乘除运算下降了 5.18 倍、加减运算下降了 5.05 倍、取模运算下降了 15.33 倍、共轭运算下降了 2.67 倍和平方运算下降了 56 倍,且不需要 CSI。

表 5–11 瑞利衰落信道下,比较不同 LLR 方案的运算数量,其中,$|h|=1$,$N=1$

方案	$(\cdot)(\cdot)$ 或 $(\cdot)/(\cdot)$	$(\cdot)\pm(\cdot)$	$|\cdot|$	$(\cdot)^*$	$(\cdot)^2$	$e^{(\cdot)}$	$\ln(\cdot)$	CSI
最佳 LLR（5-46）	1988	1920	1088	1024	1344	8	4	√
次佳 LLR（5-49）	384	380	24	384	24	\	\	\

综合上述分析,本节所提的一系列次佳 LLR 提取方案利用数学近似得到重构估计的对数似然比,从而降低了编码多符号非相干检测的复杂度。具体而言,相干信道下次佳 LLR 提取算法,借助对数函数近似式有效降低检测复杂度;相位非相干信道下次佳 LLR 提取算法,通过记录所有符号局部最大度量和零阶贝塞尔函数性质构造新的搜索空间。在此基础上针对低信噪比模型依次使用贝塞尔函数的泰勒展开式和对数函数近似式进行干扰抵消操作,针对高信噪比模型则引入对数函数近似式将 CSI 转化为公共项,有效消除 CSI 的影响;瑞利衰落信道下次佳 LLR 提取算法,采用对数函数近似式和贝塞尔函数近似式消除 CSI 对编码系统的影响。

5.4 基于量化的多符号非相干检测

由于连续相位空间 $(-\pi, \pi)$ 中是无数个离散相位的叠加,传统多符号非相干检测方案需要依次对其中的每一个元素做判决,大量的无线信道分析表明检测的硬件复杂度同观测符号周期长度呈指数级增长关系。即使将符号周期设置为 2,也需要计算与比较 $16^2=256$ 个度量值。故硬件实现复杂度仍然较高,难以应用于工程。现可考虑使用量化离散连续相位空间来降低判决的搜索范围,进而降低实现复杂度,常用的均匀量化实现最为简单,特别适合 IEEE 802.15.4c 标准低成本,低复杂度的设计要求。

为在 IEEE 802.15.4c 标准的框架下进一步降低传统 GLRT 检测的复杂度,本章提出一种基于量化的多符号非相干检测方法。首先分析传统 GLRT 检测,然后在均匀量化相位空间的基础上筛选出最大码片序列,进而考虑交换传统 GLRT 判决表达式的最大值函数顺序,将多符号非相干检测问题转化为逐符号的相干检测过程。所提方法不需要估计随机参量,而是采用均匀量化的方法,故鲁棒性更高,且实现复杂度与观测符号区间长度无关,仅仅与随机参量量化集合的阶数有关,复杂度大大降低。

5.4.1 系统模型

如图 5-30 所示,二进制信息比特序列以每四比特信息形成一个符号映射成一个 16 比特码片序列。在 N 个符号周期内,扩频后的码片序列为 $S=(s_1,s_2,\cdots,s_N)$。通过瑞利衰落信道传输会引入随机振幅衰落,采样的复基带接收信号为 $R=(r_1,r_2,\cdots,r_n,\cdots,r_N)$。具体来说,第 n 个符号周期对应的接收信号可表示为,

$$r_n=(r_{n,1},r_{n,2},\cdots,r_{n,16}),1\leqslant n\leqslant N$$
$$r_{n,m}=h_{n,m}s_{y,m}+\eta_{n,m},1\leqslant m\leqslant 16 \tag{5-50}$$

其中, $h_{n,m}=\left|h_{n,m}\right|\mathrm{e}^{\mathrm{j}\phi_{n,m}}$,$\left|h_{n,m}\right|$ 和 $\phi_{n,m}$ 分别表示信道传输引起的衰落振幅和衰落相位。$s_y=\left\{s_{y,m},1\leqslant m\leqslant 16\right\}$ 表示伪随机序列,s_y 从 16 种伪随机序列 $\left\{s_y,1\leqslant y\leqslant 16\right\}$ 中随机选取的一种,如表 5-6 所示。$\eta_{n,m}$ 是离散、循环对称、均值为零且方差为 $\sigma_{n,m}^2$ 的复高斯随机变量,参数 $|h|$ 和 ϕ 均是随机的、未知的、恒定的,且均与 $\eta_{n,m}$ 统计独立。

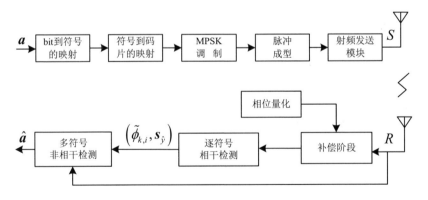

图 5-30 简化 GLRT 方案的系统模型

5.4.2 简化 GLRT 检测

在衰落信道中, r_n 在给定 s_y 和 h 的情况下的概率密度函数可表示为

$$p\left(r_n\middle|s_y,h\right)=\prod_{m=1}^{16}p\left(r_{n,m}\middle|s_{y,m},h\right)\tag{5-51}$$

$$=\frac{1}{\left(\sqrt{2\pi}\sigma\right)^{16}}\exp\left(-\frac{\left\|r_n-|h|s_y\mathrm{e}^{\mathrm{j}\phi}\right\|^2}{2\sigma^2}\right)$$

传统 GLRT 的判决式可表示成如下形式

$$\hat{a}=\arg\max_{\mathbf{s}_y\in S}\max_h\,p\left(\mathbf{r}_n\middle|\mathbf{s}_y,h\right)\tag{5-52}$$

$$=\arg\min_{\mathbf{s}_y\in S}\min_h\left\|r_n-|h|s_y\mathrm{e}^{\mathrm{j}\phi}\right\|^2$$

交换式(5-52)中两个求最大值的顺序并不改变最终的判决结果,因此可得到等价的 GLRT 判决表达式,

$$\hat{a}=\arg\max_h\left\{\max_{\mathbf{s}_y\in S}p\left(\mathbf{r}_n\middle|\mathbf{s}_y,h\right)\right\}\tag{5-53}$$

显然,经等价变换后,观察式(5-53)易知,一方面其内部求最大值是一个相干检测过程,此时将多符号检测问题转化为逐符号检测问题。另一方面,可通过将 h 的取值范围限制为有限的集合来降低外部求最大值的复杂性。

对于使用相位调制的通信系统而言,首先要明确发送信息是携带在传输码片的相位上,故衰落信道下的判定区域与信道引起的振幅尺度无关。因此,可只考虑衰落相位的影响,将接收信号表示为

$$r_{n,m}=s_{y,m}\mathrm{e}^{\mathrm{j}\phi}+\eta_{n,m},1\leqslant m\leqslant16\tag{5-54}$$

使用均匀量化处理连续相位空间,得出量化集合:

$$\Lambda=\{\phi_1,\phi_2,\cdots,\phi_L\}=\left\{0,\frac{2\pi}{L},\cdots,\frac{2\pi\left(L-1\right)}{L}\right\}\tag{5-55}$$

其中,第 L 个量化的相位值是 $\phi_L=\dfrac{2k\pi}{L}$,$0\leqslant k\leqslant L-1$,量化集合 Λ 阶数为 L 。

5.4.2.1 寻找最大码片序列

在第 n 个符号周期内,量化集合中每个相位值 ϕ_k 对应的相干度量值可表示为

$$X_i = \mathrm{Re}\left\{ \mathbf{r}_n e^{-j\phi_k(n)}\left[\mathbf{s}_y(n) \right]^H \right\}, 1 \leqslant k \leqslant L, 1 \leqslant y \leqslant 16, 1 \leqslant i \leqslant 16 \quad (5\text{-}56)$$

寻找每个相位值 ϕ_k 对应的最大相干度量值,并记录该相位值以及与其对应的扩频码序列,

$$\left[\tilde{\phi}_k, \mathbf{s}_{\hat{y},k}(n) \right] = \underset{1 \leqslant i \leqslant 16}{\arg\max}\, X_i \quad (5\text{-}57)$$

其中,$\mathbf{s}_{\hat{y},k}(n)$ 表示第 n 个符号的第 k 个相位对应的扩频序列 $\mathbf{s}_{\hat{y}}$。

5.4.2.2 非相干检测

由前文的推导可知,在 N 个符号周期内,首先,将相位空间经过均匀量化;然后,对于每个符号,计算每个相位值的最大相干度量值对应的扩频序列,并固定其对应的搜索空间;接下来,将在这个搜索空间内,利用标准的 MSD 方案进行搜索,挑选出最大非相干度量值对应的扩频序列作为最终判决结果,具体的实现过程如下。

在 N 个连续的符号周期内,非相干度量值可表示为

$$Y_k = \left| R(\mathfrak{I}_k)^H \right|^2, 1 \leqslant k \leqslant L \quad (5\text{-}58)$$

其中,$\mathfrak{I}_k = \left\{ \mathbf{s}_{\hat{y},k}(1), \mathbf{s}_{y,k}(2), \cdots, \mathbf{s}_{y,k}(N) \right\}$ 是由式(5-58)在连续 N 个符号周期内得到的候选发送扩频码,共有 L 种可能。具体来说,当 $L=4$,$N=2$ 时,量化集合 $\Lambda = \left\{ 0, \dfrac{\pi}{2}, \pi, \dfrac{3\pi}{2} \right\}$,此时 $\mathfrak{I}_k$ 可表示为 $\left\{ \mathbf{s}_{\hat{y},1}(1), \mathbf{s}_{y,1}(2) \right\}$,$\left\{ \mathbf{s}_{\hat{y},2}(1), \mathbf{s}_{y,2}(2) \right\}$,$\left\{ \mathbf{s}_{\hat{y},3}(1), \mathbf{s}_{y,3}(2) \right\}$ 和 $\left\{ \mathbf{s}_{\hat{y},4}(1), \mathbf{s}_{y,4}(2) \right\}$。

最大非相干度量值可表示为,

$$\hat{a} = \underset{1 \leqslant k \leqslant L}{\arg\max}\left[Y_k \right] \quad (5\text{-}59)$$

搜索最大非相干度量值对应的 $\mathfrak{I}_k$ 是最终判决结果。算法 1 介绍了简化 GLRT 检测方案详细实现步骤。观察式(5-56)易知,简化 GLRT 检测方案实现复杂度与观测符号区间长度无关,仅仅与随机参量量化集合的阶数有关,复杂度大大降低。

5.4.3 仿真结果与分析

在上一节给出基于量化的多符号非相干检测方案的理论分析,接下来将进一步通过仿真验证该方案的性能。

5.4.3.1 仿真参数

本节首先通过实验确定量化阶数,然后模拟了检测性能和实现复杂度。此外,为了验证我们的方案对衰落相位偏移的鲁棒性,还分析了动态相位信道下的仿真。表 5-12 为本章仿真工作中的详细参数。

表 5-12　仿真参数

参数	类型
信道条件	慢瑞利衰落
复噪声能量	1/SNR
瑞利衰落信道的能量	归一化
检测方案	多符号非相干检测
时间同步	完美
调制方式	MPSK
符号	16 进制正交
PSDU 的有效载荷长度(bits)	208
扩频因子	16
码片速率(Mchip/s)	1
二进制数据速率(kb/s)	250
载波频率(MHz)	786
衰落相位 ϕ(rads)	在 $(-\pi, \pi)$ 区间内均匀分布
衰落幅度 $|h|$	1
PN 长度	16
量化阶数 L	6

5.4.3.2 量化阶数对性能影响

图 5-31 中的多条曲线分别表示简化 GLRT 方案量化阶数取 2、4、6、8 时检测性能与理想相干检测性能比较。其中,理想相干检测性能作为基准线。从仿真结果不难发现,本章简化 GLRT 检测方案的性能随着

量化阶数的增加而提升,但这种性能提升幅度逐渐降低。

具体而言,如图 5-31(c)所示,在 PER = 1×10^{-3},当量化阶数为 2 时,所提简化 GLRT 方案出现具有不可降低的误差,这是主要是因为相位误差较大;当量化阶数从 2 增到 4 时,该方案检测性能大幅度提升,错误平层现象消失;当量化阶数从 4 增到 6 时,该方案检测性能增益约为 0.3 dB;当量化阶数从 6 增到 8 时,该方案检测性能增益很小,且与理想相干检测方案曲线差距极小。故量化阶数为 6 次已满足 IEEE 802.15.4.c 协议对接收机性能的要求,因此本章剩余仿真量化阶数均选取 6 次。

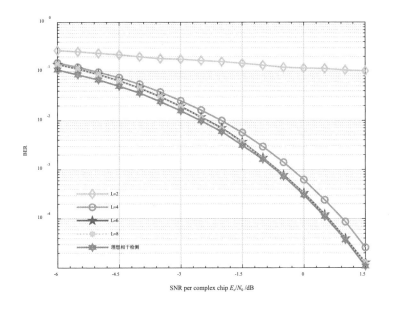

(a)BER 性能

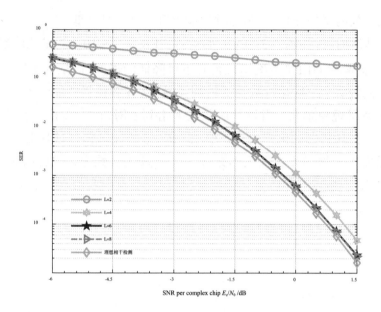

（b）SER 性能

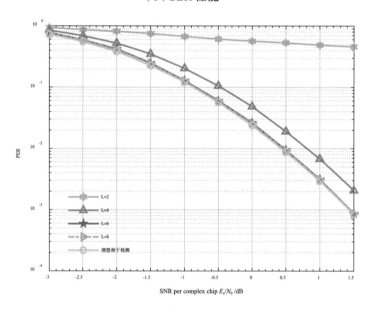

（c）PER 性能

图 5-31 瑞利衰落信道下，量化阶数对简化 GLRT 检测性能的影响

5.4.3.3 检测性能分析

图 5-32 表示慢瑞利衰落信道下,所提简化 GLRT 检测算法同 SBSD 算法和低复杂度多符号检测算法的曲线比较。由于不同方案间比较的前提是信号模型中参数一致,所以简化方案 [式(5-59)] 仿真曲线均是在频偏被完美估计的时候得到。由于传统 GLRT 方案的仿真过于复杂,为方便比较,我们采用最佳相干检测代替传统 GLRT 方案的仿真曲线进行检测性能分析。

从图中可以看出,当信噪比越高的时候检测性能越好,所提检测方案 [式(5-59)] 的检测性能优与 SBSD 方案和简化方案 [式(5-10)],且与最佳相干检测方案性能相当,几乎没有更多的改进空间。具体来说,在 PER 为 9×10^{-3} 时,相对于 SBSD 方案而言,所提检测方案 [式(5-59)] 可以实现约 0.7 dB 的增益。与简化方案 [式(5-10)] 相比,所提方案检测性能略有提升。此外,随着信噪比增高,所提方案与最佳相干检测方案的仿真曲线差距非常小,检测性能几乎相同。因此,本章的简化算法特别适用于 N 设置为 2 的检测方案,本章后续的仿真中均设置 N 为 2。

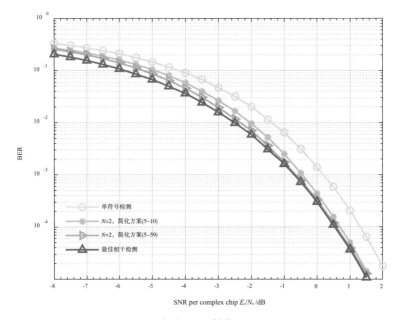

（ a ）BER 性能

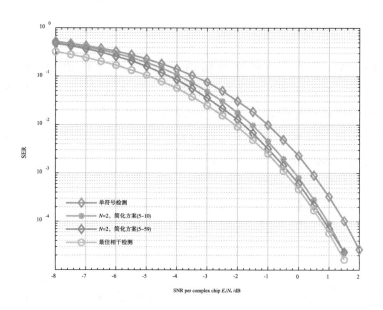

（b）SER 性能

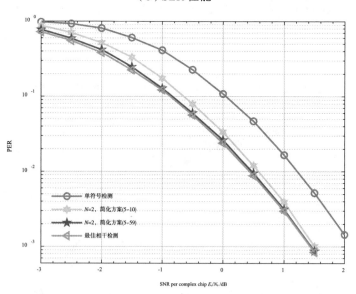

（c）PER 性能

图 5-32 瑞利衰落信道下,不同检测方案性能对比

综合以上仿真易知,所提简化 GLRT 算法通过量化相位空间,以较低的硬件复杂度实现与传统 GLRT 算法相同的检测性能。另一方面,简化 GLRT 算法通过调整传统 GLRT 判决表达式的最大值函数顺序得到一个新的有限搜索空间,取得比 SBSD 方案和简化方案 [式(5-59)] 更好的检测性能。

5.4.3.4　鲁棒性分析

图 5-33 和图 5-34 给出慢瑞利衰落信道下,动态相位对所提方案 [式(5-58)] 和简化方案 [式(5-59)] 检测性能的影响。特别的,考虑到不同方案的可比较性,需要保证不同方案的信号模型的参数一致,第 5 章中提及的简化方案 [式(5-59)] 仿真曲线均是在频偏被完美估计的前提下得到,即 CFO 在接收器处是已知且已被完美估计。其中,相位服从维纳过程 $\phi_{n+1} = \phi_n + \Delta_n$, Δ_n 是一个均值为零、方差为 σ_n^2 的高斯随机变量,初始相位在 $(-\pi, \pi)$ 之间服从均匀分布,这里的基准线是标准差为 0 度的曲线。

由图 5-33 可知,随着标准差的增大,所提方案 [式(5-58)] 的仿真曲线相继重合,检测性能未出现衰减。这是由于相位空间量化后,相位估计值可随着相偏动态调整,故具有较好鲁棒性。另一方面,从图 5-34 (a)可知,在 $\text{BER} = 1 \times 10^{-4}$,当标准差从 0 度增加到 3 度时,简化方案 [式(5-10)] 的检测性能损失约为 0.09 dB,此时抖动不会显著降低该方案检测性能;从 3 度增加到 7 度,该方案性能损失约为 2.2 dB;当标准差大于 7 度后,该方案检测性能将出现具有不可降低的误差,这主要是由于相位误差太大造成的。

从仿真结果可知,基于量化的多符号非相干检测方案比未编码多符号非相干检测方案的相偏鲁棒性好,这是由于基于量化的多符号非相干检测方案的相位估计值可随着相偏动态调整,从而获得更好的相偏鲁棒性。

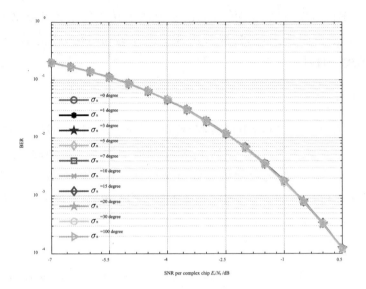

（a）BER 性能

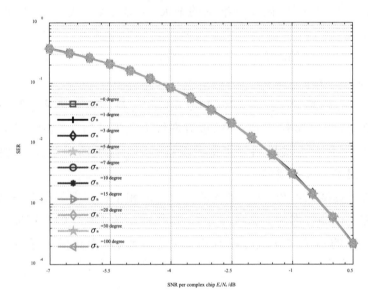

（b）SER 性能

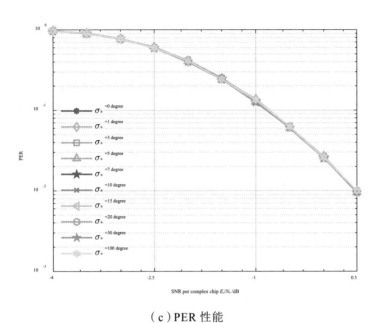

（c）PER 性能

图 5-33　慢瑞利衰落信道下,动态相位对所提方案(5-58)检测性能的影响

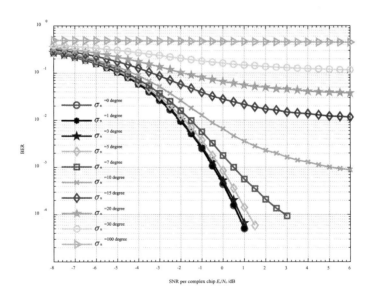

（a）BER 性能

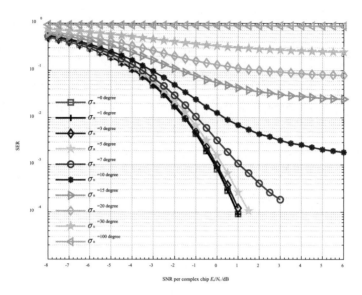

（b）SER 性能

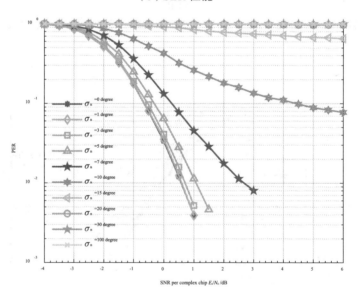

（c）PER 性能

图 5-34　慢瑞利衰落信道下,动态相位对简化方案(5-10)检测性能的影响

5.4.3.5 复杂度分析

表 5-13 比较了简化 GLRT 检测方案式（5-59）和完全形式的 MSD 方案 [式（5-54）] 的硬件复杂度。特别的，考虑到不同方案的可比较性，完全形式的 MSD 方案 [式（5-54）] 的运算次数是在频偏被完美估计的前提下得到。乘法运算和加法是两个复数的相乘和相加，假设比较运算等同于加法运算。由表 5-13 可以看出，与完全形式 MSD 相比，所提检测方案的加法运算、乘法和共轭运算降低 2.51 倍，取模平方运算下降 42.67 倍。因此可以得出，与完全形式的 MSD 方案相比，所提简化 GLRT 检测方案复杂度大大降低。

表 5-13　慢瑞利衰落信道下，所提接收机和完全形式接收机的实现复杂度，其中 $N=2$

检测方案	$(\cdot)+(\cdot)$	$(\cdot)(\cdot)^*$	$|\cdot|^2$	Re
完全形式（3-4）	8064	8192	256	0
简化方案（5-10）	3211	3264	6	192

参考文献

[1] IEEE standard for information technology—Local and metropolitan area networks—Specific requirements—Part 15.4：Amendment 2：Alternative Physical Layer Extension to support one or more of the Chinese 314-316 MHz, 430-434 MHz, and 779-787 MHz bands, in IEEE Std 802.15.4c-2009（Amendment to IEEE Std 802.15.4-2006）[S]. IEEE Press, New York, NY, USA, 2009.

[2] J. G. Proakis. Digital communications[M]. New York, NY, USA：McGraw Hill, 2001：231-319.

[3] T. S. Rappaport. Wireless communications：principles and practice, 2/E[M]. Englewood Cliffs, NJ, USA：Prentice-Hall, 2002：197-294.

[4] P. Y. Kam, S. N. Seng, S. N. Tok. Optimum symbol-by-symbol detection of uncoded digital data over the Gaussian channel with

unknown carrier phase[J]. IEEE Transactions on Communications, 1994, 42（8）: 2543-2552.

[5] D. Divsalar, M. K. Simon. Multiple-symbol differential detection of MPSK[J]. IEEE Transactions on Communications, 1990, 38（3）: 300-308.

[6] J. L. Buetefuer, W. G. Cowley. Frequency offset insensitive multiple symbol detection of MPSK[C]. Proceedings of 2000 IEEE International Conference on Acoustics, Speech, and Signal Processing, Istanbul, Turkey, 2000, 5: 2669-2672.

[7] T. Suzuki, T. Mizuno. Multiple-symbol differential detection scheme for differential amplitude modulation[C]. Proceedings of 13th International Zurich Seminar on Digital Communications, 1994: 196-207.

[8] C. Xu, S. X. Ng, L. Hanzo. Multiple-symbol differential sphere detection and decision-feedback differential detection conceived for differential QAM[J]. IEEE Transactions on Vehicular Technology, 2016, 65（10）: 8345-8360.

[9] S. M. Kay. Fundamentals of statistical signal processing, volume II: detection theory[M]. Prentice-Hall PTR, Upper Saddle River, NJ, USA, 1998: 125-162.

[10] S. G. Wilson, J. Freebersyser, C. Marshall. Multi-symbol detection of M-DPSK[C]. Proceedings of 1989 IEEE Global Telecommunications Conference and Exhibition 'Communications Technology for the 1990s and Beyond', Dallas, TX, USA, 1989, 3: 1692-1697.

[11] K. M. Mackenthun. A fast algorithm for multiple-symbol differential detection of MPSK[J]. IEEE Transactions on Communications, 1994, 42（234）: 1471-1474.

[12] D. Divsalar, M. K. Simon. Multiple-symbol differential detection of MPSK[J]. IEEE Transactions on Communications, 1990, 38（3）: 300-308.

[13] D. Divsalar, M. K. Simon. Maximum-likelihood differential detection of uncoded and trelli coded amplitude phase modulation over AWGN and fading channels-metrics and performance[J]. IEEE Transactions on Communications, 1994, 42（1）: 76-89.

[14] M. Peleg, S. Shamai. Iterative decoding of coded and interleaved noncoherent multiple symbol detected DPSK[J]. Electronics Letters, 1997, 33（12）: 1018-1020.

[15] I. Motedayen-Aval, A. Anastasopoulos. Polynomial-complexity noncoherent symbol-by-symbol detection with application to adaptive iterative decoding of turbo-like codes[J]. IEEE Transactions on Communications, 2003, 51（2）: 197-207.

[16] IEEE standard for telecommunications and information exchange between systems - LAN/MAN specific requirements - Part 15: wireless medium access control（MAC）and physical layer（PHY）specifications for low rate wireless personal area networks（WPAN）, in IEEE Std 802.15.4-2003[S]. IEEE Press, New York, NY, USA, 2003.

[17] G. Zhang, H. Wen, L. Wang, et al. Multiple symbol differential detection scheme for IEEE 802.15.4 BPSK receivers[J]. ICE Transactions on Fundamentals of Electronics Communications and Computer Sciences, 2018, E101.A（11）: 1975-1979.

[18] M. Luise, R. Reggiannini. Carrier frequency recovery in all-digital modems for burst-mode transmissions[J]. IEEE Transactions on Communications, 1995, 43（2）: 1169-1178.

[19] G. Zhang, D. Wang, L. Song, et al. Simple non-coherent detection scheme for IEEE 802.15.4 BPSK receivers[J]. Electronics Letters, 2017, 53（9）: 628-629.

[20] G. Zhang, H. Wen, L. Wang, et al. Simple and robust near-optimal single differential detection scheme for IEEE 802.15.4 BPSK receivers[J]. IET Communications, 2019, 13（2）: 186–197

[21] G. Zhang，C. Shi，C. Han，et al. Implementation-friendly and energy-efficient symbol-by-symbol detection scheme for IEEE 802.15.4 O-QPSK receivers[J]. IEEE Access，2020，8：158402-158415.

[22] 赵树杰，赵建勋. 信号检测与估计理论 [M]. 2 版. 北京：清华大学出版社，2005：149-239.

第6章

WiFi 网络中的差错控制

本章将介绍 WiFi 网络中的混合自动重传请求(Hybrid Automatic Repeat reQuest, HARQ)技术中 LDPC 码的编译码设计,结合自适应调制编(Adaptive Modulation and Coding, AMC)和 HARQ 的跨层设计中 LDPC 码的性能。

6.1 LDPC 码的增加冗余 HARQ 方式

6.1.1 HARQ 的三种基本类型简介

无线移动信道具有时变和多径导致的衰落特点,常有较高的误码率,一般可采用差错控制方式来确保通信质量。传统的差错控制技术中,FEC 方案有恒定的通过量和时延,但它不必要的开销却减少了通过量,而自动重传请求(Automatic Repeat reQuest, ARQ)虽然在误码率不是很高的时候可以得到理想的通过量,但它要产生可变时延,不宜于提供实时服务。为了克服两者的缺点,将这两种方法相结合就产生了混合 ARQ 方式(即 HARQ)。

HARQ 具有以下三种基本类型。

(1)Type I HARQ 方式。

Type I HARQ 方式中增加了 CRC,并且数据经 FEC 编码,在接收端进行 FEC 译码和 CRC 校验,当分组有错则请求重传,并放弃错误分组。重传分组与已传分组相同,没有组合译码。

Type I HARQ 系统的性能主要依赖于 FEC 的纠错能力,而 FEC 又必须与信道误码率相匹配,但随着承载业务的变化,呼叫中的纠错需要很长的处理时间。因此,混合 I 型 ARQ 方案不被看好。

(2)Type II HARQ 方式。

Type I HARQ 方式中重传分组与已传分组没有组合译码,而 Type II HARQ 方式与 Type III HARQ 方式则与此不同。Type II HARQ 方式中,其重传请求产生与 I 型 HARQ 方案相同,重传分组与已传分组相同,但错误分组不被丢弃,而是与重传分组进行 chase 合并,即将两次传递分组中对应比特位的初始软信息进行迭加,再进行 FEC 译码。

Type II HARQ 方式较之 Type I HARQ 方式,有效利用了已传分组的信息,是一种以能量换取译码性能的方式。但每次重传的信息相同,将会导致低通过率和低信道利用率。

(3)Type III HARQ 方式。

Type III HARQ 方式又称增加冗余 ARQ,重传请求产生与 I 型 HARQ 方案相同,但错误分组不被丢弃,而与重传分组采用编码合并方式组合并进行译码,重传分组和已传分组的格式和内容可以不相同,多次重传需有时序标号而且比数据有更高的差错保护能力。在 Type III HARQ 方式中,不成功的分组被存储在接收端,通过 FEC 机制与重传分组结合。这样既可得到高通过率和低时延,又能提高译码正确率。而且 Type III HARQ 方式可以通过使用速率兼容打孔卷积码、Turbo 码和 LDPC 码很方便地实现,但对信道码的设计提出了码率兼容的要求。

6.1.2 LDPC 码的递增冗余 HARQ 原理方案

采用 LDPC 码作为差错控制编码结合 HARQ 技术已经成为一种被

广泛应用的方案,用以保证数据可以高速和可靠的传输。其中,LDPC 码的递增冗余 HARQ（IR_HARQ）技术在上一次信息传输的基础上只需重发部分比特,可以保证系统具有良好的吞吐量特性,因此 IR_HARQ 方式成为一种最优的 HARQ 方式。下面介绍 LDPC 码的两种 IR_HARQ 方式的原理方案。

LDPC 码的递增冗余 HARQ 技术可以通过穿孔和扩展两种方式实现,穿孔方式是通过信息比特穿孔得到码率更低的码,该方式的方案原理如图 6-1 所示,设码率兼容 LDPC 码字表示为 $C = [d_1, d_2, \cdots, d_s, p]$,若第一次发信息 $d_1, d_2, \cdots, d_s$ 和校验位 p 后,收端第一次译码不成功,第二次发端将信息位减少为 $d_i, d_{i+1}, \cdots, d_s$, $1 < i < s$,由此而构造校验位 p' 重新发送,收端将上次发送的信息 $d_i, d_{i+1}, \cdots, d_s$ 和重发的校验位 p' 一起译码,如此反复,直到正确译码或达到最大反馈次数。

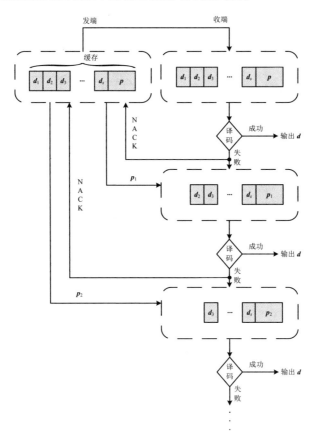

图 6-1　信息比特穿孔的 IR_HARQ 方式方案原理图

扩展方式的方案原理图如图 6-2 所示,该方式是在前次译码不成功时,通过再发送更多的校验比特和前次发送的码比特一起得到纠错能力更强的码率更低的码。该方法也称为直接增加校验位的方案原理,设码率兼容 LDPC 码字表示为 $C = [d, p_1, \cdots, p_s]$,若第一次发信息 d 和校验位 p_1 后,收端第一次译码不成功,第二次发端发送校验位 p_2,收端将信息 d、校验位 p_1 和校验位 p_2 一起译码,若译码失败,收端将前两次发送的码字存入缓存,给发端发送再传信息,发端发送校验位 p_3,如此反复,直到正确译码或达到最大反馈次数。

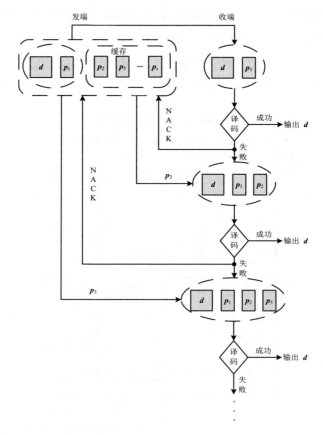

图 6-2　扩展方式(直接增加校验位)的 IR_HARQ 方案原理示图

6.2 LDPC 码增加冗余 HARQ 方式的迭代译码方法

IR_HARQ 方法要求 LDPC 码具有码率兼容的特性，因此人们研究的注意力都集中在如何构造码率兼容 LDPC 码，而译码解决方案成为被忽视的问题。IR_HARQ 方式下，LDPC 码的前次译码虽不成功，但有部分码比特已正确译码，尤其是在一定的情况下，前次译码残留的错误比特极少，在重发后的译码中若有效利用前次译码的部分成果将能提高重发译码的性能。

6.2.1 译码改进的理论依据

6.2.1.1 3σ 原理

记一个符号或比特差错为一个错误，则 n 比特的分组中恰好出现 t 个错误比特的概率为

$$P(t;p,n) = \binom{n}{t} p^t (1-p)^{n-t}, \quad \binom{n}{t} = \frac{n!}{(n-t)!t!} \tag{6-1}$$

式中：p 为错误率。

n 比特的分组中出现错误比特的个数小于 t 的概率为

$$P(<t) = \sum_{j=0}^{t-1} P(j;p,n) = \sum_{j=0}^{t-1} \binom{n}{j} p^j (1-p)^{n-j} \tag{6-2}$$

n 比特的分组中出现 t 个或更多错误比特的概率为

$$P(\geq t) = 1 - P(<t) \tag{6-3}$$

n 比特的分组中平均错误比特数目为

$$\bar{t} = \sum_{j=0}^{n} j \binom{n}{j} p^j (1-p)^{n-j} = np \tag{6-4}$$

n 比特的分组中错误个数的方差为

$$\sigma_t^2 = E\left[(t-\bar{t})^2\right] = \sum_{j=0}^{n} (j-\bar{t})^2 \binom{n}{j} p^j (1-p)^{n-j} = np(1-p) \tag{6-5}$$

标准偏差(错误数偏离平均数的趋势或程度)为

$$\sigma_t = \sqrt{np(1-p)} \qquad (6\text{-}6)$$

3σ 错误区间(错误数偏离平均数 3 倍标准差的趋势或程度)为

$$t_{3\sigma} = \bar{t} + 3\sigma_t \qquad (6\text{-}7)$$

由于在 n 比特的分组中出现大于 $t_{3\sigma}$ 个错误比特的概率 $P(t \geq t_{3\sigma})$ 为小概率事件,所以 $t_{3\sigma}$ 常作为衡量分组传输信道差错特性的重要参量。

当错误率为 $p = 10^{-3}$,码字分组长度 $n=1\,400$ 时,1 400 比特的分组中,平均错误个数为 $\bar{t} = np = 1.4$;

标准偏差为 $\sigma_t = \sqrt{np(1-p)} = \sqrt{1\,400 \times 0.001 \times (1-0.001)} = 1.182\,6$,$3\sigma$ 错误区间为 $t_{3\sigma} = \bar{t} + 3\sigma_t = 4.947\,8$,分组中出现错误个数大于 $t_{3\sigma}$ 的概率为 $P(t \geq t_{3\sigma}) = \binom{n}{1} p(1-p)^{n-1} = 3.45 \times 10^{-5}$。

6.2.1.2 译码改进的理论依据

图 6-3 所示为码长为 1 400,码率 R 为 0.7143 的码率兼容 LDPC 码性能,在 AWGN 信道下,采用 BPSK 调制,当比特信噪比 $E_b/N_0 = 3$ dB 时,未译码时的比特错误率由下式确定

$$P_{\text{BPSK\_AWGN}} = Q\left(\sqrt{2RE_s/N_0}\right) \qquad (6\text{-}8)$$

由此得到未译码时的比特错误率约为 BER $= 0.046$,则未译码时的平均错误比特个数为 $\bar{t} = np = 1400 \times 0.046 = 64.4$,标准偏差为 $\sigma_t = \sqrt{np(1-p)} \approx 7.8382$,$3\sigma$ 错误区间为 $t_{3\sigma} = \bar{t} + 3\sigma_t = 87.914\,6$。

从图 6-3 可看出译码后的帧错误率 FER $= 0.2$,译码后的比特错误率 BER $= 10^{-3}$,此时若译码不成功,按编码理论中的 3σ 原理,在图 6-3 中,3σ 错误区间为 $t_{3\sigma} = \bar{t} + 3\sigma_t = 4.9478$,$P(t \geq t_{3\sigma}) = \binom{n}{1} p(1-p)^{n-1} = 3.45 \times 10^{-5}$。多数情况下一帧中错误的比特数不超过 5 个比特(错误超过 5 个比特的概率为 3.45×10^{-5}),远低于未译码时的比特错误数。

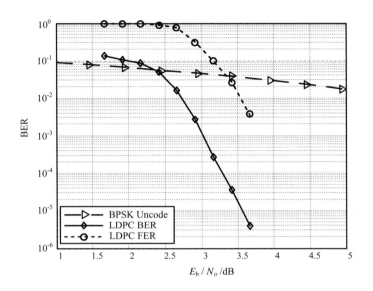

图 6-3 码长为 1 400,码率为 0.714 3 的 LDPC 码的性能

显然,即使在译码不成功的情况下,译码后得到的结果仍然远比未译码时接近正确码字,如果能在重传译码过程中利用到上次译码的结果信息,可以改进译码性能,减少译码迭代次数,这是译码改进方法提出的理论依据。

6.2.2 IR_HARQ 方式下基于 LDPC 码的译码改进

一般的 BP 译码过程在第 3 章已有描述。第一次传送时的译码算法(直接增加校验位和信息比特穿孔的 IR_HARQ)都采用该算法,下面给出直接增加校验位和信息比特穿孔的 IR_HARQ 下重传时的 LDPC的译码改进。

6.2.2.1 扩展方式下 IR_HARQ 的改进译码算法

设重传后 LDPC 码的校验矩阵为

$$\boldsymbol{H} = \left(h_{ij}\right)_{M_t \times N_t}, t = 2,3,4,\cdots s, M_t > M, N_t > N$$

令 集 合 $M_t(j) = \{i : h_{ij} = 1\}$ 表 示 信 息 节 点 x_j 参 加 的 校 验 集,$N_t(i) = \{j : h_{ij} = 1\}$ 表示校验节点 z_i 约束的局部码元信息集。

初始化：对每个 i 和 j，有

$$v_{i,j} = \begin{cases} \alpha v'_{i,j}, & i \leqslant M, j \leqslant N \\ 2r_j / \sigma_n^2, & \text{其他} \end{cases} \quad (6\text{-}9)$$

$v'_{i,j}$ 为上次译码处理后最后一次迭代时的信息节点消息；α 为由信道参数确定的修正因子，由下式确定

$$\alpha = f\left(\sqrt{\frac{4}{\sigma_n^2}}\right), \quad f(x) = \int_{-\infty}^{+\infty} \frac{e^{-\left[\frac{\left(t - x^2/2\right)}{2\delta^2}\right]^2}}{\sqrt{2\pi x^2}} \ln\left(1 + e^{-t}\right) dt \quad (6\text{-}10)$$

式（6-10）中，$f(x)$ 计算方法为

$$f(x) = \begin{cases} a_{1,1}x^3 + b_{1,1}x^2 + c_{1,1}x, & 0 \leqslant x \leqslant 1.636\,3 \\ 1 - e^{a_{1,2}x^3 + b_{1,2}x^2 + c_{1,2}x + d}, & 1.6363 \leqslant x \leqslant 10 \\ 1, & x \geqslant 10 \end{cases}$$

$$a_{1,1} = -0.042\,106\,1, b_{1,1} = 0.292\,52, c_{1,1} = -0.006\,400\,81$$
$$a_{1,2} = 0.001\,814\,91, b_{1,2} = -0.142\,675, c_{1,2} = -0.082\,205\,4, d = 0.054\,960\,8$$

$$(6\text{-}11)$$

修正因子 α 的证明如下。

LDPC 码译码首先是初始化，码字可直接由信道信息确定，在多次重传中我们可以利用上次译码的结果，若上次译码的最后一次迭代后信息节点的处理结果为 $v'_{i,j}$，$\boldsymbol{X} = \{x_1, x_2, \cdots, x_N\}$ 表示信息节点向量，先验信息 $p(x=1) = p(x=-1) = 0.5$，则每比特的附加信息为 α

$$\alpha = H_{(X)} - H_{\left(x|v'_{i,j}\right)}$$

$$\begin{cases} p\left(x = 1 \middle| v'_{i,j}\right) = \begin{cases} 1, & v'_{i,j} \geqslant 0 \\ 0, & v'_{i,j} < 0 \end{cases} \\ p\left(x = -1 \middle| v'_{i,j}\right) = \begin{cases} 0, & v'_{i,j} \geqslant 0 \\ 1, & v'_{i,j} < 0 \end{cases} \end{cases} \quad (6\text{-}12)$$

$H_{(X)} - H_{\left(x|v'_{i,j}\right)}$ 等于

$$H\left(x\middle|v_{i,j}^{'}\right)=\int_{-\infty}^{+\infty}\frac{e^{-\left[\frac{\left(t-\sigma_n^2/2\right)}{2\sigma_n^2}\right]^2}}{\sqrt{2\pi\sigma_n^2}}\ln\left(1+e^{-t}\right)dt \qquad (6\text{-}13)$$

令函数

$$f\left(\sigma_n\right)=\int_{-\infty}^{+\infty}\frac{e^{-\left[\frac{\left(t-\sigma_n^2/2\right)}{2\sigma_n^2}\right]^2}}{\sqrt{2\pi\sigma_n^2}}\ln\left(1+e^{-t}\right)dt \qquad (6\text{-}14)$$

则

$$\alpha=f\left(\sqrt{\frac{4}{\sigma_n^2}}\right) \qquad (6\text{-}15)$$

由于 $f(\cdot)$ 的解困难,所以我们使用式（6-11）所示的近似估值。

6.2.2.2 信息比特穿孔下 IR_HARQ 方式的改进译码算法

设重传后 LDPC 码的译码过程如下

初始化：对每个 i 和 j ,有

$$v_{i,j}=\begin{cases}\alpha v_{i,j}^{'}, & i\leqslant M,j\leqslant N_t-M_t\\2r_j/\sigma_n^2, & \text{其他}\end{cases} \qquad (6\text{-}16)$$

$v_{i,j}{}'$ 为上次译码处理后最后一次迭代时的信息节点消息； α 为由信道参数确定的修正因子,由式（6-10）和式（6-11）确定。

6.2.2.3 改进译码算法的性能评价结果

使用 3.3.3 节中介绍的 802.16e 中的 LDPC 码,对两类型的 IR_HARQ 性能进行分析如下：编码速率 $(R=k/n)$ 下,吞吐量和信噪比 (E_b/N_0) ,以及残余帧差错率（Residual FER）和信噪比的相互关系。具体参数为：

收端返回 NACK/ACK 等信息的信道性能完好,没有错误；

具体 ARQ 的形式是 SAW 停等 ARQ 协议（Stop-and-wait ARQ）；

每个帧长 768 bit；

信道模型为 AWGN 信道和 Rayleigh 衰落信道；

数据帧的最大个数为 10 000;

采用二进制相移键控调制;

利用 Type III HARQ 方式;

在发端每次传送的数据子帧都有一样的长度;

采用的吞吐量为

$$吞吐量 = \frac{正确译码的帧的个数}{所有传送的帧的个数} \times 有效编码速率$$

这样得到的吞吐量是有效吞吐量,它表示的是实际传送有效信息 (而不包括冗余比特) 的效率。因此对于 $R = \frac{3}{4}$ 的码率来说,其吞吐量最达 (理想值) 也就是 0.75 左右。

图 6-4 到图 6-7 所示是码率为 5/6 LDPC 码及其通过打孔得到的各种码率码的性能图。该码的最大重传次数为 4 次,采用停等协议,迭代次数最大为 50 次。图 6-4 是新的译码方法和过去译码方法的吞吐量比较。横坐标是信噪比 (SNR),纵坐标是平均吞吐量。图 6-5 是新的译码方法和过去译码方法的迭代次数比较。横坐标同样是信噪比,纵坐标是总迭代次数。从图 6-4 和图 6-5 中可看到在信噪比为 -3 dB 到 -1 dB 的范围内,新的译码方法提高吞吐量达 20% 到 2%,该新方法对于提高在低信噪比下的性能显示了优越性;在信噪比为 0 dB 到 3 dB 的范围内,新的译码方法吞吐量提高不多,但迭代次数减少比例为 5% 到 20%。图 6-6 和图 6-7 是两种译码方法在迭代次数分别为 2、5、10 和 20 次下的性能,新译码方法明显显示了更好的收敛性。

图 6-8 和图 6-9 所示是码率为 3/4 的 (2 304,1 728) A 码的性能。该码的最大重传次数为 2 次,采用停等协议,译码迭代次数最大为 50 次。图 6-8 是新的译码方法和过去译码方法的吞吐量比较。图 6-9 是新的译码方法和过去译码方法的迭代时间比较。从图 6-8 和图 6-9 中可看到在信噪比为 -3 dB 到 -1 dB 的范围内,新的译码方法提高吞吐量达 23% 到 2%,在信噪比为 -1 dB 到 2 dB 的范围内,新的译码方法迭代时间减少比例为 5% 到 23%。

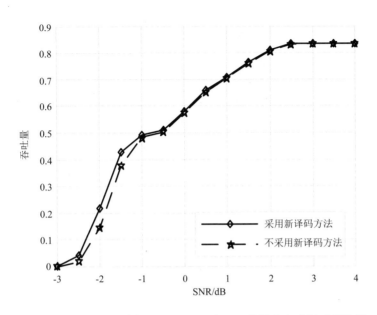

图 6-4　码率为 5/6 的（2 304，1 920）码两种译码方法吞吐量比较

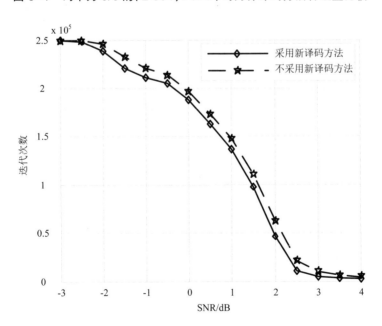

图 6-5　码率为 5/6 的（2 304，1 920）码两种译码方法迭代次数比较

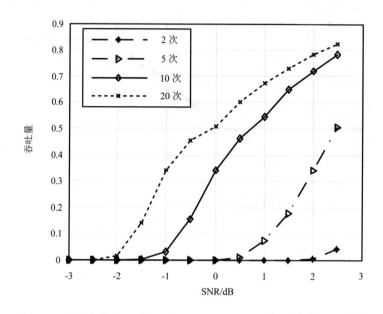

图 6-6　码率为 5/6 的(2 304,1 920)码采用过去译码方法的收敛性

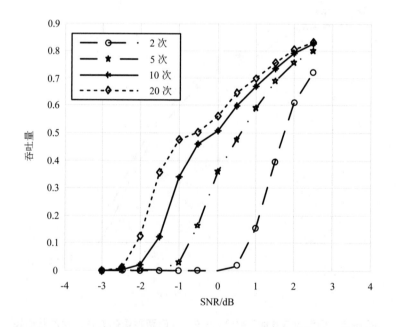

图 6-7　码率为 5/6 的(2 304,1 920)LDPC 码采用新译码方法的收敛性

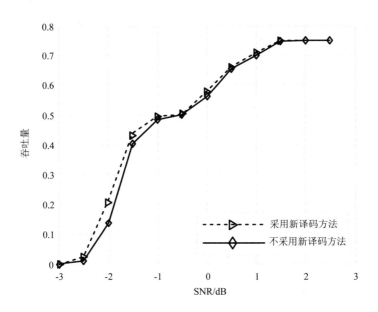

图 6-8　码率为 3/4 的(2 304,1 728)A 码采用两种译码方法吞吐量比较

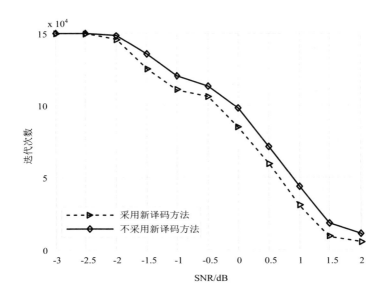

图 6-9　码率为 3/4 的(2 304,1 728)A 码采用两种译码方法迭代次数比较

图 6-10 和图 6-11 所示是码率为 3/4 的(2 304,1 728)B 码的性能。该码的最大重传次数为 2 次,采用停等协议,译码迭代次数最大为 50 次。图 6-10 是新的译码方法和过去译码方法的吞吐量比较。图 6-11

是新的译码方法和过去译码方法的迭代次数比较。从图中可以看到新的译码方法吞吐量提高不大,但迭代次数明显减少。

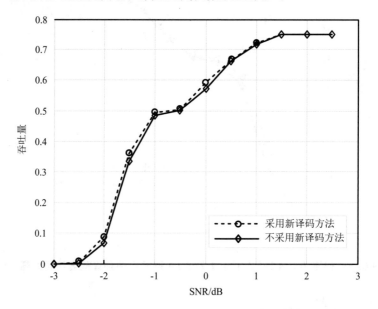

图 6-10　码率 3/4 的(2 304,1 728)B 码两种译码方法吞吐量比较

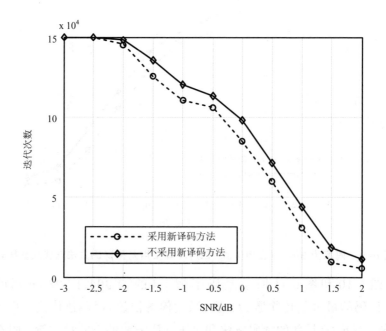

图 6-11　码率 3/4 的(2 304,1 728)B 码两种译码方法迭代次数比较

6.3 联合 LDPC 码的 AMC 和 HARQ 的跨层设计

6.3.1 概述

由于无线移动环境的快速变化加上频谱和功率资源的限制,基于 OSI 标准分层结构的通信协议已经不能满足各种移动多媒体业务的要求,因此跨层自适应优化成为研究的热点。跨层设计通过在层间传递信息来协调各层的工作过程,根据无线环境的变化来实现对资源的自适应优化配置,提高频谱和功率的利用率,使系统能够满足各种业务的不同要求。

自适应是跨层设计的核心思想,所谓自适应就是指协议栈能够分析和提取所需信息(如信道状态信息、QoS 需求信息等),并根据这些信息做出正确反应的机制,它既包括协议栈的上层对下层变化的自适应,也包括下层对上层要求的自适应。

在物理层自适应调制编码 AMC 技术的原理是发射功率保持不变,而随信道环境的变化而改变调制与编码的方式。高阶调制编码方案在信道环境好时具有较高的吞吐量,然而,信道环境差时,误帧率迅速地提高,吞吐量迅速地下降。低阶调制编码方案在信道环境好时虽然吞吐量不大,但当信道环境变差时,由于误帧率并不会明显提高,此时具有比高阶调制编码力方案具有更高的吞吐量。因此随信道环境选择适当的调制编码方案可以得到此信道环境下最大的吞吐量。AMC 以频谱效率和吞吐率作为优化的目标,并不考虑上层应用对服务质量的要求。

针对无线多媒体业务对于服务质量的要求,越来越多的研究人员采用了跨层设计方法,提出了一种物理层和链路层联合自适应方法,将 AMC 和 ARQ 相结合,可以提供更高的频谱效率。

AMC 本身可以提供一定的灵活性去根据测量的信道条件选择合适的调制方式,测量通常由接收端向发送端报告或者由网络决定。然而,这需要很精确的信道测量,而且时延的影响也是不可忽略的。所以,一般需要将 AMC 与 ARQ 联合使用。将 AMC 与 HARQ 合并导致最优的结合：AMC 提供了粗糙的数据速率选择，而 HARQ 根据信道条件对数据速率作精细的调整。物理层的自适应调制和编码与数据链路层的精简 ARQ 协议结合起来，在保证时延和性能的情况下，物理层选择合适的调制和编码方式，从而在保持所需性能的基础上，使数据速率最大。

AMC 与 HARQ 合并设计的关键点是有好的码率兼容的信道编码，卷积码和 Turbo 码都曾用于 AMC 系统和 HARQ 设计。

6.3.2 LDPC 码的自适应调制

6.3.2.1 多进制调制的软信息提取

将 LDPC 编码和多进制调制结合在一起，由于 LDPC 译码需要软信息输入，因此，多进制调制解调需要输出软信息。以 M 进制 QAM（M 分别取为 4、16、64）为例，对于多进制调制系统，通常将对数似然比（Log Likelihood Ratio，LLR）作为解调软信息输出，我们使用对数似然比作为解调器的软信息输出。

M-QAM 的软信息提取：

在时刻 k，M-QAM 星座图上的信号点用复平面上的实数对 $\{A_k, B_k\}$ 来表示，它是由 $\log_2 M$ 个比特 $\{u_{k,i}\}$，$i = 1, 2, \cdots, \log_2 M$ 映射得到的。使用相关接收，解调器接收数据的同相支路和正交支路 X_k 和 Y_k 可以表示为

$$X_k = a_k A_k + I_k \tag{6-17}$$

$$Y_k = a_k B_k + Q_k \tag{6-18}$$

式中：a_k 为在瑞利衰落信道下的一个服从瑞利分布的复随机变量，在高斯白噪声信道下为 1；I_k 和 Q_k 是均值为 0，方差为 σ_N^2 的复高斯噪声，且相互独立；比特 $\{u_{k,i}\}$，$i = 1, 2, \cdots, \log_2 M$ 的 LLR 定义为 [4,5]

$$\Lambda(u_{k,i}) = \ln \frac{P\{u_{k,i} = 1 / X_k, Y_k\}}{P\{u_{k,i} = 0 / X_k, Y_k\}}, \quad i = 1, 2, \cdots, \log_2 M \tag{6-19}$$

使用贝叶斯准则，并且由于 $P\{u_{k,i} = 1\} = P\{u_{k,i} = 0\}$，上式得到 [4,5]

$$\Lambda(u_{k,i}) = \ln \frac{P\{u_{k,i}=1/X_k,Y_k\}}{P\{u_{k,i}=0/X_k,Y_k\}} = \ln \frac{P\{X_k,Y_k/u_{k,i}=1\}}{P\{X_k,Y_k/u_{k,i}=0\}}, i=1,2,\cdots,\log_2 M$$

（6-20）

由于 $u_{k,i}=1$ 和 $u_{k,i}=0$ 分别映射到了星座图上 $\frac{M}{2}$ 个不同的点，因此，对于每一个 $u_{k,i}$，M-QAM 的星座图都可以分为两部分。假设 $C_1(i)$ 为 $u_{k,i}=1$ 在星座图上所映射点 (X_n,Y_n) 的集合，$C_0(i)$ 为 $u_{k,i}=0$ 在星座图上所映射点 (X_n,Y_n) 的集合。将式（6-17）和式（6-18）代入得到

$$\Lambda(u_{k,i}) = \ln \frac{\sum_{(X_n,Y_n)\in C_1(i)} P\{X_k=a_kX_n+I_k,Y_k=a_kY_n+Q_k\}}{\sum_{(X_n,Y_n)\in C_0(i)} P\{X_k=a_kX_n+I_k,Y_k=a_kY_n+Q_k\}}, i=1,2,\cdots,\log_2 M$$

（6-21）

对于特定的 a_k，X_k 和 Y_k 是两个互不相关的高斯噪声，分别具有均值 a_kX_n 和 a_kY_n，方差 σ_N^2。因此，由式（6-21）可以得到

$$\Lambda(u_{k,i}) = \ln \frac{\sum_{(X_n,Y_n)\in C_1(i)} e^{-\frac{(X_k-a_kX_n)^2+(Y_k-a_kY_n)^2}{2\sigma_N^2}}}{\sum_{(X_n,Y_n)\in C_0(i)} e^{-\frac{(X_k-a_kX_n)^2+(Y_k-a_kY_n)^2}{2\sigma_N^2}}}, i=1,2,\cdots,\log_2 M$$

（6-22）

式中：$x_k=\frac{X_k}{a_k}$，$y_k=\frac{Y_k}{a_k}$，在 AWGN 信道下，$a_k=1$。

下面就 M 分别取为 4、16、64 的三种情形给出具体公式。

（1）4-QAM 的软信息提取

复平面上的实数对 $\{X_k,Y_k\}$ 表示 4-QAM 解调器接收数据，它是由 2 个比特 $\{u_{k,i}\}$，$i=1,2$ 映射得到的，若信号星座点如图 6-12（a）所示，则第一个比特 $u_{k,1}=1$ 和 $u_{k,1}=0$ 映射如图 6-12（b）所示，图中右边阴影的星座点表示 $u_{k,1}=1$，由式（4-22）有

$$\Lambda(u_{k,1}) = \ln \frac{P\{X_k|u_{k,1}=1\}}{P\{X_k|u_{k,1}=0\}} = \ln \frac{e^{-\frac{(X_k-a_k\sqrt{E_s})^2}{2\sigma^2}}}{e^{-\frac{(X_k+a_k\sqrt{E_s})^2}{2\sigma^2}}} = -\frac{(X_k-a_k\sqrt{E_s})^2}{2\sigma^2} + \frac{(X_k+a_k\sqrt{E_s})^2}{2\sigma^2}$$

（6-23）

第二个比特 $u_{k,2}=1$ 和 $u_{k,2}=0$ 映射分别如图 6-12（c）所示，图中横坐标上方星座点表示 $u_{k,2}=1$。由式（6-22）有

$$\Lambda\left(u_{k,2}\right)=\ln\frac{P\{Y_k\mid u_{k,2}=1\}}{P\{Y_k\mid u_{k,2}=0\}}\quad=\ln\frac{e^{-\frac{\left(Y_k-a_k\sqrt{E_s}\right)^2}{2\sigma^2}}}{e^{-\frac{\left(Y_k+a_k\sqrt{E_s}\right)^2}{2\sigma^2}}}=-\frac{\left(Y_k-a_k\sqrt{E_s}\right)^2}{2\sigma^2}+\frac{\left(Y_k+a_k\sqrt{E_s}\right)^2}{2\sigma^2}$$

（6-24）

式（6-23）和式（6-24）中归一化能量 $\sqrt{E_s}=1/\sqrt{2}$。

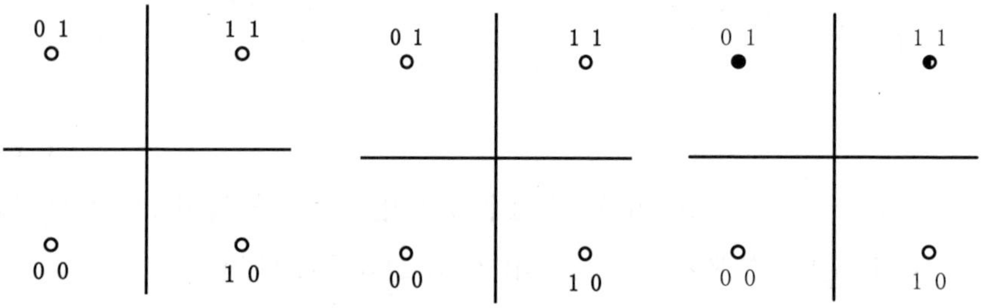

（a）信号星座点　　　（b）第一个比特划分示意　　　（c）第二个比特划分示意

图 6-12　4-QAM 调制

（2）16-QAM 的软信息提取

复平面上的实数对 $\{X_k,Y_k\}$ 表示 16-QAM 解调器接收数据，它是由 4 个比特 $\{u_{k,i}\}$，$i=1,2,3,4$ 映射得到的，若信号星座点如图 4-13(a) 所示，则第一个比特 $u_{k,1}=1$ 和 $u_{k,1}=0$ 映射分别如图 6-13（b）所示，图中纵坐标右边星座点表示 $u_{k,1}=1$，由式（6-22）有

$$\Lambda\left(u_{k,1}\right)=\ln\frac{P\{X_k\mid u_{k,1}=1\}}{P\{X_k\mid u_{k,1}=0\}}=\ln\frac{e^{-\frac{\left(X_k-a_k\sqrt{E_s}\right)^2}{2\sigma^2}}+e^{-\frac{\left(X_k-a_k\cdot3\cdot\sqrt{E_s}\right)^2}{2\sigma^2}}}{e^{-\frac{\left(X_k+a_k\sqrt{E_s}\right)^2}{2\sigma^2}}+e^{-\frac{\left(X_k+a_k\cdot3\cdot\sqrt{E_s}\right)^2}{2\sigma^2}}}\quad（6-25）$$

第二个比特 $u_{k,2}=1$ 和 $u_{k,2}=0$ 映射分别如图 6-13（c）所示，图中靠近纵坐标的两列星座点表示 $u_{k,2}=1$。由式（6-22）有

$$\Lambda\left(u_{k,2}\right)=\ln\frac{P\{X_k\mid u_{k,2}=1\}}{P\{X_k\mid u_{k,2}=0\}}=\ln\frac{e^{-\frac{\left(x_k-a_k\sqrt{E_s}\right)^2}{2\sigma^2}}+e^{-\frac{\left(x_k+a_k\sqrt{E_s}\right)^2}{2\sigma^2}}}{e^{-\frac{\left(x_k-a_k\cdot3\cdot\sqrt{E_s}\right)^2}{2\sigma^2}}+e^{-\frac{\left(x_k+a_k\cdot3\cdot\sqrt{E_s}\right)^2}{2\sigma^2}}}\quad（6-26）$$

第三个比特 $u_{k,3}=1$ 和 $u_{k,3}=0$ 映射分别如图 6-13（d）所示，图中横坐标上方的星座点表示 $u_{k,3}=1$。由式（6-22）有

$$\Lambda\left(u_{k,3}\right)=\ln\frac{P\left\{Y_k\mid u_{k,3}=1\right\}}{P\left\{Y_k\mid u_{k,3}=0\right\}}=\ln\frac{e^{-\frac{\left(Y_k-a_k\sqrt{E_s}\right)^2}{2\sigma^2}}+e^{-\frac{\left(Y_k-a_k\cdot3\cdot\sqrt{E_s}\right)^2}{2\sigma^2}}}{e^{-\frac{\left(Y_k+a_k\sqrt{E_s}\right)^2}{2\sigma^2}}+e^{-\frac{\left(Y_k+a_k\cdot3\cdot\sqrt{E_s}\right)^2}{2\sigma^2}}} \qquad (6\text{-}27)$$

第四个比特 $u_{k,4}=1$ 和 $u_{k,4}=0$ 映射分别如图 6-13（e）所示，图中靠近横坐标的两行星座点表示 $u_{k,4}=1$。由式（6-22）有

$$\Lambda\left(u_{k,4}\right)=\ln\frac{P\left\{Y_k\mid u_{k,4}=1\right\}}{P\left\{Y_k\mid u_{k,4}=0\right\}}=\ln\frac{e^{-\frac{\left(Y_k-a_k\sqrt{E_s}\right)^2}{2\sigma^2}}+e^{-\frac{\left(Y_k+a_k\sqrt{E_s}\right)^2}{2\sigma^2}}}{e^{-\frac{\left(Y_k-a_k\cdot3\cdot\sqrt{E_s}\right)^2}{2\sigma^2}}+e^{-\frac{\left(Y_k+a_k\cdot3\cdot\sqrt{E_s}\right)^2}{2\sigma^2}}} \qquad (4\text{-}28)$$

式（6-25）到式（6-28）中归一化能量 $\sqrt{E_s}=1/\sqrt{10}$。

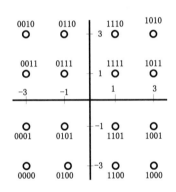

（a）信号星座点

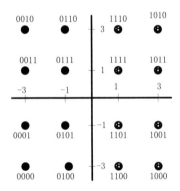

（b）第一个比特划分示意

（c）第二个比特划分示意

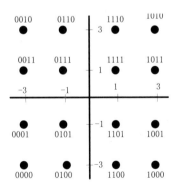

（d）第三个比特划分示意

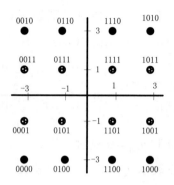

（e）第四个比特划分示意

图 6-13　16-QAM 调制

（3）64-QAM 的软信息提取

复平面上的实数对 $\{X_k, Y_k\}$ 表示 64-QAM 解调器接收数据，它是由 6 个比特 $\{u_{k,i}\}$，$i=1,2,3,4,5,6$ 映射得到的，若信号星座点如图 6-14 所示，则与前面相同的道理，由式（6-22）第一个比特有

$$\Lambda\left(u_{k,1}\right) = \ln \frac{P\left\{X_k \mid u_{k,1}=1\right\}}{P\left\{X_k \mid u_{k,1}=0\right\}}$$

$$= \ln \frac{e^{-\frac{\left(X_k - a_k\sqrt{E_s}\right)^2}{2\sigma^2}} + e^{-\frac{\left(X_k - a_k\cdot 3\cdot\sqrt{E_s}\right)^2}{2\sigma^2}} + e^{-\frac{\left(X_k - a_k\cdot 5\cdot\sqrt{E_s}\right)^2}{2\sigma^2}} + e^{-\frac{\left(X_k - a_k\cdot 7\cdot\sqrt{E_s}\right)^2}{2\sigma^2}}}{e^{-\frac{\left(X_k + a_k\sqrt{E_s}\right)^2}{2\sigma^2}} + e^{-\frac{\left(X_k + a_k\cdot 3\cdot\sqrt{E_s}\right)^2}{2\sigma^2}} + e^{-\frac{\left(X_k + a_k\cdot 5\cdot\sqrt{E_s}\right)^2}{2\sigma^2}} + e^{-\frac{\left(X_k + a_k\cdot 7\cdot\sqrt{E_s}\right)^2}{2\sigma^2}}}$$

（6-29）

第二个比特有

$$\Lambda\left(u_{k,2}\right) = \ln \frac{P\left\{X_k \mid u_{k,2}=1\right\}}{P\left\{X_k \mid u_{k,2}=0\right\}}$$

$$= \ln \frac{e^{-\frac{\left(X_k - a_k\sqrt{E_s}\right)^2}{2\sigma^2}} + e^{-\frac{\left(X_k - a_k\cdot 3\cdot\sqrt{E_s}\right)^2}{2\sigma^2}} + e^{-\frac{\left(X_k + a_k\sqrt{E_s}\right)^2}{2\sigma^2}} + e^{-\frac{\left(X_k + a_k\cdot 3\cdot\sqrt{E_s}\right)^2}{2\sigma^2}}}{e^{-\frac{\left(X_k - a_k\cdot 5\cdot\sqrt{E_s}\right)^2}{2\sigma^2}} + e^{-\frac{\left(X_k - a_k\cdot 7\cdot\sqrt{E_s}\right)^2}{2\sigma^2}} + e^{-\frac{\left(X_k + a_k\cdot 5\cdot\sqrt{E_s}\right)^2}{2\sigma^2}} + e^{-\frac{\left(X_k + a_k\cdot 7\cdot\sqrt{E_s}\right)^2}{2\sigma^2}}}$$

（6-30）

第三个比特有

$$\Lambda\left(u_{k,3}\right) = \ln\frac{P\left\{X_k \mid u_{k,3} = 1\right\}}{P\left\{X_k \mid u_{k,3} = 0\right\}}$$

$$= \ln\frac{e^{-\frac{\left(X_k - a_k \cdot 3 \cdot \sqrt{E_s}\right)^2}{2\sigma^2}} + e^{-\frac{\left(X_k - a_k \cdot 5 \cdot \sqrt{E_s}\right)^2}{2\sigma^2}} + e^{-\frac{\left(X_k + a_k \cdot 3 \cdot \sqrt{E_s}\right)^2}{2\sigma^2}} + e^{-\frac{\left(X_k + a_k \cdot 5 \cdot \sqrt{E_s}\right)^2}{2\sigma^2}}}{e^{-\frac{\left(X_k - a_k\sqrt{E_s}\right)^2}{2\sigma^2}} + e^{-\frac{\left(X_k - a_k \cdot 7 \cdot \sqrt{E_s}\right)^2}{2\sigma^2}} + e^{-\frac{\left(X_k + a_k\sqrt{E_s}\right)^2}{2\sigma^2}} + e^{-\frac{\left(X_k + a_k \cdot 7 \cdot \sqrt{E_s}\right)^2}{2\sigma^2}}}$$

（6-31）

第四个比特有

$$\Lambda\left(u_{k,4}\right) = \ln\frac{P\left\{Y_k \mid u_{k,4} = 1\right\}}{P\left\{Y_k \mid u_{k,4} = 0\right\}}$$

$$= \ln\frac{e^{-\frac{\left(Y_k - a_k\sqrt{E_s}\right)^2}{2\sigma^2}} + e^{-\frac{\left(Y_k - a_k \cdot 3 \cdot \sqrt{E_s}\right)^2}{2\sigma^2}} + e^{-\frac{\left(Y_k - a_k \cdot 5 \cdot \sqrt{E_s}\right)^2}{2\sigma^2}} + e^{-\frac{\left(Y_k - a_k \cdot 7 \cdot \sqrt{E_s}\right)^2}{2\sigma^2}}}{e^{-\frac{\left(Y_k + a_k\sqrt{E_s}\right)^2}{2\sigma^2}} + e^{-\frac{\left(Y_k + a_k \cdot 3 \cdot \sqrt{E_s}\right)^2}{2\sigma^2}} + e^{-\frac{\left(Y_k + a_k \cdot 5 \cdot \sqrt{E_s}\right)^2}{2\sigma^2}} + e^{-\frac{\left(Y_k + a_k \cdot 7 \cdot \sqrt{E_s}\right)^2}{2\sigma^2}}}$$

（6-32）

第五个比特有

$$\Lambda\left(u_{k,5}\right) = \ln\frac{P\left\{Y_k \mid u_{k,5} = 1\right\}}{P\left\{Y_k \mid u_{k,5} = 0\right\}}$$

$$= \ln\frac{e^{-\frac{\left(Y_k - a_k\sqrt{E_s}\right)^2}{2\sigma^2}} + e^{-\frac{\left(Y_k - a_k \cdot 3 \cdot \sqrt{E_s}\right)^2}{2\sigma^2}} + e^{-\frac{\left(Y_k + a_k\sqrt{E_s}\right)^2}{2\sigma^2}} + e^{-\frac{\left(Y_k + a_k \cdot 3 \cdot \sqrt{E_s}\right)^2}{2\sigma^2}}}{e^{-\frac{\left(Y_k - a_k \cdot 5 \cdot \sqrt{E_s}\right)^2}{2\sigma^2}} + e^{-\frac{\left(Y_k - a_k \cdot 7 \cdot \sqrt{E_s}\right)^2}{2\sigma^2}} + e^{-\frac{\left(Y_k + a_k \cdot 5 \cdot \sqrt{E_s}\right)^2}{2\sigma^2}} + e^{-\frac{\left(Y_k + a_k \cdot 7 \cdot \sqrt{E_s}\right)^2}{2\sigma^2}}}$$

（6-33）

第六个比特有

$$\Lambda\left(u_{k,6}\right) = \ln\frac{P\left\{Y_k \mid u_{k,6} = 1\right\}}{P\left\{Y_k \mid u_{k,6} = 0\right\}}$$

$$= \ln\frac{e^{-\frac{\left(Y_k - a_k \cdot 3 \cdot \sqrt{E_s}\right)^2}{2\sigma^2}} + e^{-\frac{\left(Y_k - a_k \cdot 5 \cdot \sqrt{E_s}\right)^2}{2\sigma^2}} + e^{-\frac{\left(Y_k + a_k \cdot 3 \cdot \sqrt{E_s}\right)^2}{2\sigma^2}} + e^{-\frac{\left(Y_k + a_k \cdot 5 \cdot \sqrt{E_s}\right)^2}{2\sigma^2}}}{e^{-\frac{\left(Y_k - a_k\sqrt{E_s}\right)^2}{2\sigma^2}} + e^{-\frac{\left(Y_k - a_k \cdot 7 \cdot \sqrt{E_s}\right)^2}{2\sigma^2}} + e^{-\frac{\left(Y_k + a_k\sqrt{E_s}\right)^2}{2\sigma^2}} + e^{-\frac{\left(Y_k + a_k \cdot 7 \cdot \sqrt{E_s}\right)^2}{2\sigma^2}}}$$

（6-34）

式（6-29）到式（6-34）中归一化能量 $\sqrt{E_s} = 1/\sqrt{42}$。

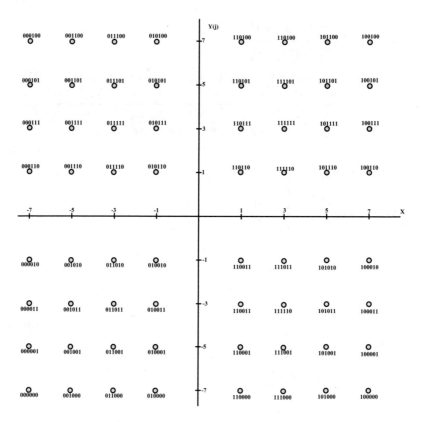

图 6-14 64-QAM 调制信号星座点

6.3.2.2 LDPC 码的自适应调制

LDPC 码在多进制调制下显示了好的性能,在信道条件好时使用高阶调制,在信道条件差时使用低阶调制,自适应调制编码方式根据信道条件选择合适的调制方式,这样可以在保证传输质量的要求下实现高的频谱效率,提高传送效率。自适应调制编码的系统如图 6-15 所示。

这里采用 3.3.3 节介绍的 802.16 标准提出的编码调制模式来分析 LDPC 码自适应调制编码的性能,调制编码模式定义如表 6-1 中给出。表中的 QPSK、16QAM 和 64QAM 均采用 Gray 映射,星座点如图 6-12 到图 6-14 所示(也可以采用其他的星座点布置方式)。表 6-1 中的纠错编码选取 802.16 标准中的 LDPC 码:3/4 码率的(2 304,1 728)A 码和 5/6 码率的(2 304,1 920)码。

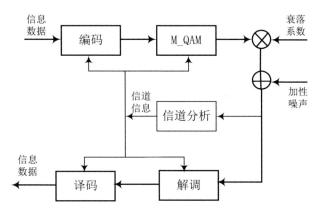

图 6-15　自适应调制编码系统

在 AWGN 信道下，表 6-1 中六种模式的性能由仿真得到，如图 6-16 所示，图中分别给出了六种模式的比特错误率和块错误率。由图 6-16 可知，特定的比特错误率 BER 可以看成是信噪比 SNR 的函数。若系统要求物理层的性能达到比特错误率 BER_0 之下，在自适应调制编码方式下，假设传输功率恒定，理想信道信息反馈，γ 为信道估计信噪比，根据表 6-1 中的六种可选择调制编码模式，γ 划分为 6 个区间，其边界定义为 $\{\gamma_n\}_{n=0}^{6}$：若有当前信道估计信噪比 γ ，则：

$$\gamma \in [\gamma_n, \quad \gamma_{n+1}) \text{，选择 MCSn 模式} \qquad (6\text{-}35)$$

边界 γ_n 的选取满足下式

$$BER(\gamma_n) = BER_0 \qquad (6\text{-}36)$$

式中：$BER(\gamma_n)$ 表示在模式 MCSn 下，当信噪比为 γ_n 时对应的比特错误率。按式（6-36）确定边界信噪比 γ_n ，由信道估计信噪比 γ 选取六种模式中的一种 MCSn，就能满足系统的性能达到比特错误率 BER_0 之下。

表 6-1　调制编码模式

	MCS1	MCS2	MCS3	MCS4	MCS5	MCS6
调制方式	4QAM	4QAM	16QAM	16QAM	64QAM	64QAM
编码速率	1/2	2/3	2/3	3/4	3/4	5/6
频谱效率（bits/sym）	1.00	1.33	2.67	3.00	4.50	5.00

续表

	MCS1	MCS2	MCS3	MCS4	MCS5	MCS6
AWGN 信道下边界信噪比（γ_n_dB）	1.8	3.4	9.4	10.6	15.6	16.7
Rayleigh 信道下边界信噪比（γ_n_dB）	5.7	6.3	12.7	13.6	18.9	20

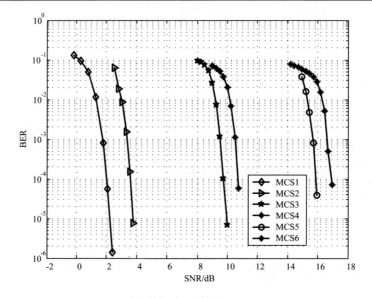

图 6-16　AWGN 信道下六种模式的比特错误性能

6.3.3 LDPC 码的自适应调制与 HARQ 的跨层设计

将频谱效率和吞吐率作为优化的目标，采用跨层设计方法，将 AMC 和混合自动请求重传 HARQ 相结合，可以提供更高的频谱效率。

6.3.3.1 自适应调制与固定重传次数的 HARQ

如果链路层的最大重传次数为 N^{max}，即一个数据包最大传输次数为 $(N^{max}+1)$。若在物理层的每种编码调制模式的块错误率不大于

BLER_0,则链路层的块错误率不大于 $\mathrm{BLER}_0^{N^{\max}+1}$,若链路层的块错误率要求为 BLER_{link},我们有

$$\mathrm{BLER}_0^{N^{\max}+1} \leqslant \mathrm{BLER}_{link} \tag{6-37}$$

由上式可以由链路层的块错误率要求得到物理层的块错误率要求

$$\mathrm{BLER}_0 \leqslant \mathrm{BLER}_{link}^{\left(\frac{1}{N^{\max}+1}\right)} \tag{6-38}$$

也将物理层块错误率 BLER_0 称为 BLER_{target}。

系统模型如图 6-17 所示,信道估计信噪比 SNR 作为选择模式 MCSn 的依据,表 6-2 中有三种可选模式,γ 划分为 3 个区间,其边界定义为 $\{\gamma_n\}_{n=0}^3$,按式(6-35)选择模式 MCSn。由系统的链路层的块错误率要求 BLER_{link},按式(6-37)和(6-38)计算物理层的块错误率 BLER_0,边界信噪比 γ_n 的选取满足下式

$$\mathrm{BLER}(\gamma_n) = \mathrm{BLER}_0 \tag{6-39}$$

式中:$\mathrm{BLER}(\gamma_n)$ 表示在模式 MCSn 下,当信噪比为 γ_n 时对应的块错误率。

若我们选取 802.16 标准中 5/6 码率的(2 304,1 920)LDPC 码作为表 6-2 中三种模式的纠错码,该 LDPC 码是码率兼容 LDPC 码,通过打孔分别得到码率为 4/5、3/4、2/3 和 1/2 的码,因此系统可实现的最大重传次数为 $N^{\max} = 4$,即一个数据包最大传输次数为 5 次,表中边界信噪比 γ_n 的选取,我们将在下节的仿真中给出。

由式(6-37)可以看到在系统特定的链路层块错误率 BLER_{link} 要求下,通过调整最大重传次数 $N^{\max}$ 可以改变物理层的块错误率 BLER_0 要求,这成为我们联合设计的一个目标。

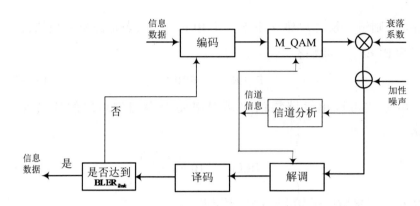

图 6-17　自适应调制与固定重传次数的 HARQ 系统模型

表 6-2　AMC+ 固定重传次数的 HARQ

		MCS1	MCS2	MCS3
调制方式		4QAM	16QAM	64QAM
编码速率		5/6~1/2	5/6~1/2	5/6~1/2
频谱效率（bits/sym）		1.666 7~1.00	3.333~2	5~3
AWGN 信道下边界信噪比(γ_n_dB）	$\gamma_{n\_5/6}$	5.8	12.4	17.2
	$\gamma_{n\_4/5}$	4.8	10.9	16
	$\gamma_{n\_3/4}$	3.6	10	15.1
Rayleigh 信道下边界信噪比(γ_n_dB）	$\gamma_{n\_5/6}$	8.9	15.5	21
	$\gamma_{n\_4/5}$	8	14.3	19.4
	$\gamma_{n\_3/4}$	6.7	12.9	18.2

6.3.3.2 自适应调制与 HARQ 的跨层设计

系统模型如图 6-18 所示，在图 6-18 所示的系统中，若 MCS_n 模式的频谱效率用 R_n 表示，R_c 是该模式所用纠错码的码率，M_n 是该模式的调制阶数，则有

$$R_n = R_c \log_2 M_n \qquad （6-40）$$

$\Pr(n)$ 表示 MCS_n 模式出现的概率，则物理层总的平均频谱效率为

$$\overline{S}_{e,\text{phy}} = \sum_{n=1}^{N} R_n \Pr(n) \tag{6-41}$$

式中：N 为系统的可选模式数。若 $\overline{PER}$ 表示系统 N 种 MCS_n 模式的平均包错误率，令 $\overline{PER} = p$，则每个包正确传送所需的平均次数为

$$\overline{N}\left(p, N^{\max}\right) = 1 + p + p^2 + \cdots + p^{N^{\max}} \tag{6-42}$$

则链路层总的平均频谱效率为

$$\overline{S}_{e,\text{link}} = \frac{\overline{S}_{e,\text{phy}}}{\overline{N}\left(p, N^{\max}\right)} = \frac{1}{\overline{N}\left(p, N^{\max}\right)} \sum_{n=1}^{N} R_n \Pr(n) \tag{6-43}$$

对于特定的信道和确定的 AMC 模式下，物理层总的平均频谱效率 $\overline{S}_{e,\text{phy}}$ 一定，可以通过改变最大重传次数 $N^{\max}$ 优化链路层总的平均频谱效率 $\overline{S}_{e,\text{link}}$（即实现最大的吞吐量）。

表 6-3 给出了一个具体的例子，表中有三种可选调制模式，在每种模式下又有三种最大重传次数可选，模式和最大重传次数的选择都以信道估计信噪比 SNR 作为依据，当系统的链路层的块错误率要求 $\text{BLER}_{\text{link}}$ 相同，但最大重传次数 $N^{\max}$ 不同时，物理层的块错误率要求 BLER_0 将不相同，表 6-3 中列出了计算结果。

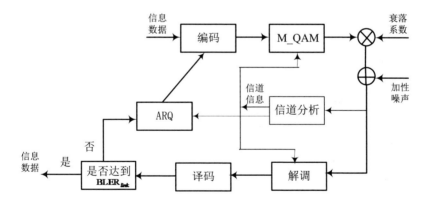

（a）自适应调制与变重传次数的 HARQ 系统模型

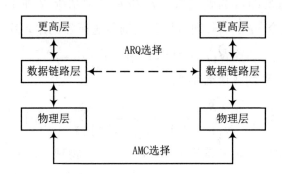

（b）自适应调制与 HARQ 的跨层组合结构

图 6-18　自适应调制与 HARQ 的跨层设计模型

表 6-3　AMC+ 变重传次数的 HARQ

	MCS1			MCS2			MCS3		
调制方式	4QAM			16QAM			64QAM		
编码速率	5/6~1/2			5/6~1/2			5/6~1/2		
频谱效率（bits/sym）	1.666 7~1.00			3.333~2			5~3		
重传次数	4	3	2	4	3	2	4	3	2
$BLER_0$	0.003 2	0.002 2	0.001	0.003 2	0.002 2	0.001	0.003 2	0.002 2	0.001
AWGN 信道下边界信噪比（$\gamma_{n\_}$dB）	3.6	4.9	5.95	10	11	12.5	15.1	16.1	17.4
Rayleigh 信道下边界信噪比（$\gamma_{n\_}$dB）	6.7	8.1	9.1	12.9	14.4	15.6	18.2	19.5	21.4

6.3.3.3 性能评价

图 6-19 和图 6-20 所示是 3.4.2 节 802.16 标准中 5/6 码率（2 304，1 920）LDPC 码，以及该码经打孔得到 4/5、3/4 码率的 LDPC 码在 4QAM、16QAM 和 64QAM 下的块错误率性能。

表 6-2 中边界信噪比 γ_n 的选取：由于在多次重传中，LDPC 码的码率有 5/6、4/5、3/4、2/3、1/2 五种，与表 6-2 中的三种调制模式组合得到 15 种不同的模式，每种模式都应该对应有相应的边界信噪比，我们需要在 15 个边界信噪比得到最优的三个作为表 6-2 中三种模式的边界信噪比 γ_n，在报告中列出表 6-2 中三种调制模式下分别按 5/6、4/5、3/4 码率 LDPC 码确定的三组边界信噪比 γ_n，最后通过仿真确定最优的边界信噪比 γ_n。

边界信噪比 γ_n 的选取按如下进行：取链路层的块错误率要求 $BLER_{link}=0.01$，$N^{max}=4$，由式（6-38），$BLER_0 \le 0.01^{1.25}=0.003\,2$，在 AWGN 信道下，以码率为 5/6、4/5、3/4 的码为准，由图 6-19 和式（6-39）近似得到边界信噪比：$\gamma_{1\_5/6}=5$ dB、$\gamma_{2\_5/6}=11.6$ dB、$\gamma_{3\_5/6}=16.4$ dB；$\gamma_{1\_4/5}=4.2$ dB、$\gamma_{2\_4/5}=10.2$ dB、$\gamma_{3\_4/5}=15.5$ dB；$\gamma_{1\_3/4}=2.3$ dB、$\gamma_{2\_3/4}=3.3$ dB、$\gamma_{3\_3/4}=14$ dB，如表 6-2 示。在 Rayleigh 信道下有：$\gamma_{1\_5/6}=8.2$ dB、$\gamma_{2\_5/6}=14.6$ dB、$\gamma_{3\_5/6}=20.2$ dB；$\gamma_{1\_4/5}=7.4$ dB、$\gamma_{2\_4/5}=13.6$ dB、$\gamma_{3\_4/5}=18.6$ dB；$\gamma_{1\_3/4}=6$ dB、$\gamma_{2\_3/4}=11.8$ dB、$\gamma_{3\_3/4}=17.6$ dB。

在 AWGN 信道和 Rayleigh 信道下对 $\gamma_{n\_5/6}$、$\gamma_{n\_4/5}$ 和 $\gamma_{n\_3/4}$ 三种不同的边界信噪比条件下的 AMC+HARQ 系统进行了仿真分析，HARQ 采用停等协议，LDPC 码最大译码迭代次数为 50 次，当估计信噪比小于最小边界信噪比时，取 BPSK 和 5/6 码率 LDPC 码，最大重传次数为 4 次。结果如图 6-21 和图 6-22 所示，图中虚线为表 6-1 所示系统的性能，该系统中当估计信噪比小于最小边界信噪比时，取 BPSK 和 1/2 码率 LDPC 码。由图中我们看到：$\gamma_{n\_4/5}$ 边界条件为最优边界条件，其性能优于 AMC 系统。

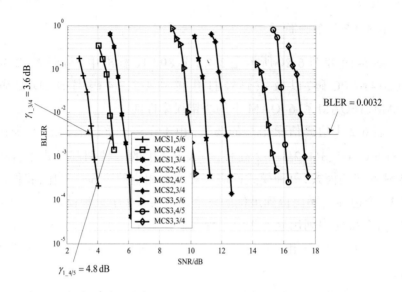

图 6-19 AWGN 信道下码率为 5/6、4/5、3/4 的 LDPC 码块错误性能

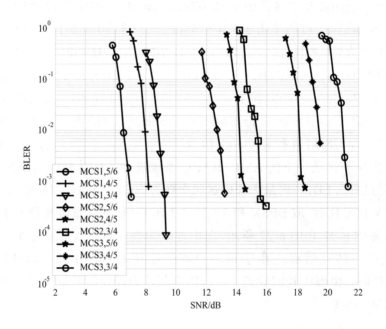

图 6-20 Rayleigh 信道下码率为 5/6、4/5、3/4 的 LDPC 码块错误性能

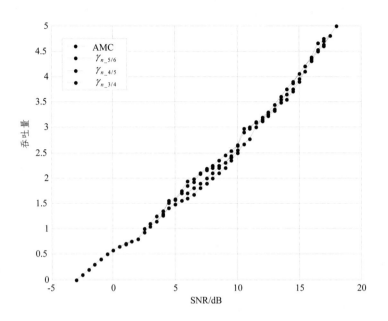

图 6-21　AWGN 信道下 AMC+ 固定重传次数 HARQ 的性能

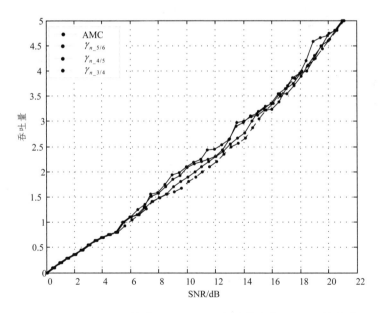

图 6-22　Rayleigh 信道下 AMC+ 固定重传次数 HARQ 的性能

还是选取 3.3.3 节中的 802.16 标准中 5/6 码率的（2 304,1 920）
LDPC 码作为表 6-3 中三种模式的纠错码,按表 6-3 给出的模式,首次传送数据的编码码率均为 5/6。首先由表 6-3 中的最大重传次数 N^{max}，取链路层的块错误率要求 $BLER_{link} = 0.01$，按式（6-37）和式（6-38）分别计算物理层的块错误率 $BLER_0$，边界信噪比 γ_n 的选取满足式（6-39）。

参考文献

[1] Lin S，Costello D J. Error control coding：fundamentals and application[M]. Englewood Cliffs，New Jersey：Prentice-Hall Publisher，1983.

[2] 王新梅，肖国镇. 纠错码 - 原理与方法 [M]. 西安：西安电子科技大学出版社，2002.

[3] 文红，符初生，周亮. LDPC 码原理与应用 [M]. 成都：电子科技大学出版社，2006.

[4] Allpress S，Luschi C，Felix S. Exact and approximated expressions of the log-likelihood ratio for 16-QAM signals[C]. in Proceedings of the Conference Record of the 38th Asilomar Conference on Signals，Systems and Computers，Pacific Grove，2004：794-798.

[5] Zhang G Y，Sun L M，Wen H，et al. A cross-layer design combining of AMC with HARQ for DSRC systems[J]. International Journal of Distributed Sensor Networks，2013，2013（2013）：1-9.